提升专业服务产业发展能力
高 职 高 专 系 列 教 材

化工单元操作
仿 真 实 训

主　编　崔执应
副主编　李宗尧　桂　霞
主　审　尉明春

合肥工业大学出版社

内 容 提 要

本书内容分为三个单元：第一单元是化工单元操作仿真实训，包括如下典型基本工艺过程单元：动力设备（离心泵、压缩机）、液位调节（水槽液位控制）、传热设备（列管式换热器、管式加热炉、锅炉）、塔设备（精馏塔、吸收解吸塔、萃取塔、罐区、真空系统）、反应器（固定床、流化床、间歇反应釜）；第二单元是化工单元操作仿真实验，包括：离心泵性能测定仿真实验、流体阻力仿真实验、流量计性能测定仿真实验、传热（冷水—热水）仿真实验、精馏塔仿真实验、填料吸收塔仿真实验、干燥速率曲线测定仿真实验、萃取塔仿真实验；第三单元是乙醛氧化制乙酸生产操作仿真实训。通过仿真实训和实验了解本专业所涉及的化工单元操作基本知识，熟悉本专业中常见设备、仪表的作用及其使用方法，掌握专业知识在客观实际中的应用方法和应用技能，将所学的专业知识与生产实际相结合，增强学生的实践动手能力。

本书可作为化工技术类专业及石油、轻工、制药和环保类等相关专业学生和在职培训的化工厂操作人员的实训教材，也可作为化工类相关专业学生的培训参考书。

图书在版编目(CIP)数据

化工单元操作仿真实训/崔执应主编．—合肥：合肥工业大学出版社，2013.6
ISBN 978-7-5650-1370-6

Ⅰ.①化…　Ⅱ.①崔…　Ⅲ.①化工单元操作—高等职业教育—教材　Ⅳ.①TQ02

中国版本图书馆CIP数据核字(2013)第128251号

化工单元操作仿真实训

主编　崔执应　　　责任编辑　陆向军

出　版	合肥工业大学出版社	版　次	2013年6月第1版
地　址	合肥市屯溪路193号	印　次	2013年6月第1次印刷
邮　编	230009	开　本	787毫米×1092毫米　1/16
电　话	综合编辑室：0551-62903028 市场营销部：0551-62903198	印　张	12.25
		字　数	298千字
网　址	www.hfutpress.com.cn	印　刷	安徽联众印刷有限公司
E-mail	hfutpress@163.com	发　行	全国新华书店

ISBN 978-7-5650-1370-6　　　定价：23.00元

前言

随着现代化工生产技术的快速发展，化工生产装置的连续化和自动化程度不断提高。特别是化工生产的特殊性，如生产过程复杂、工艺条件要求严格以及在生产过程中常伴随有高温、高压、易燃、易爆、有毒有害等不安全因素，使得常规的课堂教学和培训方法已不能满足化工生产操作人员的培训要求。而化工仿真培训系统能为学生提供安全、经济的离线培训条件，通过与化工生产实际相似的仿DCS控制系统，模拟真实的化工生产装置，再现生产过程的实际动态特征，使学生得到良好的操作技能训练。

本书依据高职高专人才培养目标，突出能力，强调实践，注重理论和实践的统一。全书内容分为三个单元：化工单元操作仿真实训、化工单元操作仿真实验和乙醛氧化制乙酸生产操作仿真实训。每个项目后列出了一定数量的思考题用于复习和巩固所学的内容。通过仿真实训和实验，帮助学生了解本专业所涉及到的化工单元操作基本知识，熟悉本专业中常见设备、仪表的作用及其使用方法，掌握专业知识在客观实际中的应用方法和应用技能，将所学的专业知识与生产实际相结合，增强学生的实践动手能力。本书采用的仿真软件由北京东方仿真软件技术有限公司提供。

本书由安徽水利水电职业技术学院崔执应担任主编。单元一中项目二至项目十五、单元二中项目四至项目八由崔执应编写；单元一中项目一、单元二中项目一至项目三由安徽水利水电职业技术学院李宗尧编写；单元三由安徽水利水电职业技术学院桂霞编写。北京东方仿真软件技术有限公司尉明春副总经理担任主审。

本书在编写和出版过程中，得到了北京东方仿真软件技术有限公司、合肥工业大学出版社、安徽水利水电职业技术学院有关领导及同仁们的大力支持，在此一并表示衷心的感谢！

本书是安徽省财政支持省属高等职业院校发展项目。

本书可作为化工技术类专业及石油、轻工、制药和环保类等相关专业学生和在职培训的化工厂操作人员的实训教材，也可作为化工类相关专业学生的培训参考书。

由于时间仓促，加之编者水平有限，书中不妥之处在所难免，恳请广大读者批评指正。

编　者

2013年6月

前言

编 者

2013年6月

目 录

单元一 化工单元操作仿真实训

单元二 化工单元操作仿真实验

单元三　乙醛氧化制醋酸生产操作仿真实训

单元一　化工单元操作仿真实训

项目一　离心泵操作仿真实训

一、实训目的

1. 熟悉离心泵，理解离心泵的工作原理；
2. 掌握离心泵操作工艺流程；
3. 掌握离心泵开车、正常运行和停车的操作规程及其常见故障处理方法。

二、工艺流程

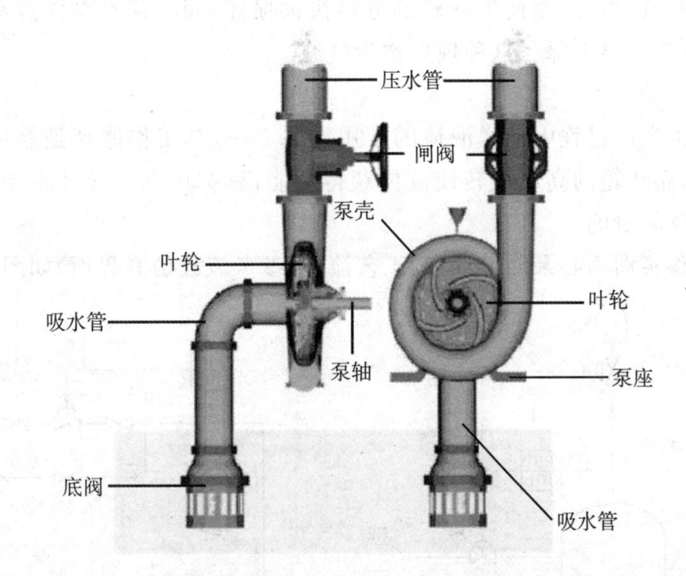

图 1-1　单级单吸式离心泵的结构

1. 离心泵工作原理

如图 1-1 所示，离心泵具有结构简单，性能稳定，检修方便，操作容易和适应性强等特点，因此，在化工生产中应用十分广泛。离心泵的操作是化工生产中最基本的操作。

离心泵由吸入管、排出管和离心泵主体组成。离心泵主体分为转动部分和固定部分。转动部分由电机带动旋转，将能量传递给被输送的部分，主要包括叶轮和泵轴。固定部分包括泵壳、导轮、密封装置等。叶轮是离心泵中使液体接受外加能量的部件。泵轴的作用是把电动机的能量传递给叶轮。泵壳是通道截面积逐渐扩大的蜗形壳体，它将液体限定在一定的空间里，并将液体大部分动能转化为静压能。导轮是一组与叶轮旋转方向相适应，且固定于泵壳上的叶片。密封装置的作用是防止液体的泄漏或空气倒吸入泵内。

启动灌满了被输送液体的离心泵后，在电机的作用下，泵轴带动叶轮一起旋转，叶轮的叶片推动其间的液体转动，在离心力的作用下，液体被甩向叶轮边缘并获得动能；在导轮的引领下沿流通截面积逐渐扩大的泵壳流向排出管，液体流速逐渐降低，而静压能增大。排出管的增压液体经管路即可送往目的地。与此同时，叶轮中心因为液体被甩出而形成一定的真空，因贮槽液面上方压强大于叶轮中心处，在压力差的作用下，液体不断从吸入管进入泵内，以填补被排出的液体位置。因此，只要叶轮不断旋转，液体便不断的被吸入和排出。由此可见，离心泵之所以能输送液体，主要是依靠高速旋转的叶轮。

离心泵的操作中有两种现象应当避免：气缚和气蚀。

气缚是指在启动泵前泵内没有灌满被输送的液体，或在运转过程中泵内渗入了空气，因为气体的密度小于液体，产生的离心力小，无法把空气甩出去，导致叶轮中心所形成的真空度不足以将液体吸入泵内，尽管此时叶轮在不停地旋转，却由于离心泵失去了自吸能力而无法输送液体。这种现象称为气缚。

气蚀是指当贮槽叶面的压力一定时，如叶轮中心的压力降低到等于被输送液体当前温度下的饱和蒸汽压时，叶轮进口处的液体会出现大量的气泡，这些气泡随液体进入高压区后又迅速被压碎而凝结，致使气泡所在空间形成真空，周围的液体质点以极大的速度冲向气泡中心，造成瞬间冲击压力，从而使得叶轮部分很快被损坏，同时伴有泵体震动，发出噪音，泵的流量，扬程和效率明显下降。这种现象称为气蚀。

2. 工艺流程简介

离心泵是化工生产过程中输送液体的常用设备之一，其工作原理是靠离心泵内外压差不断的吸入液体，靠叶轮的高速旋转使液体获得动能，靠扩压管或导叶将动能转化为压力，从而达到输送液体的目的。

本工艺为单独实训离心泵而设计，其工艺流程（参考流程仿真界面）如图 1－2 所示。

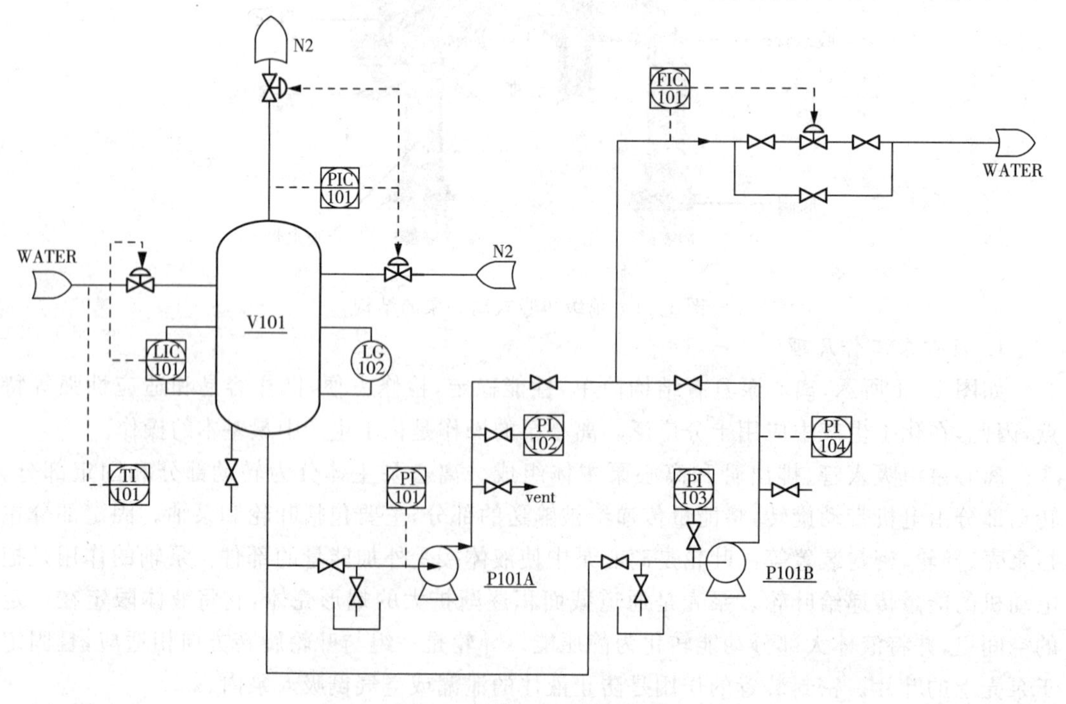

图 1－2 离心泵工艺流程

来自某一设备约40℃的带压液体经调节阀LV101进入带压罐V101,罐液位由液位控制器LIC101通过调节V101的进料量来控制;罐内压力由PIC101分程控制,PV101A、PV101B分别调节进入V101和出V101的氮气量,从而保持罐压恒定在5.0 atm(表)。罐内液体由泵P101A/B抽出,泵出口流量在流量调节器FIC101的控制下输送到其他设备。

3. 控制方案

V101的压力由调节器PIC101分程控制,调节阀PV101的分程动作如图1-3所示。

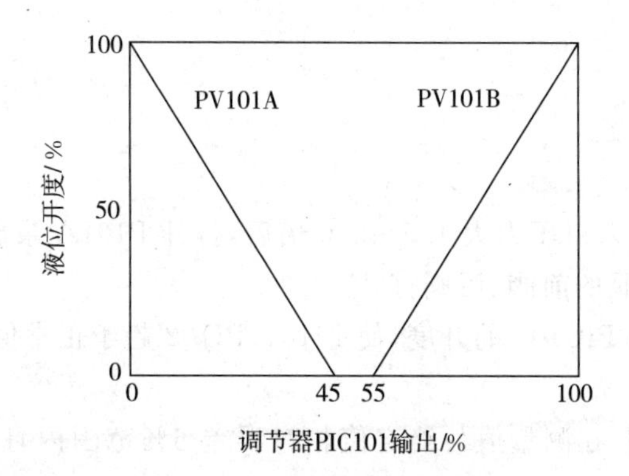

图1-3　调节阀PV101的分程动作

本单元现场图中现场阀旁边的实心红色圆点代表高点排气和低点排液的指示标志,当完成高点排气和低点排液时实心红色圆点变为绿色。

4. 设备一览

V101:离心泵前罐。

P101A:离心泵A。

P101B:离心泵B(备用泵)。

三、操作规程

1. 开车操作规程

(1)准备工作

1)盘车。

2)核对吸入条件。

3)调整填料或机械密封装置。

(2)罐V101充液、充压

1)向罐V101充液

① 打开LIC101调节阀,开度约为30%,向V101罐充液。

② 当LIC101达到50%时,LIC101设定50%,投自动。

2)罐V101充压

① 待V101罐液位>5%后,缓慢打开分程压力调节阀PV101A向V101罐充压。

② 当压力升高到5.0 atm时,PIC101设定5.0 atm,投自动。

(3)启动泵前准备工作

1)灌泵

待 V101 罐充压充到正常值 5.0 atm 后，打开 P101A 泵入口阀 VD01，向离心泵充液。观察 VD01 出口标志变为绿色后，说明灌泵完毕。

2)排气

① 打开 P101A 泵后排气阀 VD03，排放泵内不凝性气体。

② 观察 P101A 泵后排空阀 VD03 的出口，当有液体溢出时，显示标志变为绿色，标志着 P101A 泵已无不凝气体，关闭 P101A 泵后排空阀 VD03，启动离心泵的准备工作已就绪。

(4)启动离心泵

1)启动离心泵

启动 P101A(或 B)泵。

2)流体输送

① 待 PI102 指示比入口压力大 1.5～2.0 倍后，打开 P101A 泵出口阀(VD04)。

② 将 FIC101 调节阀的前阀、后阀打开。

③ 逐渐开大调节阀 FIC101 的开度，使 PI101、PI102 趋于正常值。

3)调整操作参数

微调 FV101 调节阀，在测量值与给定值相对误差 5%范围内且较稳定时，FIC101 设定到正常值，投自动。

2. 正常操作规程

(1)正常工况操作参数

1)P101A 泵出口压力 PI102：12.0 atm。

2)V101 罐液位 LIC101：50.0%。

3)V101 罐内压力 PIC101：5.0 atm。

4)泵出口流量 FIC101：20000 kg/h。

(2)负荷调整

可任意改变泵、按键的开关状态，手操阀的开度及液位调节阀、流量调节阀、分程压力调节阀的开度，观察其现象。

P101A 泵功率正常值：15 kW；FIC101 量程正常值：20 t/h。

3. 停车操作规程

(1)V101 罐停进料

LIC101 置手动，并手动关闭调节阀 LV101，停 V101 罐进料。

(2)停泵

1)待罐 V101 液位小于 10%时，关闭 P101A(或 B)泵的出口阀(VD04)。

2)停 P101A 泵。

3)关闭 P101A 泵前阀 VD01。

4)FIC101 置手动并关闭调节阀 FV101 及其前、后阀(VB03、VB04)。

(3)泵 P101A 泄液

打开泵 P101A 泄液阀 VD02，观察 P101A 泵泄液阀 VD02 的出口，当不再有液体泄出时，显示标志变为红色，关闭 P101A 泵泄液阀 VD02。

(4)V101 罐泄压、泄液

1)待罐 V101 液位小于 10%时，打开 V101 罐泄液阀 VD10。

2)待 V101 罐液位小于 5%时,打开 PIC101 泄压阀。

3)观察 V101 罐泄液阀 VD10 的出口,当不再有液体泄出时,显示标志变为红色,待罐 V101 液体排净后,关闭泄液阀 VD10。

4. 仪表及报警一览表

位　号	FIC101	LIC101	PIC101	PI101	PI102	PI103	PI104	TI101
说　明	离心泵出口流量	V101 液位控制系统	V101 压力控制系统	泵 P101A 入口压力	泵 P101A 出口压力	泵 P101B 入口压力	泵 P101B 出口压力	进料温度
类型	PID	PID	PID	AI	AI	AI	AI	AI
正常值	20000.0	50.0	5.0	4.0	12.0			50.0
量程上限	40000.0	100.0	10.0	20.0	30.0	20.0	30.0	100.0
量程下限	0.0	0.0	0.0	0.0	0.0	0.0	0.0	0.0
工程单位	kg/h	%	atm(G)	atm(G)	atm(G)	atm(G)	atm(G)	℃
高　报		80.0			13.0		13.0	
低　报		20.0	2.0					

四、事故设置一览

1. P101A 泵坏操作规程

(1)事故现象:

1)P101A 泵出口压力急剧下降。

2)FIC101 流量急剧减小。

(2)处理方法:切换到备用泵 P101B。

1)全开 P101B 泵入口阀 VD05、向泵 P101B 灌液,全开排空阀 VD07 排 P101B 的不凝气,当显示标志为绿色后,关闭 VD07。

2)灌泵和排气结束后,启动 P101B。

3)待泵 P101B 出口压力升至入口压力的 1.5～2 倍后,打开 P101B 出口阀 VD08,同时缓慢关闭 P101A 出口阀 VD04,以尽量减少流量波动。

4)待 P101B 进出口压力指示正常,按停泵顺序停止 P101A 运转,关闭泵 P101A 入口阀 VD01,并通知维修工。

2. 调节阀 FV101 阀卡操作规程

(1)事故现象:FIC101 的液体流量不可调节。

(2)处理方法:

1)打开 FV101 的旁通阀 VD09,调节流量使其达到正常值。

2)手动关闭调节阀 FV101 及其后阀 VB04、前阀 VB03。

3)通知维修部门。

3. P101A 入口管线堵操作规程

(1)事故现象:

1)P101A 泵入口、出口压力急剧下降。

2)FIC101 流量急剧减小到零。

(2)处理方法:按泵的切换步骤切换到备用泵 P101B,并通知维修部门进行维修。

4. P101A 泵气蚀操作规程

(1)事故现象:

1)P101A 泵入口、出口压力上下波动。

2)P101A 泵出口流量波动(大部分时间达不到正常值)。

(2)处理方法:按泵的切换步骤切换到备用泵 P101B。

5. P101A 泵气缚操作规程

(1)事故现象:

1)P101A 泵入口、出口压力急剧下降。

2)FIC101 流量急剧减少。

(2)处理方法:按泵的切换步骤切换到备用泵 P101B。

五、仿真界面

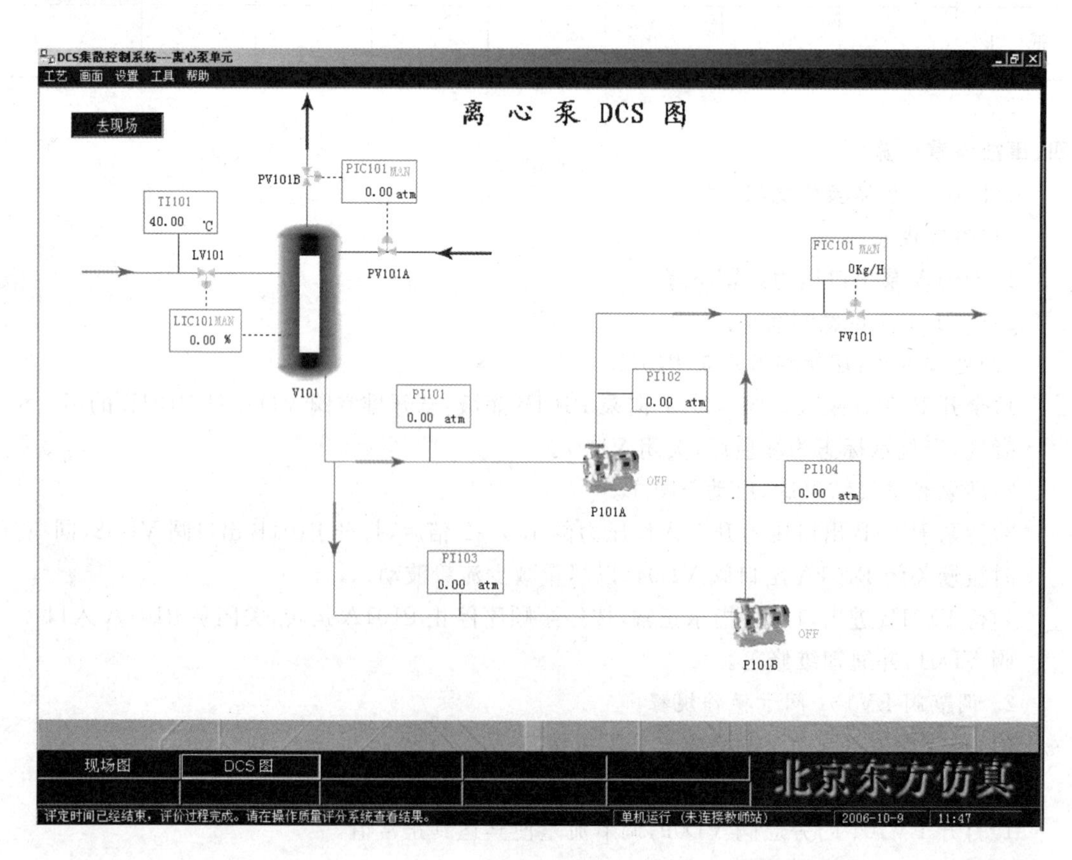

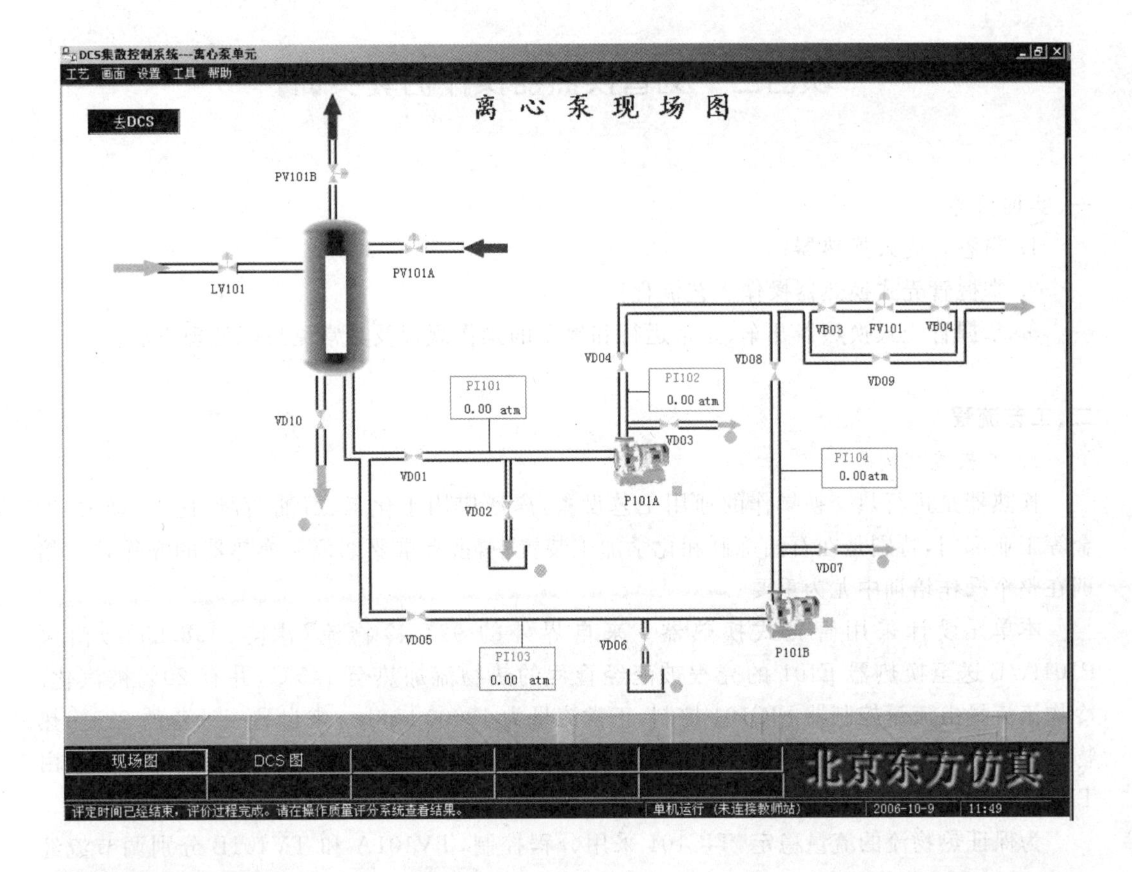

六、思考题

1. 简述离心泵的工作原理和结构。

2. 举例说出除离心泵以外你所知道的其他类型的泵。

3. 什么叫气蚀现象？气蚀现象有什么破坏作用？

4. 发生气蚀现象的原因有哪些？如何防止气蚀现象的发生？

5. 为什么启动前一定要将离心泵灌满被输送液体？

6. 离心泵在启动和停止运行时泵的出口阀应处于什么状态？为什么？

7. 泵P101A和泵P101B在进行切换时，应如何调节其出口阀VD04和VD08？为什么要这样做？

8. 一台离心泵在正常运行一段时间后，流量开始下降，可能会有哪些原因导致？

9. 离心泵出口压力过高或过低应如何调节？

10. 离心泵入口压力过高或过低应如何调节？

11. 若两台性能相同的离心泵串联操作，其输送流量和扬程较单台离心泵相比有什么变化？若两台性能相同的离心泵并联操作，其输送流量和扬程较单台离心泵相比有什么变化？

项目二　列管换热器操作仿真实训

一、实训目的

1. 熟悉管壳式换热器；
2. 掌握管壳式换热器操作工艺流程；
3. 掌握管壳式换热器开车、正常运行和停车的操作规程及其常见故障处理方法。

二、工艺流程

1. 工艺流程简介

换热器是进行热交换操作的通用工艺设备，广泛应用于化工、石油、石油化工、动力、冶金等工业部门，特别是在石油炼制和化学加工装置中，占有重要地位。换热器的操作技术培训在整个操作培训中尤为重要。

本单元设计采用管壳式换热器。来自界外的 92℃ 冷物流（沸点：198.25℃）由泵 P101A/B 送至换热器 E101 的壳程被流经管程的热物流加热至 145℃，并有 20%被汽化。冷物流流量由流量控制器 FIC101 控制，正常流量为 12000 kg/h。来自另一设备的 225℃热物流经泵 P102A/B 送至换热器 E101 与注经壳程的冷物流进行热交换，热物流出口温度由 TIC101 控制(177℃)。

为保证热物流的流量稳定，TIC101 采用分程控制，TV101A 和 TV101B 分别调节流经 E101 和副线的流量，TIC101 输出 0%～100%分别对应 TV101A 开度 0%～100%，TV101B 开度 100%～0%。

工艺流程(参考流程仿真界面)如图 1－4 所示。

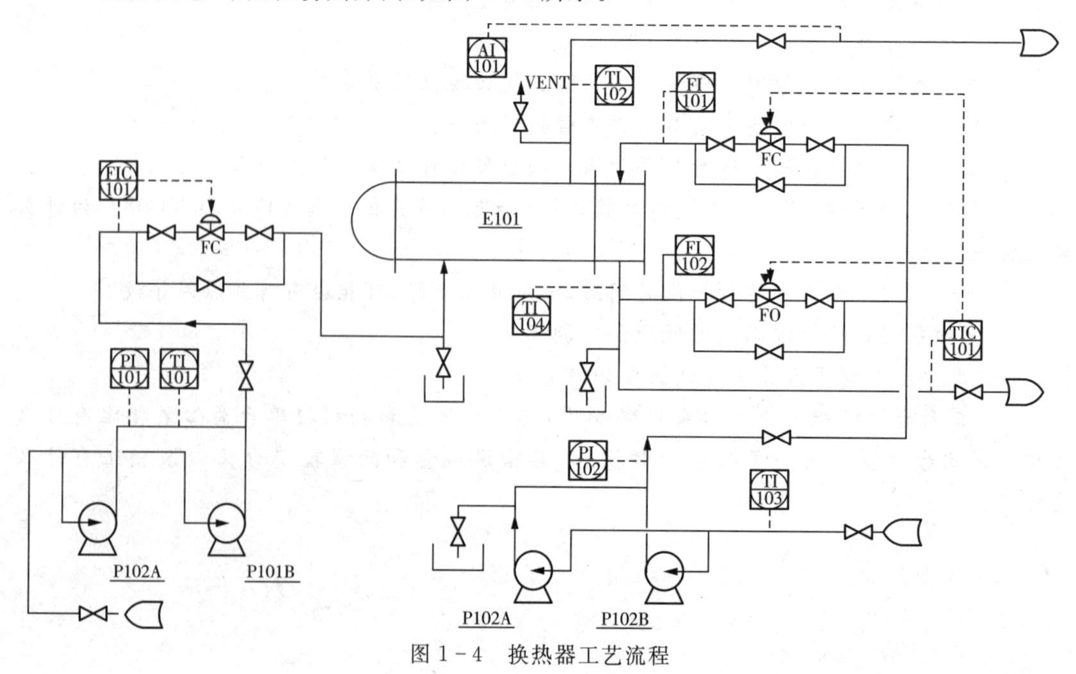

图 1－4　换热器工艺流程

2. 控制方案说明

TIC101 的分程控制线如图 1－5 所示。

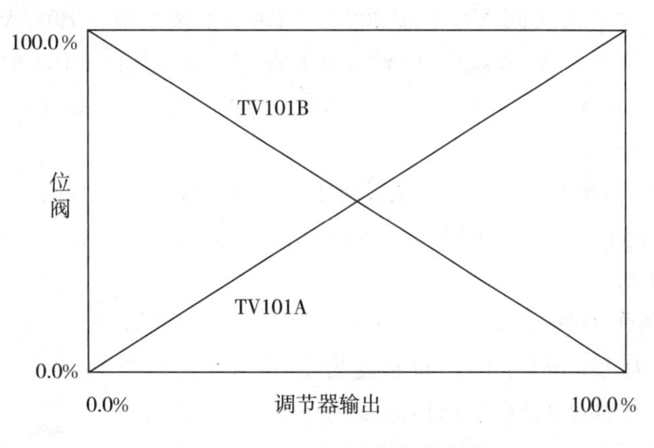

图 1－5　TIC101 的分程控制线

本单元现场图中现场阀旁边的实心红色圆点代表高点排气和低点排液的指示标志，当完成高点排气和低点排液时实心红色圆点变为绿色。

3. 设备一览

P101A/B:冷物流进料泵。

P102A/B:热物流进料泵。

E101:列管式换热器。

三、操作规程

1. 开车操作规程

装置的开工状态为换热器处于常温常压下，各调节阀处于手动关闭状态，各手操阀处于关闭状态，可以直接进冷物流。

(1)启动冷物流进料泵 P101A

1)开换热器壳程排气阀 VD03。

2)开 P101A 泵的前阀 VB01。

3)启动泵 P101A。

4)当进料压力指示表 PI101 指示达 9.0 atm 以上，打开 P101A 泵的出口阀 VB03。

(2)冷物流 E101 进料

1)打开 FIC101 的前后阀 VB04，VB05，手动逐渐开大调节阀 FV101(FIC101)。

2)观察壳程排气阀 VD03 的出口，当有液体溢出时(VD03 旁边标志变绿)，标志着壳程已无不凝性气体，关闭壳程排气阀 VD03，壳程排气完毕。

3)打开冷物流出口阀(VD04)，将其开度置为 50%，手动调节 FV101，使 FIC101 达到 12000 kg/h，且较稳定时 FIC101 设定为 12000 kg/h，投自动。

(3)启动热物流入口泵 P102A

1)开管程放空阀 VD06。

2)开 P102A 泵的前阀 VB11。

3)启动 P102A 泵。

4)当热物流进料压力表 PI102 指示大于 10 atm 时,全开 P102 泵的出口阀 VB10。

(4)热物流进料

1)全开 TV101A 的前后阀 VB06、VB07,TV101B 的前后阀 VB08、VB09。

2)打开调节阀 TV101A(默认即开)给 E101 管程注液,观察 E101 管程排气阀 VD06 的出口,当有液体溢出时(VD06 旁边标志变绿),标志着管程已无不凝性气体,此时关管程排气阀 VD06,E101 管程排气完毕。

3)打开 E101 热物流出口阀(VD07),将其开度置为 50%,手动调节管程温度控制阀 TIC101,使其出口温度在 177℃±2℃,且较稳定,TIC101 设定在 177℃,投自动。

2. 正常操作规程

(1)正常工况操作参数

1)冷物流流量为 12000 kg/h,出口温度为 145℃,气化率 20%。

2)热物流流量为 10000 kg/h,出口温度为 177℃。

(2)备用泵的切换

1)P101A 与 P101B 之间可任意切换。

2)P102A 与 P102B 之间可任意切换。

3. 停车操作规程

(1)停热物流进料泵 P102A

1)关闭 P102 泵的出口阀 VB01。

2)停 P102A 泵。

3)待 PI102 指示小于 0.1 atm 时,关闭 P102 泵入口阀 VB11。

(2)停热物流进料

1)TIC101 置手动。

2)关闭 TV101A 的前后阀 VB06、VB07。

3)关闭 TV101B 的前后阀 VB08、VB09。

4)关闭 E101 热物流出口阀 VD07。

(3)停冷物流进料泵 P101A

1)关闭 P101 泵的出口阀 VB03。

2)停 P101A 泵。

3)待 PI101 指示小于 0.1 atm 时,关闭 P101 泵入口阀 VB01。

(4)停冷物流进料

1)FIC101 置手动。

2)关闭 FIC101 的前后阀 VB04、VB05。

3)关闭 E101 冷物流出口阀 VD04。

(5)E101 管程泄液

打开管程泄液阀 VD05,观察管程泄液阀 VD05 的出口,当不再有液体泄出时,关闭泄液阀 VD05。

(6)E101 壳程泄液

打开壳程泄液阀 VD02,观察壳程泄液阀 VD02 的出口,当不再有液体泄出时,关闭泄液阀 VD02。

4. 仪表及报警一览表

位号	FIC101	TIC101	PI101	TI101	PI102	TI102	TI103	TI104	FI101	FI102
说明	冷流入口流量控制	热流入口温度控制	冷流入口压力显示	冷流入口温度显示	热流入口压力显示	冷流出口温度显示	热流入口温度显示	热流出口温度显示	流经换热器流量	未流经换热器流量
类型	PID	PID	AI	AI	AI	AI	AI	AI	AI	AI
正常值	12000	177	9.0	92	10.0	145.0	225	129	10000	10000
量程上限	20000	300	27000	200	50	300	400	300	20000	20000
量程下限	0	0	0	0	0	0	0	0	0	0
工程单位	kg/h	℃	atm	℃	atm	℃	℃	℃	kg/h	kg/h
高报值	17000	255	10	170	12	17				
低报值	3000	45	3	30	3	3				
高高报值	19000	285	15	190	15	19				
低低报值	1000	15	1	10	1	1				

四、事故设置一览

1. FIC101 阀卡

(1)主要现象:

1)FIC101 流量减小。

2)P101 泵出口压力升高。

3)冷物流出口温度升高。

(2)处理方法:关闭 FIC101 前后阀,打开 FIC101 的旁路阀(VD01),调节流量使其达到正常值。

2. P101A 泵坏

(1)主要现象:

1)P101 泵出口压力急骤下降。

2)FIC101 流量急骤减小。

3)冷物流出口温度升高,汽化率增大。

(2)处理方法:关闭 P101A 泵,开启 P101B 泵。

3. P102A 泵坏

(1)主要现象:

1)P102 泵出口压力急骤下降。

2)冷物流出口温度下降,汽化率降低。

(2)处理方法:关闭 P102A 泵,开启 P102B 泵。

4. TV101A 阀卡

(1)主要现象:

1)热物流经换热器换热后的温度降低。

2)冷物流出口温度降低。

(2)处理方法:关闭 TV101A 前后阀,打开 TV101A 的旁路阀(VD01),调节流量使其达到正常值。关闭 TV101B 前后阀,调节旁路阀(VD09)。

5. 部分管堵

(1)主要现象:

1)热物流流量减小。

2)冷物流出口温度降低,汽化率降低。

3)热物流 P102 泵出口压力略升高。

(2)处理方法:停车拆换热器清洗。

6. 换热器结垢严重

(1)主要现象:热物流出口温度高。

(2)处理方法:停车拆换热器清洗。

五、仿真界面

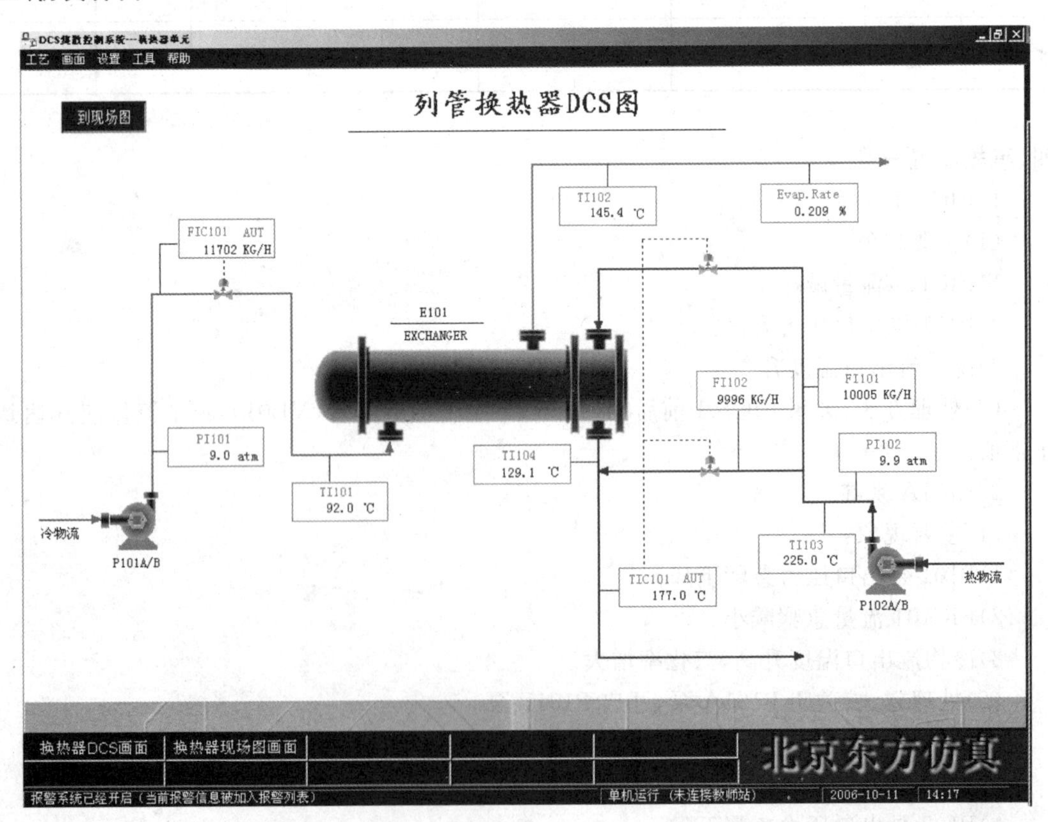

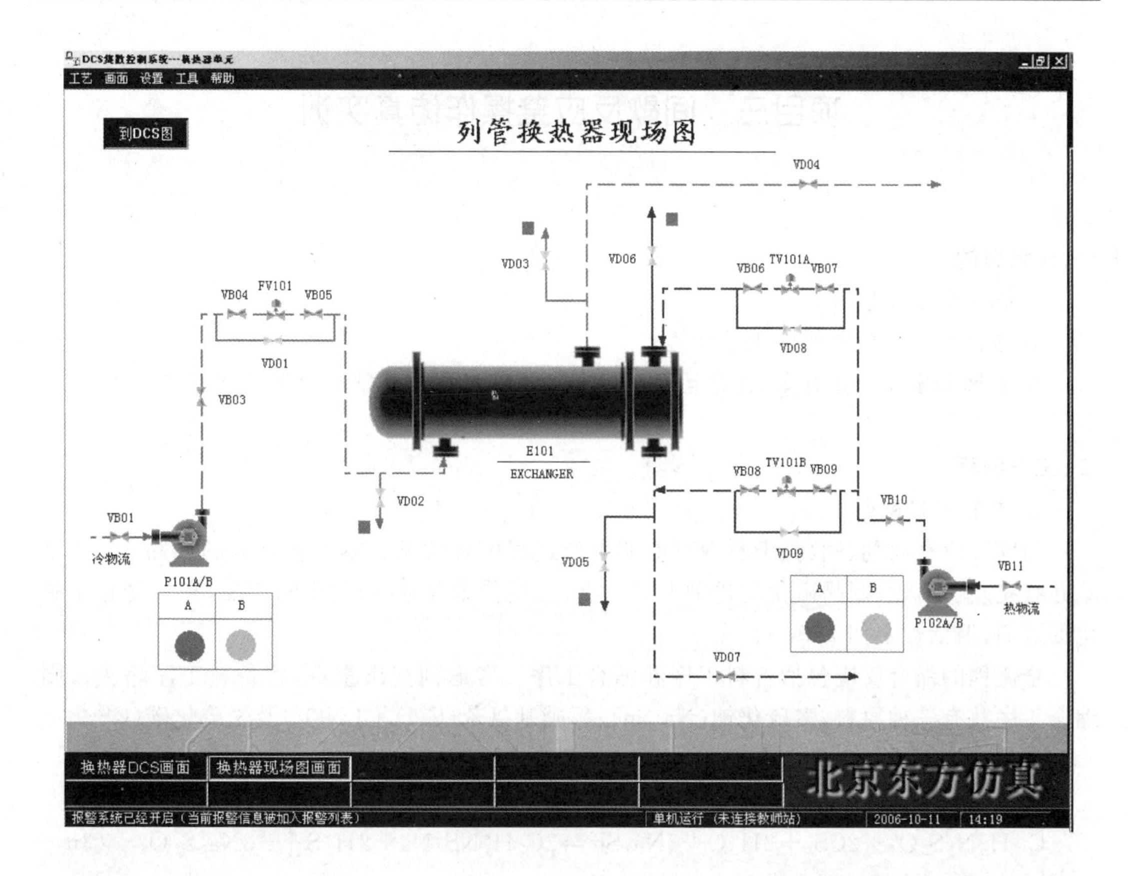

六、思考题

1. 冷态开车是先送冷物料，后送热物料；而停车时又要先关热物料，后关冷物料。为什么？

2. 开车时不排出不凝气会有什么后果？如何操作才能排净不凝气？

3. 为什么停车后管程和壳程都要高点排气，低点泄液？

4. 你认为本系统调节器 TIC101 的设置合理吗？如何改进？

5. 影响间壁式换热器传热量的因素有哪些？

6. 传热有哪几种基本方式？各自的特点是什么？

7. 工业生产中常见的换热器有哪些类型？

项目三　间歇反应釜操作仿真实训

一、实训目的

1. 熟悉间歇反应釜；

2. 掌握间歇反应釜操作工艺流程；

3. 掌握间歇反应釜开车、正常运行和停车的操作规程及其常见故障处理方法。

二、工艺流程

1. 工艺流程简介

间歇反应在助剂、制药、染料等行业的生产过程中很常见。本工艺过程的产品(2-巯基苯并噻唑)就是橡胶制品硫化促进剂DM(2,2-二硫代苯并噻唑)的中间产品,它本身也是硫化促进剂,但活性不如DM。

全流程的缩合反应包括备料工序和缩合工序。考虑到突出重点,将备料工序略去。则缩合工序共有三种原料,多硫化钠(Na_2Sn)、邻硝基氯苯($C_6H_4CLNO_2$)及二硫化碳(CS_2)。

主反应如下:

$2C_6H_4NCLO_2+Na_2Sn \rightarrow C_{12}H_8N_2S_2O_4+2NaCL+(n-2)S\downarrow$

$C_{12}H_8N_2S_2O_4+2CS_2+2H_2O+3Na_2Sn \rightarrow 2C_7H_4NS_2Na+2H_2S\uparrow+3Na_2S_2O_3+(3n+4)S\downarrow$

副反应如下:

$C_6H_4NCLO_2+Na_2Sn+H_2O \rightarrow C_6H_6NCL+Na_2S_2O_3+S\downarrow$

工艺流程如下:

来自备料工序的CS_2、$C_6H_4CLNO_2$、Na_2Sn分别注入计量罐及沉淀罐中,经计量沉淀后利用位差及离心泵压入反应釜中,釜温由夹套中的蒸汽、冷却水及蛇管中的冷却水控制,设有分程控制TIC101(只控制冷却水),通过控制反应釜温来控制反应速度及副反应速度,来获得较高的收率及确保反应过程安全。

在本工艺流程中,主反应的活化能要比副反应的活化能要高,因此升温后更利于反应收率。在90℃的时候,主反应和副反应的速度比较接近。因此,要尽量延长反应温度在90℃以上时的时间,以获得更多的主反应产物。

2. 设备一览

R01:间歇反应釜。

VX01:CS_2计量罐。

VX02:邻硝基氯苯计量罐。

VX03:Na_2Sn沉淀罐。

PUMP1:离心泵。

三、操作规程

1. 开车操作规程

装置开工状态为各计量罐、反应釜、沉淀罐处于常温、常压状态，各种物料均已备好，大部阀门、机泵处于关停状态(除蒸汽联锁阀外)。

(1)备料过程

1)向沉淀罐 VX03 进料(Na_2Sn)

① 开阀门 V9，向罐 VX03 充液。

② VX03 液位接近 3.60 米时，关小 V9，至 3.60 米时关闭 V9。

③ 静置 4 分钟(实际 4 小时)备用。

2)向计量罐 VX01 进料(CS_2)

① 开放空阀门 V2；开溢流阀门 V3。

② 开进料阀 V1，开度约为 50%，向罐 VX01 充液。液位接近 1.4 米时，可关小 V1。

③ 溢流标志变绿后，迅速关闭 V1。

④ 待溢流标志再度变红后，可关闭溢流阀 V3。

3)向计量罐 VX02 进料(邻硝基氯苯)

① 开放空阀门 V6；开溢流阀门 V7。

① 开进料阀 V5，开度约为 50%，向罐 VX01 充液。液位接近 1.2 米时，可关小 V5。

② 溢流标志变绿后，迅速关闭 V5。

③ 待溢流标志再度变红后，可关闭溢流阀 V7。

(2)进料

1)微开放空阀 V12，准备进料。

2)从 VX03 中向反应器 RX01 中进料(Na_2Sn)

① 打开泵前阀 V10，向进料泵 PUM1 中充液。

② 打开进料泵 PUM1，接着打开泵后阀 V11，向 RX01 中进料。

③ 至液位小于 0.1 米时停止进料，关泵后阀 V11。

④ 关泵 PUM1；关泵前阀 V10。

3)从 VX01 中向反应器 RX01 中进料(CS_2)

① 检查放空阀 V2 开放。

② 打开进料阀 V4 向 RX01 中进料。

③ 待进料完毕后关闭 V4。

4)从 VX02 中向反应器 RX01 中进料(邻硝基氯苯)。

① 检查放空阀 V6 开放。

② 打开进料阀 V8 向 RX01 中进料，待进料完毕后关闭 V8。

5)进料完毕后关闭放空阀 V12。

(3)开车阶段

1)检查放空阀 V12、进料阀 V4、V8、V11 是否关闭。打开联锁控制。

2)开启反应釜搅拌电机 M1。

3)适当打开夹套蒸汽加热阀 V19，观察反应釜内温度和压力上升情况，保持适当的升温速度。

4)控制反应温度直至反应结束。

(4)反应过程控制

1)当温度升至55℃～65℃左右关闭V19,停止通蒸汽加热。

2)当温度升至70℃～80℃左右时微开TIC101(冷却水阀V22、V23),控制升温速度。

3)当温度升至110℃以上时,是反应剧烈的阶段。应小心加以控制,防止超温。当温度难以控制时,打开高压水阀V20。并可关闭搅拌器M1以使反应降速。当压力过高时,可微开放空阀V12以降低气压,但放空会使CS_2损失,污染大气。

4)反应温度大于128℃时,相当于压力超过8 atm,已处于事故状态,如联锁开关处于“ON”的状态,联锁起动(开高压冷却水阀,关搅拌器,关加热蒸汽阀)。

5)压力超过15 atm(相当于温度大于160℃),反应釜安全阀作用。

2. 热态开车操作规程

本操作规程仅供参考,详细操作以评分系统为准。

(1)反应中要求的工艺参数

1)反应釜中压力不大于8个大气压。

2)冷却水出口温度不小于60℃,如小于60℃易使硫在反应釜壁和蛇管表面结晶,使传热不畅。

(2)主要工艺生产指标的调整方法

1)温度调节:操作过程中以温度为主要调节对象,以压力为辅助调节对象。升温慢会引起副反应速度大于主反应速度的时间段过长,因而引起反应的产率低。升温快则容易反应失控。

2)压力调节:压力调节主要是通过调节温度实现的,但在超温的时候可以微开放空阀,使压力降低,以达到安全生产的目的。

3)收率:由于在90℃以下时,副反应速度大于正反应速度,因此在安全的前提下快速升温是收率高的保证。

3. 停车操作规程

本操作规程仅供参考,详细操作以评分系统为准。

在冷却水量很小的情况下,反应釜的温度下降仍较快,则说明反应接近尾声,可以进行停车出料操作了。

(1)打开放空阀V12约5 s～10 s,放掉釜内残存的可燃气体。关闭V12。

(2)向釜内通增压蒸汽

1)打开蒸汽总阀V15。

2)打开蒸汽加压阀V13给釜内升压,使釜内气压高于4个大气压。

(3)打开蒸汽预热阀V14片刻。

(4)打开出料阀门V16出料。

(5)出料完毕后保持开V16约10 s进行吹扫。

(6)关闭出料阀V16(尽快关闭,超过1分钟不关闭将不能得分)。

(7)关闭蒸汽阀V15。

4. 仪表及报警一览表

位号	TIC101	TI102	TI103	TI104	TI105	TI106	LI101	LI102	LI103	LI104	PI101
说明	反应釜温度控制	反应釜夹套冷却水温度	反应釜蛇管冷却水温度	CS_2计量罐温度	邻硝基氯苯罐温度	多硫化钠沉淀罐温度	CS_2计量罐液位	邻硝基氯苯罐液位	多硫化钠沉淀罐液位	反应釜液位	反应釜压力
类型	PID	AI	AI	AI	AI	AI	AI	AI	AI	AI	AI
正常值	115										
量程高限	500	100	100	100	100	100	1.75	1.5	4	3.15	20
量程低限	0	0	0	0	0	0	0	0	0	0	0
工程单位	℃	℃	℃	℃	℃	℃	m	m	m	m	atm
高报值	128	80	80	80	80	80	1.4	1.2	3.6	2.7	8
低报值	25	60	60	20	20	20	0	0	0.1	0	0
高高报值	150	90	90	90	90	90	1.75	1.5	4.0	2.9	12
低低报值	10	20	20	10	10	10	0	0	0	0	0

四、事故设置一览

1. 超温(压)事故

(1)原因:反应釜超温(超压)。

(2)现象:温度大于128℃(气压大于8 atm)。

(3)处理:

1)开大冷却水,打开高压冷却水阀V20;关闭搅拌器PUM1,使反应速度下降。

2)如果气压超过12 atm,打开放空阀V12。

2. 搅拌器M1停转

(1)原因:搅拌器坏。

(2)现象:反应速度逐渐下降为低值,产物浓度变化缓慢。

(3)处理:停止操作,出料维修。

3. 冷却水阀V22、V23卡住(堵塞)

(1)原因:蛇管冷却水阀V22卡。

(2)现象:开大冷却水阀对控制反应釜温度无作用,且出口温度稳步上升。

(3)处理:开冷却水旁路阀V17调节。

4. 出料管堵塞

(1)原因:出料管硫磺结晶,堵住出料管。

(2)现象:出料时,内气压较高,但釜内液位下降很慢。

(3)处理:

1)开出料预热蒸汽阀 V14 吹扫 5 分钟以上(仿真中采用)。

2)拆下出料管用火烧化硫磺,或更换管段及阀门。

5. 测温电阻连线故障

(1)原因:测温电阻连线断。

(2)现象:温度显示置零。

(3)处理:

1)改用压力显示对反应进行调节(调节冷却水用量)。

2)升温至压力为 0.3 atm～0.75 atm 就停止加热。

3)升温至压力为 1.0 atm～1.6 atm 开始通冷却水。

4)压力为 3.5 atm～4 atm 以上为反应剧烈阶段。

5)反应压力大于 7 atm,相当于温度大于 128℃处于故障状态。

6)反应压力大于 10 atm,反应器联锁起动。

7)反应压力大于 15 atm,反应器安全阀起动。(以上压力为表压)。

五、仿真界面

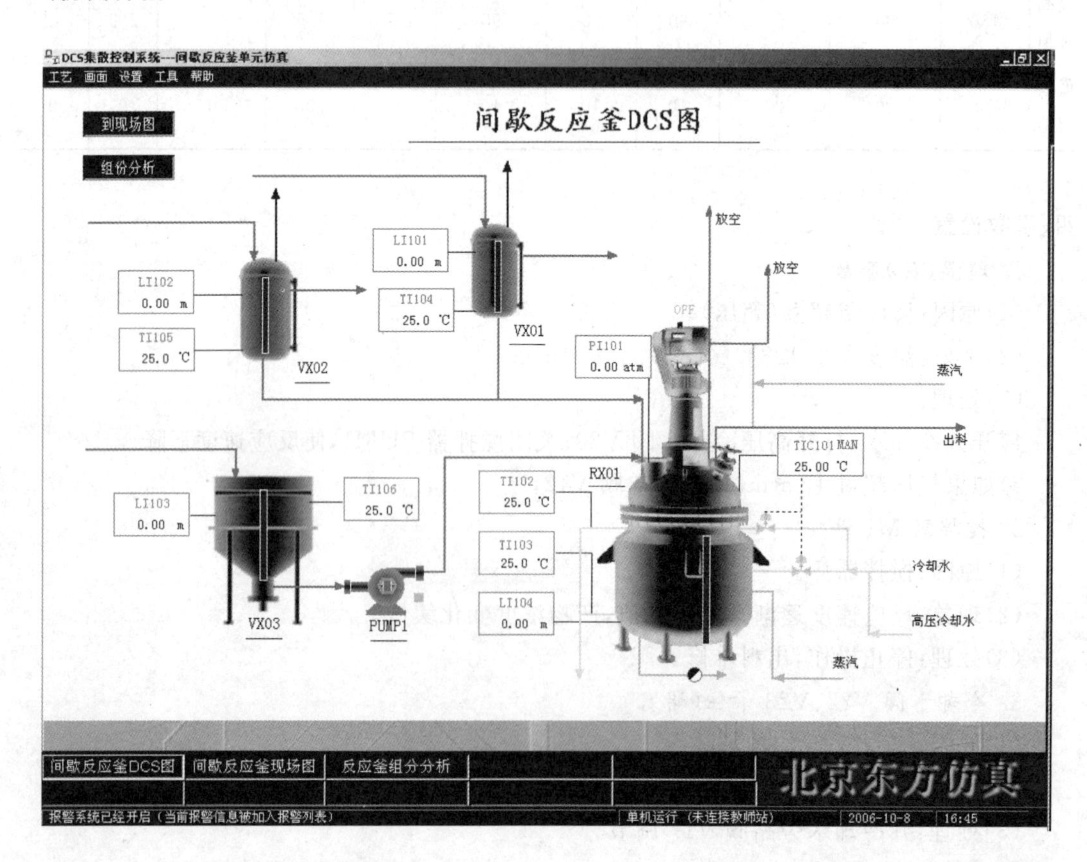

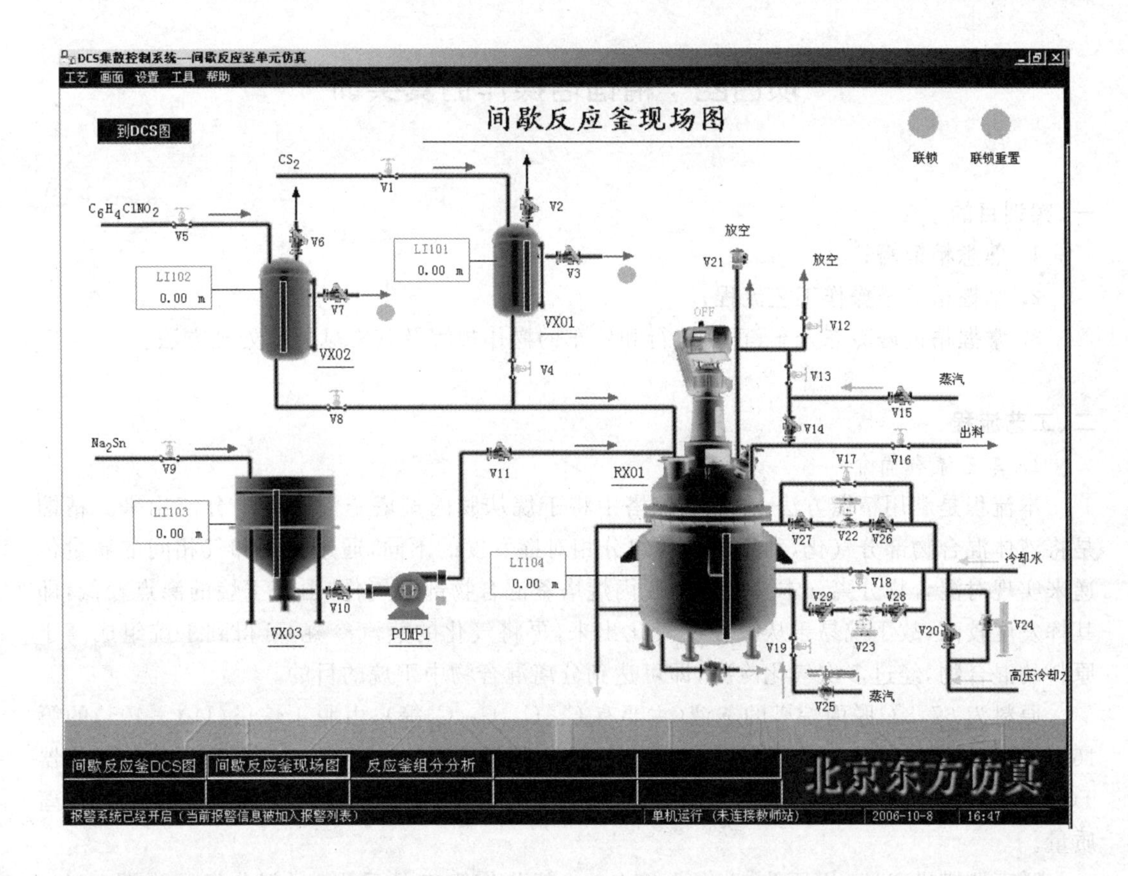

六、思考题

1. 简述间歇反应釜操作工艺流程规程。
2. 简述间歇反应釜操作规程。
3. 间歇反应釜操作过程中有哪些常见的故障发生？如何处理？

项目四 精馏塔操作仿真实训

一、实训目的

1. 熟悉精馏塔；
2. 掌握精馏塔操作工艺流程；
3. 掌握精馏塔冷态开车、正常运行和停车的操作规程及其常见故障处理方法。

二、工艺流程

1. 工艺流程简介

本流程是利用精馏方法，在脱丁烷塔中将丁烷从脱丙烷塔釜混合物中分离出来。精馏是将液体混合物部分气化，利用其中各组分相对挥发度的不同，通过液相和气相间的质量传递来实现对混合物分离。本装置中将脱丙烷塔釜混合物部分气化，由于丁烷的沸点较低，即其挥发度较高，故丁烷易于从液相中气化出来，再将气化的蒸汽冷凝，可得到丁烷组成高于原料的混合物，经过多次气化冷凝，即可达到分离混合物中丁烷的目的。

原料为67.8℃脱丙烷塔的釜液（主要有C_4、C_5、C_6、C_7等），由脱丁烷塔（DA-405）的第16块板进料（全塔共32块板），进料量由流量控制器FIC101控制。灵敏板温度由调节器TC101通过调节再沸器加热蒸汽的流量，来控制提馏段灵敏板温度，从而控制丁烷的分离质量。

脱丁烷塔塔釜液（主要为C_5以上馏分）一部分作为产品采出，一部分经再沸器（EA-418A、B）部分汽化为蒸汽从塔底上升。塔釜的液位和塔釜产品采出量由LC101和FC102组成的串级控制器控制。再沸器采用低压蒸汽加热。塔釜蒸汽缓冲罐（FA－414）液位由液位控制器LC102调节底部采出量控制。

塔顶的上升蒸汽（C_4馏分和少量C_5馏分）经塔顶冷凝器（EA-419）全部冷凝成液体，该冷凝液靠位差流入回流罐（FA-408）。塔顶压力PC102采用分程控制：在正常的压力波动下，通过调节塔顶冷凝器的冷却水量来调节压力；当压力超高时，压力报警系统发出报警信号，PC102调节塔顶至回流罐的排气量来控制塔顶压力调节气相出料。操作压力4.25 atm（表压），高压控制器PC101将调节回流罐的气相排放量，来控制塔内压力稳定。冷凝器以冷却水为载热体。回流罐液位由液位控制器LC103调节塔顶产品采出量来维持恒定。回流罐中的液体一部分作为塔顶产品送下一工序，另一部分液体由回流泵（GA-412A、B）送回塔顶作为回流，回流量由流量控制器FC104控制。

2. 控制方案说明

吸收解吸操作复杂控制回路主要是串级回路的使用，在吸收塔、解吸塔和产品罐中都使用了液位与流量串级回路。

串级回路：是在简单调节系统基础上发展起来的。在结构上，串级回路调节系统有两个闭合回路。主、副调节器串联，主调节器的输出为副调节器的给定值，系统通过副调节器的输出操纵调节阀动作，实现对主参数的定值调节。所以在串级回路调节系统中，主回路是定值调节系统，副回路是随动系统。

分程控制：就是由一只调节器的输出信号控制两只或更多的调节阀，每只调节阀在调节器的输出信号的某段范围中工作。

具体实例：

DA405 的塔釜液位控制 LC101 和和塔釜出料 FC102 构成一串级回路。

FC102. SP 随 LC101. OP 的改变而变化。

PIC102 为一分程控制器，分别控制 PV102A 和 PV102B，当 PC102OP 逐渐开大时，PV102A 从 0 逐渐开大到 100；而 PV102B 从 100 逐渐关小至 0。

3. 设备一览

DA－405：脱丁烷塔。

EA－419：塔顶冷凝器。

FA－408：塔顶回流罐。

GA－412A、B：回流泵。

EA－418A、B：塔釜再沸器。

FA－414：塔釜蒸汽缓冲罐。

三、操作规程

1. 冷态开车操作规程

装置冷态开工状态为精馏塔单元处于常温、常压氮吹扫完毕后的氮封状态，所有阀门、机泵处于关停状态。

(1)进料过程

1)开 FA－408 顶放空阀 PC101 排放不凝气，稍开 FIC101 调节阀(不超过 20%)，向精馏塔进料。

2)进料后，塔内温度略升，压力升高。当压力 PC101 升至 0.5 atm 时，关闭 PC101 调节阀投自动，并控制塔压不超过 4.25 atm(如果塔内压力大幅波动，改回手动调节稳定压力)。

(2)启动再沸器

1)当压力 PC101 升至 0.5 atm 时，打开冷凝水 PC102 调节阀至 50%；塔压基本稳定在 4.25 atm 后，可加大塔进料(FIC101 开至 50%左右)。

2)待塔釜液位 LC101 升至 20%以上时，开加热蒸汽入口阀 V13，再稍开 TC101 调节阀，给再沸器缓慢加热，并调节 TC101 阀开度使塔釜液位 LC101 维持在 40%～60%。待 FA－414 液位 LC102 升至 50%时，并投自动，设定值为 50%。

(3)建立回流

随着塔进料增加和再沸器、冷凝器投用，塔压会有所升高。回流罐逐渐积液。

1)塔压升高时，通过开大 PC102 的输出，改变塔顶冷凝器冷却水量和旁路量来控制塔压稳定。

2)当回流罐液位 LC103 升至 20%以上时，先开回流泵 GA412A/B 的入口阀 V19，再启动泵，再开出口阀 V17，启动回流泵。

3)通过 FC104 的阀开度控制回流量，维持回流罐液位不超高，同时逐渐关闭进料，全回流操作。

(4)调整至正常

1)当各项操作指标趋近正常值时,打开进料阀 FIC101。

2)逐步调整进料量 FIC101 至正常值。

3)通过 TC101 调节再沸器加热量使灵敏板温度 TC101 达到正常值。

4)逐步调整回流量 FC104 至正常值。

5)开 FC103 和 FC102 出料,注意塔釜、回流罐液位。

6)将各控制回路投自动,各参数稳定并与工艺设计值吻合后,投产品采出串级。

2. 正常操作规程

(1)正常工况下的工艺参数

1)进料流量 FIC101 设为自动,设定值为 14056 kg/hr。

2)塔釜采出量 FC102 设为串级,设定值为 7349 kg/hr,LC101 设自动,设定值为 50%。

3)塔顶采出量 FC103 设为串级,设定值为 6707 kg/hr。

4)塔顶回流量 FC104 设为自动,设定值为 9664 kg/hr。

5)塔顶压力 PC102 设为自动,设定值为 4.25 atm,PC101 设自动,设定值为 5.0 atm。

6)灵敏板温度 TC101 设为自动,设定值为 89.3℃。

7)FA-414 液位 LC102 设为自动,设定值为 50%。

8)回流罐液位 LC103 设为自动,设定值为 50%。

(2)主要工艺生产指标的调整方法

1)质量调节:本系统的质量调节采用以提馏段灵敏板温度作为主参数,以再沸器和加热蒸汽流量的调节系统,以实现对塔的分离质量控制。

2)压力控制:在正常的压力情况下,由塔顶冷凝器的冷却水量来调节压力,当压力高于操作压力 4.25 atm(表压)时,压力报警系统发出报警信号,同时调节器 PC101 将调节回流罐的气相出料,为了保持同气相出料的相对平衡,该系统采用压力分程调节。

3)液位调节:塔釜液位由调节塔釜的产品采出量来维持恒定。设有高低液位报警。回流罐液位由调节塔顶产品采出量来维持恒定。设有高低液位报警。

4)流量调节:进料量和回流量都采用单回路的流量控制;再沸器加热介质流量,由灵敏板温度调节。

3. 停车操作规程

(1)降负荷

1)逐步关小 FIC101 调节阀,降低进料至正常进料量的 70%。

2)在降负荷过程中,保持灵敏板温度 TC101 的稳定性和塔压 PC102 的稳定,使精馏塔分离出合格产品。

3)在降负荷过程中,尽量通过 FC103 排出回流罐中的液体产品,至回流罐液位 LC104 在 20%左右。

4)在降负荷过程中,尽量通过 FC102 排出塔釜产品,使 LC101 降至 30%左右。

(2)停进料和再沸器

在负荷降至正常的 70%,且产品已大部采出后,停进料和再沸器。

1)关 FIC101 调节阀,停精馏塔进料。

2)关 TC101 调节阀和 V13 或 V16 阀,停再沸器的加热蒸汽。

3)关 FC102 调节阀和 FC103 调节阀,停止产品采出。

4)打开塔釜泄液阀 V10,排除不合格产品,并控制塔釜降低液位。

5)手动打开 LC102 调节阀,对 FA－114 泄液。

(3)停回流

1)停进料和再沸器后,回流罐中的液体全部通过回流泵打入塔,以降低塔内温度。

2)当回流罐液位至 0 时,关 FC104 调节阀,关泵出口阀 V17(或 V18),停泵 GA412A(或 GA412B),关入口阀 V19(或 V20),停回流。

3)开泄液阀 V10 排净塔内液体。

(4)降压、降温

1)打开 PC101 调节阀,将塔压降至接近常压后,关 PC101 调节阀。

2)全塔温度降至 50℃左右时,关塔顶冷凝器的冷却水(PC102 的输出至 0)。

4. 仪表及报警一览表

位　号	说　明	类　型	正常值	量程高限	量程低限	工程单位
FIC101	塔进料量控制	PID	14056.0	28000.0	0.0	kg/h
FC102	塔釜采出量控制	PID	7349.0	14698.0	0.0	kg/h
FC103	塔顶采出量控制	PID	6707.0	13414.0	0.0	kg/h
FC104	塔顶回流量控制	PID	9664.0	19000.0	0.0	kg/h
PC101	塔顶压力控制	PID	4.25	8.5	0.0	atm
PC102	塔顶压力控制	PID	4.25	8.5	0.0	atm
TC101	灵敏板温度控制	PID	89.3	190.0	0.0	℃
LC101	塔釜液位控制	PID	50.0	100.0	0.0	%
LC102	塔釜蒸汽缓冲罐液位控制	PID	50.0	100.0	0.0	%
LC103	塔顶回流罐液位控制	PID	50.0	100.0	0.0	%
TI102	塔釜温度	AI	109.3	200.0	0.0	℃
TI103	进料温度	AI	67.8	100.0	0.0	℃
TI104	回流温度	AI	39.1	100.0	0.0	℃
TI105	塔顶气温度	AI	46.5	100.0	0.0	℃

四、事故设置一览

1. 热蒸汽压力过高

(1)原因:热蒸汽压力过高。

(2)现象:加热蒸汽的流量增大,塔釜温度持续上升。

(3)处理:适当减小 TC101 的阀门开度。

2. 热蒸汽压力过低

(1)原因:热蒸汽压力过低。

(2)现象:加热蒸汽的流量减小,塔釜温度持续下降。

(3)处理:适当增大 TC101 的开度。

3. 冷凝水中断

(1)原因:停冷凝水。

(2)现象:塔顶温度上升,塔顶压力升高。

(3)处理:

1)开回流罐放空阀 PC101 保压。

2)手动关闭 FC101,停止进料。

3)手动关闭 TC101,停加热蒸汽。

4)手动关闭 FC103 和 FC102,停止产品采出。

5)开塔釜排液阀 V10,排不合格产品。

6)手动打开 LIC102,对 FA114 泄液。

7)当回流罐液位为 0 时,关闭 FIC104。

8)关闭回流泵出口阀 V17/V18。

9)关闭回流泵 GA424A/GA424B。

10)关闭回流泵入口阀 V19/V20。

11)待塔釜液位为 0 时,关闭泄液阀 V10。

12)待塔顶压力降为常压后,关闭冷凝器。

4. 停电

(1)原因:停电。

(2)现象:回流泵 GA412A 停止,回流中断。

(3)处理:

1)手动开回流罐放空阀 PC101 泄压。

2)手动关进料阀 FIC101。

3)手动关出料阀 FC102 和 FC103。

4)手动关加热蒸汽阀 TC101。

5)开塔釜排液阀 V10 和回流罐泄液阀 V23,排不合格产品。

6)手动打开 LIC102,对 FA114 泄液。

7)当回流罐液位为 0 时,关闭 V23。

8)关闭回流泵出口阀 V17/V18。

9)关闭回流泵 GA424A/GA424B。

10)关闭回流泵入口阀 V19/V20。

11)待塔釜液位为 0 时,关闭泄液阀 V10。

12)待塔顶压力降为常压后,关闭冷凝器。

5. 回流泵故障

(1)原因:回流泵 GA-412A 泵坏。

(2)现象:GA-412A 断电,回流中断,塔顶压力、温度上升。

(3)处理:

1)开备用泵入口阀 V20。

2)启动备用泵 GA412B。

3)开备用泵出口阀 V18。

4)关闭运行泵出口阀 V17。

5)停运行泵 GA412A。

6)关闭运行泵入口阀 V19。

6. 回流控制阀 FC104 阀卡

(1)原因:回流控制阀 FC104 阀卡。

(2)现象:回流量减小,塔顶温度上升,压力增大。

(3)处理:打开旁路阀 V14,保持回流。

五、仿真界面

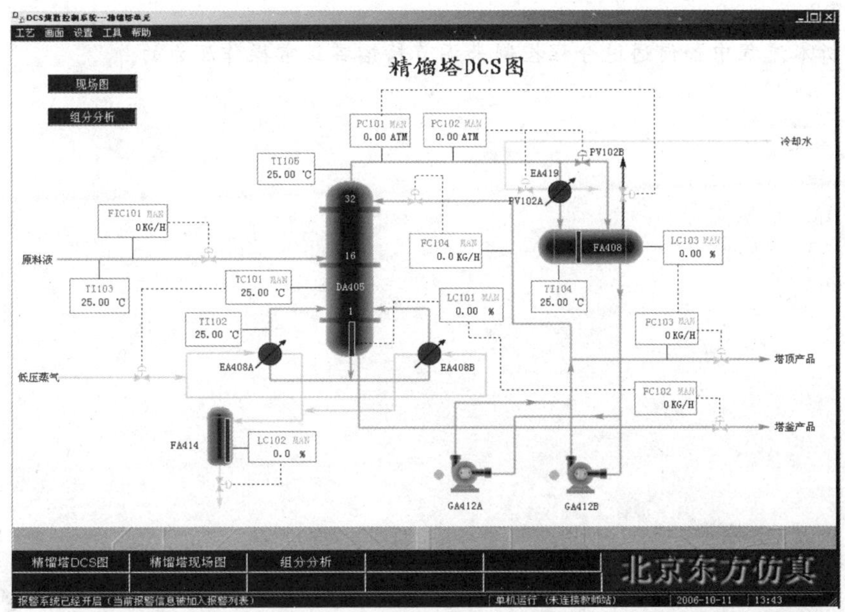

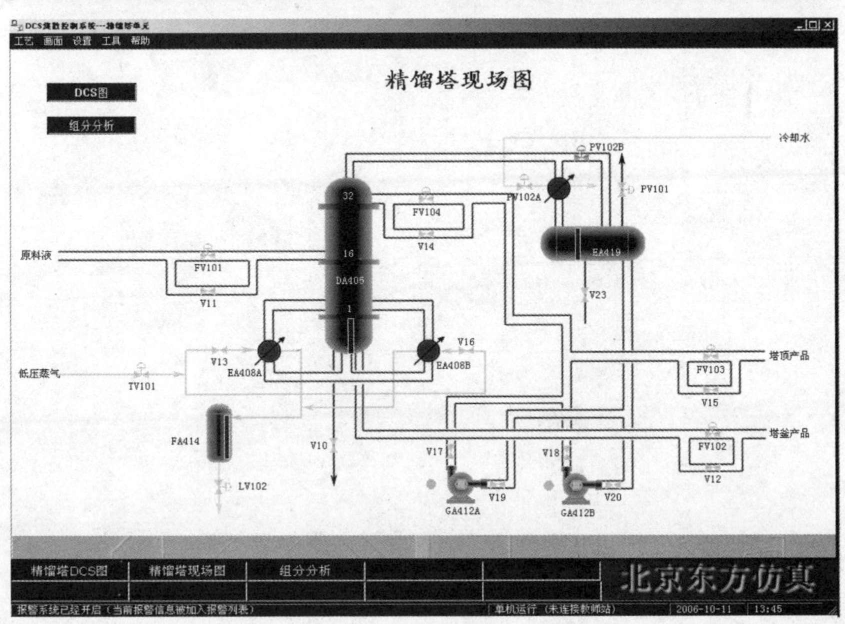

六、思考题

1. 什么叫蒸馏？在化工生产中分离什么样的混合物？蒸馏和精馏的关系是什么？

2. 精馏的主要设备有哪些？

3. 在本操作过程中，如果塔顶温度、压力都超过标准，可以有几种方法将系统调节稳定？

4. 当系统在一较高负荷突然出现大的波动、不稳定，为什么要将系统降到一低负荷的稳态，再重新开到高负荷？

5. 若精馏塔灵敏板温度过高或过低，则意味着分离效果如何？应通过改变哪些变量来调节至正常？

6. 分析本流程中如何通过分程控制来调节精馏塔正常操作压力的。

项目五　锅炉操作仿真实训

一、实训目的

1. 熟悉锅炉；

2. 掌握锅炉操作工艺流程；

3. 掌握锅炉冷态开车、正常运行和停车的操作规程及其常见故障处理方法。

二、工艺流程

1. 名词解释

(1)汽水系统:汽水系统既所谓的“锅”,它的任务是吸收燃料燃烧放出的热量,使水蒸气蒸发最后成为规定压力和温度的过热蒸汽。它由(上、下)汽包、对流管束、下降管、(上、下)联箱、水冷壁、过热器、减温器和省煤器组成。

1)汽包:装在锅炉的上部,包括上下两个汽包,它们分别是圆筒形的受压容器,它们之间通过对流管束连接。上汽包的下部是水,上部是蒸汽,它受省煤器的来水,并依靠重力的作用将水经过对流管束送入下汽包。

2)对流管束:由多根细管组成,将上、下汽包连接起来。上汽包中的水经过对流管束流入下汽包,其间要吸收炉膛放出的大量热。

3)下降管:它是水冷壁的供水管,既汽包中的水流入下降管并通过水冷壁下的联箱均匀地分配到水冷壁的上升管中。

4)水冷壁:是布置在燃烧室内四周墙上的许多平行的管子。它主要的作用是吸收燃烧室中的辐射热,使管内的水汽化,蒸汽就是在水冷壁中产生的。

5)过热器:过热器的作用是利用烟气的热量将饱和的蒸汽加热成一定温度的过热蒸汽。

6)减温器:在锅炉的运行过程中,由于很多因素使过热蒸汽加热温度发生变化,而为用户提供的蒸汽温度保持在一定范围内,为此必须装设气温调节设备。其原理是接受冷量,将过热蒸汽温度降低。本单元中,一部分锅炉给水先经过减温器调节过热蒸汽温度后再进入上汽包。本单元的减温器为多根细管装在一个筒体中的表面式减温器。

7)省煤器:装在锅炉尾部的垂直烟道中。它利用烟气的热量来加热给水,以提高给水温度,降低排烟温度,节省燃料。

8)联箱:本单元采用的是圆形联箱,它实际为直径较大、两端封闭的圆管,用来连接管子,起着汇集、混合和分配水汽的作用。

(2)燃烧系统:燃烧系统既所谓的“炉”,它的任务是使燃料在炉中更好的燃烧。本单元的燃烧系统由炉膛和燃烧器组成。

2. 单元的液位指示说明

(1)在脱氧罐 DW101 中,在液位指示计的 0 点下面,还有一段空间,故开始进料后不会马上有液位指示。

(2)在锅炉上汽包中同样是在在液位指示计的起测点下面,还有一段空间,故开始进料后不会马上有液位指示。同时上汽包中的液位指示计较特殊,其起测点的值为-300 mm,

上限为 300 mm，正常液位为 0 mm，整个测量范围为 600 mm。

3. 工艺流程简介

基于燃料（燃料油、燃料气）与空气按一定比例混合即发生燃烧而产生高温火焰并放出大量热量的原理，所谓锅炉主要是通过燃烧后辐射段的火焰和高温烟气对水冷壁的锅炉给水进行加热，使锅炉给水变成饱和水而进入汽包进行气水分离，而从辐射室出来进入对流段的烟气仍具有很高的温度，再通过对流室对来自于汽包的饱和蒸汽进行加热即产生过热蒸汽。

本软件为每小时产生六十五吨过热蒸汽锅炉仿真培训而设计。锅炉的主要用途是提供中压蒸汽及消除催化裂化装置再生的 CO 废气对大气的污染，回收催化装置再生的废气之热能。

主要设备为 WGZ65/39－6 型锅炉，采用自然循环，双汽包结构。锅炉主体由省煤器、上汽包、对流管束、下汽包、下降管、水冷壁、过热器、表面式减温器、联箱组成。省煤器的主要作用是预热锅炉给水，降低排烟温度，提高锅炉热效率。上汽包的主要作用是汽水分离，连接受热面构成正常循环。水冷壁的主要作用是吸收炉膛辐射热。过热器分低温段、高温段过热器，其主要作用是使饱和蒸汽变成过热蒸汽。减温器的主要作用是微调过热蒸汽的温度（调整范围约 10℃～33℃）。

锅炉设有一套完整的燃烧设备，可以适应燃料气、燃料油、液态烃等多种燃料。根据不同蒸汽压力既可单独烧一种燃料，也可以多种燃料混烧，还可以分别和 CO 废气混烧。本软件为燃料气、燃料油、液态烃与 CO 废气混烧仿真。

除氧器通过水位调节器 LIC101 接受外界来水经热力除氧后，一部分经低压水泵 P102 供全厂各车间，另一部分经高压水泵 P101 供锅炉用水，除氧器压力由 PIC101 单回路控制。锅炉给水一部分经减温器回水至省煤器；一部分直接进入省煤器，两路给水调节阀通过过热蒸汽温度调节器 TIC101 分程控制，被烟气回热至 256℃饱和水进入上汽包，再经对流管束至下汽包，再通过下降管进入锅炉水冷壁，吸收炉膛辐射热使其在水冷壁里变成汽水混合物，然后进入上汽包进行汽水分离。锅炉总给水量由上汽包液位调节器 LIC102 单回路控制

256℃的饱和蒸汽经过低温段过热器（通过烟气换热）、减温器（锅炉给水减温）、高温段过热器（通过烟气换热），变成 447℃、3.77 MPa 的过热蒸汽供给全厂用户。

燃料气包括高压瓦斯气和液态烃，分别通过压力控制器 PIC104 和 PIC103 单回路控制进入高压瓦斯罐 V－101，高压瓦斯罐顶气通过过热蒸汽压力控制器 PIC102 单回路控制进入六个点火枪；燃料油经燃料油泵 P105 升压进入六个点火枪进料燃烧室。

燃烧所用空气通过鼓风机 P104 增压进入燃烧室。CO 烟气系统由催化裂化再生器产生，温度为 500℃，经过水封罐进入锅炉，燃烧放热后再排至烟窗。

锅炉排污系统包括连排系统和定排系统，用来保持水蒸气品质。

4. 控制回路说明

TIC101：锅炉给水一部分经减温器回水至省煤器；一部分直接进入省煤器，通过控制两路水的流量来控制上水包的进水温度，两股流量由一分程调节器 TIC101 控制。当 TIC101 的输出为 0 时，直接进入省煤器的一路为全开，经减温器回水至省煤器一路为 0；当 TIC101 的输出为 100 时，直接进入省煤器的一路为 0，经减温器回水至省煤器一路为全开。锅炉上水的总量只受上汽包液位调节器 LIC102 单回路控制。

分程控制:就是由一只调节器的输出信号控制两只或更多的调节阀,每只调节阀在调节器的输出信号的某段范围中工作。

5. 设备一览

B101:锅炉主体。

V101:高压瓦斯罐。

DW101:除氧器。

P101:高压水泵。

P102:低压水泵。

P103:Na_2HPO_4加药泵。

P104:鼓风机。

P105:燃料油泵。

三、操作规程

1. 冷态开车操作规程

本装置的开车状态为所有设备均经过吹扫试压,压力为常压,温度为环境温度,所有可操作阀均处于关闭状态。

(1)启动公用工程

启动"公用工程"按钮,使所有公用工程均处于待用状态。

(2)除氧器投运

1)手动打开液位调节器 LIC101,向除氧器充水,使液位指示达到 400 mm,将调节器 LIC101 投自动(给定值设为 400 mm)。

2)手动打开压力调节器 PIC101,送除氧蒸汽,打开除氧器再沸腾阀 B08,向 DW101 通一段时间蒸汽后关闭。

3)除氧器压力升至 2000 mmH_2O 时,将压力调节器 PIC101 投自动(给定值设为 2000 mmH_2O)。

(3)锅炉上水

1)确认省煤器与下汽包之间的再循环阀关闭(B10),打开上汽包液位计汽阀 D30 和水阀 D31。

2)确认省煤器给水调节阀 TIC101 全关。

3)开启高压泵 P101。

4)通过高压泵循环阀(D06)调整泵出口压力约为 5.0 MPa。

5)缓开给水调节阀的小旁路阀(D25),手控上水(注意上水流量不得大于 10 t/h,请注意上水时间较长,在实际教学中,可加大进水量,加快操作速度)。

6)待水位升至−50 mm,关入口水调节阀旁路阀(D25)。

7)开启省煤器和下汽包之间的再循环阀(B10)。

8)打开上汽包液位调节阀 LV102。

9)小心调节 LV102 阀使上汽包液位控制在 0 mm 左右,投自动。

(4)燃料系统投运

1)将高压瓦斯压力调节器 PIC104 置手动,手控高压瓦斯调节阀使压力达到0.3 MPa。

给定值设 0.3 MPa 后投自动。

2)将液态烃压力调节器 PIC103 给定值设为 0.3 MPa 投自动。

3)依次开喷射器高压入口阀(B17),喷射器出口阀(B19),喷射器低压入口阀(B18)。

4)开火嘴蒸汽吹扫阀(B07),2 分钟后关闭。

5)开启燃料油泵(P105),燃料油泵出口阀(D07),回油阀(D13)。

6)关烟气大水封进水阀(D28),开大水封放水阀(D44),将大水封中的水排空。

7)开小水封上水阀(D29),为导入 CO 烟气作准备。

(5)锅炉点火

1)全开上汽包放空阀(D26)及过热器排空阀(D27)和过热器疏水阀(D04),全开过热蒸汽对空排气阀(D12)

2)炉膛送气。全开风机入口挡板(D01)和烟道挡板(D05)。

3)开启风机(P104)通风 5 分钟,使炉膛不含可燃气体。

4)将烟道挡板调至 20%左右。

5)将 1、2、3 号燃气火嘴点燃。先开点火器,后开炉前根部阀。

6)置过热蒸汽压力调节器(PIC102)为手动,按锅炉升压要求,手动控制升压速度。

7)将 4、5、6 号燃气火嘴点燃。

(6)锅炉升压

冷态锅炉由点火达到并汽条件,时间应严格控制不得小于 3～4 小时,升压应缓慢平稳。在仿真器上为了提高培训效率,缩短为半小时左右。此间严禁关小过热器疏水阀(D04)和对空排气阀(D12),赶火升压,以免过热器管壁温度急剧上升和对流管束胀口渗水等现象发生。

1)开加药泵 P103,加 Na_2HPO_4。

2)压力在 0.7 MPa～0.8 MPa 时,根据止水量估计排空蒸汽量。关小减温器、上汽包排空阀。

3)过热蒸汽温度达 400℃时投入减温器。(按分程控制原理,调整调节器的输出为 0 时,减温器调节阀开度为 0%,省煤器给水调节阀开度为 100%。输出为 50%,两阀各开 50%,输出为 100%,减温器调节阀开度 100%,省煤器给水调节阀开度 0%)。

4)压力升至 3.6 MPa 后,保持此压力达到平稳后,准备锅炉并汽。

(7)锅炉并汽

1)确认蒸汽压力稳定,且为 3.62 MPa～3.67 MPa,蒸汽温度不低于 420℃,上汽包水位为 0 mm 左右,准备并汽。

2)在并汽过程中,调整过热蒸汽压力低于母管压力 0.10 MPa～0.15 MPa。

3)缓开主汽阀旁路阀(D15);缓开隔离阀旁路阀(D16)。

4)开主汽阀(D17)约 20%。

5)缓慢开启隔离阀(D02),压力平衡后全开隔离阀。

6)缓慢关闭隔离阀旁路阀 D16。此时若压力趋于升高或下降,通过过热蒸汽压力调节器手动调整。

7)缓关主汽阀旁路阀,注意压力变化。若压力趋于升高或下降,通过过热蒸汽压力调节器手动调整。

8)将过热蒸汽压力调整节器给定值设为 3.77 MPa,手调蒸汽压力达到 3.77 后投自动。

9)缓慢关闭疏水阀(D04);缓慢关闭排空阀(D12)。

10)缓慢关闭过热器放空阀(D27)。

11)关省煤器与下汽包之间再循环阀(B10)。

(8)锅炉负荷提升

1)将减温调节器给定值为447℃,手调蒸汽温度达到后投自动。

2)逐渐开大主汽阀D17,使负荷升至20 t/h。

3)缓慢手调主汽阀提升负荷(注意操作的平稳度。提升速度每分钟不超过3 t/h～5 t/h,同时要注意加大进水量及加热量),使蒸汽负荷缓慢提升到65 t/h左右。

4)打开燃油泵至1号火嘴阀B11,燃油泵至2号火嘴阀B12,同时调节燃油出口法和主气阀使压力PIC102稳定。

5)开除尘阀B32,进行钢珠除尘,完成负荷提升。

(9)至催化裂化除氧水流量提升

1)启动低压水泵(P102)。

2)适当开启低压水泵出口再循环阀(D08),调节泵出口压力。

3)渐开低压水泵出口阀(D10),使去催化的除氧水流量为100 t/h左右。

2. 正常操作规程

(1)正常工况下工艺参数

1)FI105:蒸汽负荷正常控制值为65 t/h。

2)TIC101:过热蒸汽温度投自动,设定值为447℃。

3)LIC102:上汽包水位投自动,设定值为0.0 mm。

4)PIC102:过热蒸汽压力投自动,设定值为3.77 MPa。

5)PI101:给水压力正常控制值为5.0 MPa。

6)PI105:炉膛压力正常控制值为小于200 mmH_2O。

7)TI104:油气与CO烟气混烧200℃,最高250℃。油气混烧排烟温度控制值小于180℃。

8)POXYGEN:烟道气氧含量为0.9%～3.0%。

9)PIC104:燃料气压力投自动,设定值为0.30 MPa。

10)PIC101:除氧器压力投自动,设定值为2000H_2O。

11)LIC101:除氧器液位投自动,设定值为400 mmH_2O。

(2)正常工况操作要点

1)在正常运行中,不允许中断锅炉给水。

2)当给水自动调节投入运行时,仍须经常监视锅炉水位的变化。保持给水量变化平稳,避免调整幅度过大或过急,要经常对照给水流量与蒸汽流量是否相符。若给水自动调整失灵,应改为手动调整给水。

3)在运行中应经常监视给水压力和给水温度的变化。通过高压泵循环阀调整给水压力;通过除氧器压力间接调整给水温度。

4)汽包水位计每班冲洗一次,冲洗步骤是:

① 开放水阀,冲洗汽、水管和玻璃管。

② 关水阀,冲洗汽管及玻璃管。

③ 开水阀，关汽阀，冲洗水管。

④ 开汽阀，关放水阀，恢复水位计运行(关放水阀时，水位计中的水位应很快上升，长有轻微波动)。

5)冲洗水位计时的安全注意事项

① 冲洗水位计时要注意人身安全，穿戴好劳动保护用具，要背向水位计，以免玻璃管爆裂伤人。

② 关闭放水阀时要缓慢，因为此时，水流量突然截断，压力会瞬时升高，容易使玻璃管爆裂。

③ 防止工具、汗水等碰击玻璃管，以防爆裂。

(3)气压和气温的调整

1)为确保锅炉燃烧稳定及水循环正常，锅炉蒸发量不应低于 40 t/h。

2)增减负荷时，应及时调整锅炉蒸发量，尽快适应系统的需要。

3)在下列条件下，应特别注意调整：

① 负荷变支大或发生事故时。

② 锅炉刚并汽增加负荷或低负荷运行时。

③ 启停燃料油泵或油系统在操作时。

④ 投入或解列油关时。

⑤ CO 烟气系统投运和停运时。

⑥ 燃料油投运和停运时。

⑦ 各种燃料阀切换时。

⑧ 停炉前减负荷或炉间过渡负荷时。

4)手动调整减温水量时，不应猛增猛减。

5)锅炉低负荷时，酌情减少减温水量或停止使用减温器。

(4)锅炉燃烧的调整

1)在运行中，应根据锅炉负荷合理地调整风量，在保证燃烧良好的条件下，尽量降低过剩空气系数，降低锅炉电耗。

2)在运行中，应根据负荷情况，采用“多油枪，小油嘴”的运行方式，力求各油枪喷油均匀，压力在 1.5 MPa 以上，投入油枪上、下、左、右对称。

3)在锅炉负荷变化时，应及时调整油量和风量，保持锅炉的气压和气温稳定。在增加负荷时，先加风后加油；在减负荷时，先减油后减风。

4)CO 烟气投入前，要烧油或瓦斯，使炉膛温度提高到 900℃以上，或锅炉负荷为 25 t/h 以上，燃烧稳定，各部温度正常，并报告厂调与一联合联系，当 CO 烟气达到规定指标时，方可投入。

5)在投入 CO 烟气时，应慢慢增加 CO 烟气量，CO 烟气进炉控制蝶阀后压力比炉膛压力高 30 mmH_2O，保持 30 分钟，而后再加大 CO 烟气量，使水封罐等均匀预热。

6)凡停烧 CO 烟气时应注意加大其他燃料量，保持原负荷。在停用 CO 烟气后，水封罐上水。以免急剧冷却造成水封罐内层钢板和衬筒严重变形或焊口裂开。

(5)锅炉排污

1)定期排污在负荷平稳高水位情况下进行。事故处理或负荷有较大波动时，严禁排污。

若引起代水位报警时，连续排污也应暂时关闭。

2)每一定排回路的排污持续时间，排污阀全开到全关时间不准超过半分钟，不准同时开启两个或更多的排污阀门。

3)排污前，应做好联系；排污时，应注意监视给水压力和水位变化，维持正常水位；排污后，应进行全面检查确认各排污门关闭严密。

4)不允许两台或两台以上的锅炉同时排污。

5)在排污过程中，如果锅炉发生事故，应立即停止排污。

(6)钢珠除灰

1)锅炉尾部受热面应定期除尘：当燃CO烟气时，每天除尘一次，在后夜进行。不烧CO烟气时，每星期一后夜班进行一次。停烧CO烟气时，增加除尘一次。若排烟温度不正常升高，适当增加除尘次数。每次30分钟。

2)钢珠除灰前，应做好联系。吹灰时，应保持锅炉运行正常，燃烧稳定，并注意气温、气压变化。

(7)自动装置运行

1)锅炉运行时，应将自动装置投放运行，投入自动装置应同时具备下列条件：

① 自动装置的调节机构完整好用。

② 锅炉运行平稳，参数正常。

③ 锅炉蒸发量在30 t/h以上。

2)自动装置投入运行时，仍须监视锅炉运行参数的变化，并注意自动装置的动作情况，避免因失灵导致不良后果。

3)遇到下列情况，解列自动装置，改自动为手动操作：

① 当汽包水位变化过大，超出其允许变化范围时。

② 锅炉运行不正常，自动装置不维持其运行参数在允许范围内变化或自动失灵时，应解列有关自动装置。

③ 外部事故，使锅炉负荷波动较大时。

④ 外部负荷变动过大，自动调节跟踪不及时。

⑤ 调节系统有问题。

3. 正常停车操作规程

停车前应做的工作：

1)彻底排灰(开除尘阀B32)。

2)冲洗水位计一次。

(1)锅炉负荷降量

1)停开加药泵P103。

2)缓慢开大减温器开度，使蒸汽温度缓慢下降。

3)缓慢关小主汽阀D17，降低锅炉蒸汽负荷。

4)打开疏水阀D04。

(2)关闭燃料系统

1)逐渐关闭D03停用CO烟气，大小水封上水。

2)缓慢关闭燃料油泵出口阀D07。

3)关闭燃料油后,关闭燃料油泵P105。

4)停燃料系统后,打开D07对火嘴进行吹扫。

5)缓慢关闭高压瓦斯压力调节阀PV104及液态烃压力调节阀PV103。

6)缓慢关闭过热蒸汽压力调节阀PV102。

7)停燃料系统后,逐渐关闭主蒸汽阀门D17。

8)同时开启主蒸汽阀前疏水阀,尽量控制炉内压力,使其平缓下降。

9)关闭隔离阀D02。

10)关闭连续排污阀D09,并确认定期排污阀D46已关闭。

11)关引风机挡板D01,停鼓风机P104,关闭烟道挡板D05。

12)关闭烟道挡板后,打开D28给大水封上水。

(3)停止上汽包上水

1)关闭除氧器液位调节阀LV102。

2)关闭除氧器加热蒸汽压力调节阀PV101。

3)关闭低压水泵P102。

4)待过热蒸汽压力小于0.1 atm后,打开D27和D26。

5)待炉膛温度降为100℃后,关闭高压水泵P101。

(4)泄液

1)除氧器温度(TI105)降至80℃后,打开D41泄液。

2)炉膛温度(TI101)降至80℃后,打开D43泄液。

3)开启鼓风机入口挡板D01、鼓风机P104和烟道挡板D05对炉膛进行吹扫,然后关闭。

4. 仪表及报警一览表

位　号	说明	类型	正常值	量程高限	量程低限	工程单位	高报值	低报值	高高报值	低低报值
LIC101	除氧器水位	PID	400.0	800.0	0.0	mm	500.0	300.0	600.0	200.0
LIC102	上汽包水位	PID	0.0	300.0	−300.0	mm	75.0	−75.0	120.0	−120.0
TIC101	过热蒸汽温度	PID	447.0	600.0	0.0	℃	450.0	430.0	465.0	415.0
PIC101	除氧器压力	PID	2000.0	4000.0	0.0	mmH_2O	2500.0	1800.0	3000.0	1500.0
PIC102	过热蒸汽压力	PID	3.77	6.0	0.0	MPa	3.85	3.7	4.0	3.5
PIC103	液态烃压力	PID		0.6	0.0	MPa				
PIC104	高压瓦斯压力	PID	0.30	1.0	0.0	MPa	0.8	0.005	0.9	0.001
FI101	软化水流量	AI		200.0	0.0	t/h				
FI102	止催化除氧水流量	AI		200.0	0.0	t/h				
FI103	锅炉上水流量	AI		80.0	0.0	t/h				
FI104	减温水流量	AI		20.0	0.0	t/h				
FI105	过热蒸汽输出流量	AI	65.0	80.0	0.0	t/h				
FI106	高压瓦斯流量	AI		3000.0	0.0	Nm^3/h				
FI107	燃料油流量	AI		8.0	0.0	Nm^3/h				

位　号	说明	类型	正常值	量程高限	量程低限	工程单位	高报值	低报值	高高报值	低低报值
FI108	烟气流量	AI		200000.0	0.0	Nm^3/h				
LI101	大水封液位小水封液位	AI		100.0	0.0	%				
LI102		AI		100.0	0.0	%				
PI101	锅炉上水压力	AI	5.0	10.0	0.0	MPa	6.5	4.5	7.5	3.5
PI102	烟气出口压力	AI		40.0	0.0	mmH_2O				
PI103	上汽包压力	AI		6.0	0.0	MPa				
PI104	鼓风机出口压力	AI		600.0	0.0	mmH_2O				
PI105	炉膛压力	AI	200.0	400.0	0.0	mmH_2O				
TI101	炉膛烟温	AI		1200.0	0.0	℃	1100.0	800.0	1150.0	600.0
TI102	省煤器入口东烟温	AI		700.0	0.0	℃				
TI103	省煤器入口西烟温	AI		700.0	0.0	℃				
TI104	排烟段东烟温:油气 油气+CO	AI	180.0 200.0	300.0	0.0	℃				
TI105	除氧器水温	AI		200.0	0.0	℃				
POXYGEN	烟气出口氧含量	AI	0.9～3.0	21.0	0.0	%O_2	3.0	0.5	5.0	0.1

四、事故设置一览

1. 锅炉满水

(1)现象:水位计液位指示突然超过可见水位上限(+300 mm),由于自动调节,给水量减少。

(2)原因:水位计没有注意维护,暂时失灵后正常。

(3)排除方法:紧急停炉。

2. 锅炉缺水

(1)现象:锅炉水位逐渐下降。

(2)原因:给水泵出口的给水调节阀阀杆卡住,流量小。

(3)排除方法:打开给水阀的大、小旁路手动控制给水。

3. 对流管坏

(1)现象:水位下降,蒸汽压下降;给水压力下降,涸温下降。

(2)原因:对流管开裂,汽水漏入炉膛。

(3)排除方法:紧急停炉处理。

4. 减温器坏

(1)现象:过热蒸汽温度降低,减温水量不正常地减少,蒸汽温度调节器不正常地出现忽大、忽小振荡。

(2)原因:减温器出现内漏,减温水进入过热蒸汽,使气温下降。此时气温为自动控制状态,所以减温水调节阀关小,使气温回升,调节阀再次开启。如此往复形成振荡。

(3)排除方法:降低负荷。将气温调节器打手动,并关减温水调节阀。改用过热器疏水阀暂时维持运行。

5. 蒸汽管坏

(1)现象:给水量上升,但蒸汽量反而略有下降,给水量蒸汽量不平衡,炉负荷呈上升趋势。

(2)原因:蒸汽流量计前部蒸汽管爆破。

(3)排除方法:紧急停炉处理。

6. 给水管坏

(1)现象:上水不正常减小,除氧器和锅炉系统物料不平衡。

(2)原因:上水流量计前给水管破裂。

(3)排除方法:紧急停炉。

7. 二次燃烧

(1)现象:排烟温度不断上升,超过250℃,烟道和炉膛正压增大。

(2)原因:省煤器处发生二次燃烧。

(3)排除方法:紧急停炉。

8. 电源中断

(1)现象:突发性出现风机停、高低压泵停、烟气停、油泵停、锅炉灭火等综合性现象。

(2)原因:电源中断。

(3)排除方法:紧急停炉。

9. 紧急停炉具体步骤

(1)上汽包停止上水

1)停加药泵P103。

2)关闭上汽包液位调节阀LV102。

3)关闭上汽包与省煤器之间的再循环阀B10。

4)打开下汽包泄液阀D43。

(2)停燃料系统

1)关闭过热蒸汽调节阀PV102。

2)关闭喷射器入口阀B17。

3)关闭燃料油泵出口阀D07。

4)打开吹扫阀B07对火嘴进行吹扫。

(3)降低锅炉负荷

1)关闭主气阀前疏水阀D04。

2)关闭主气阀D17。

3)打开过热蒸汽排空阀D12和上汽包排空阀D26。

4)停引风机P104和烟道挡板D05。

五、仿真界面

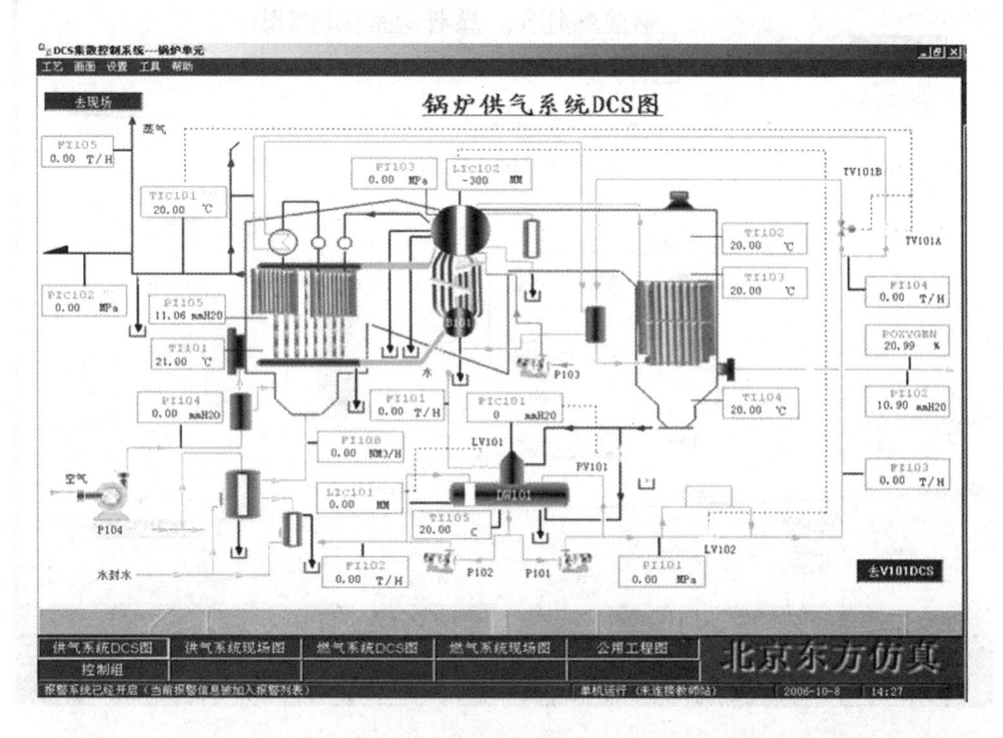
DCS集散控制系统---锅炉单元
工艺 画面 设置 工具 帮助
去现场
锅炉供气系统DCS图
蒸气
FI105 0.00 T/H
TIC101 20.00 ℃
FI103 0.00 MPa
LIC102 -300 MM
TV101B
TV101A
TI102 20.00 ℃
TI103 20.00 ℃
FI104 0.00 T/H
POXYGEN 20.99 %
PIC102 0.00 MPa
PI105 11.06 mmH20
TI101 21.00 ℃
B101
P103
水
PI104 0.00 mmH20
FI101 0.00 T/H
PIC101 0 mmH20
TI104 20.00 ℃
PI102 10.90 mmH20
FI108 0.00 NM3/H
LV101
PV101
空气
P104
LIC101 0.00 MM
DW101
TI105 20.00 C
FI103 0.00 T/H
LV102
水封水
FI102 0.00 T/H
P102
P101
PI101 0.00 MPa
去V101DCS
供气系统DCS图
供气系统现场图
燃气系统DCS图
燃气系统现场图
公用工程图
控制组
北京东方仿真
报警系统已经开启（当前报警信息被加入报警列表）
单机运行（未连接教师站）
2006-10-8
14:27

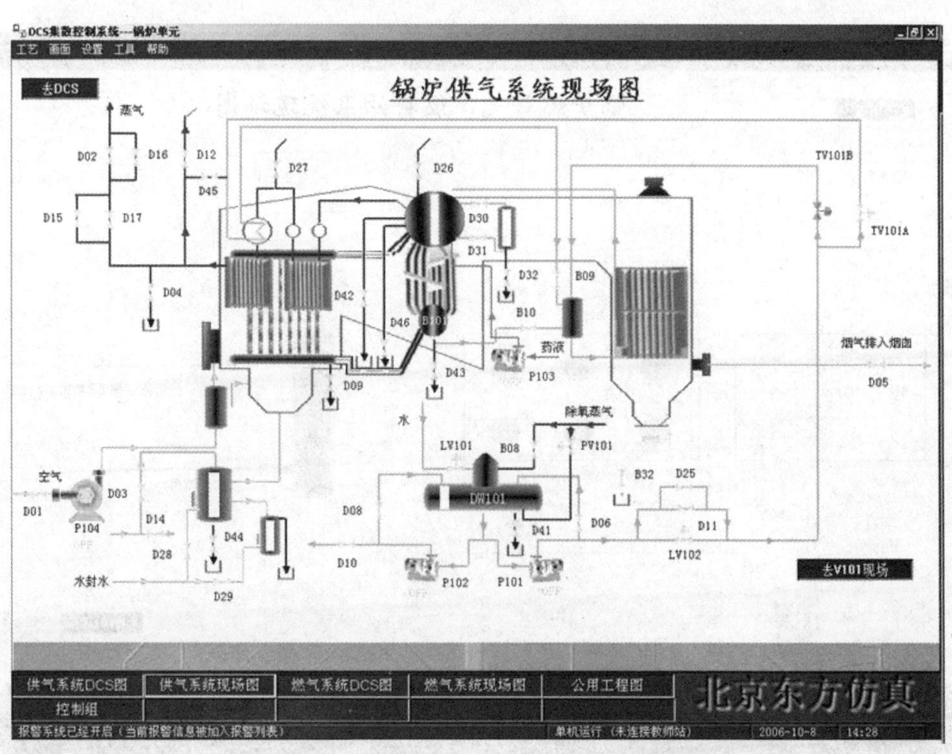
DCS集散控制系统---锅炉单元
工艺 画面 设置 工具 帮助
去DCS
锅炉供气系统现场图
蒸气
D02
D16
D12
D27
D26
TV101B
D45
D15
D17
D30
TV101A
D31
D32
B09
D04
D42
B10
D46
B101
药液
烟气排入烟囱
P103
D43
D09
D05
水
除氧蒸气
LV101
B08
PV101
空气
D03
B32
D25
D01
D14
D08
DW101
P104
D44
D41
D06
D11
D28
D10
LV102
水封水
P102
P101
去V101现场
D29
供气系统DCS图
供气系统现场图
燃气系统DCS图
燃气系统现场图
公用工程图
控制组
北京东方仿真
报警系统已经开启（当前报警信息被加入报警列表）
单机运行（未连接教师站）
2006-10-8
14:28

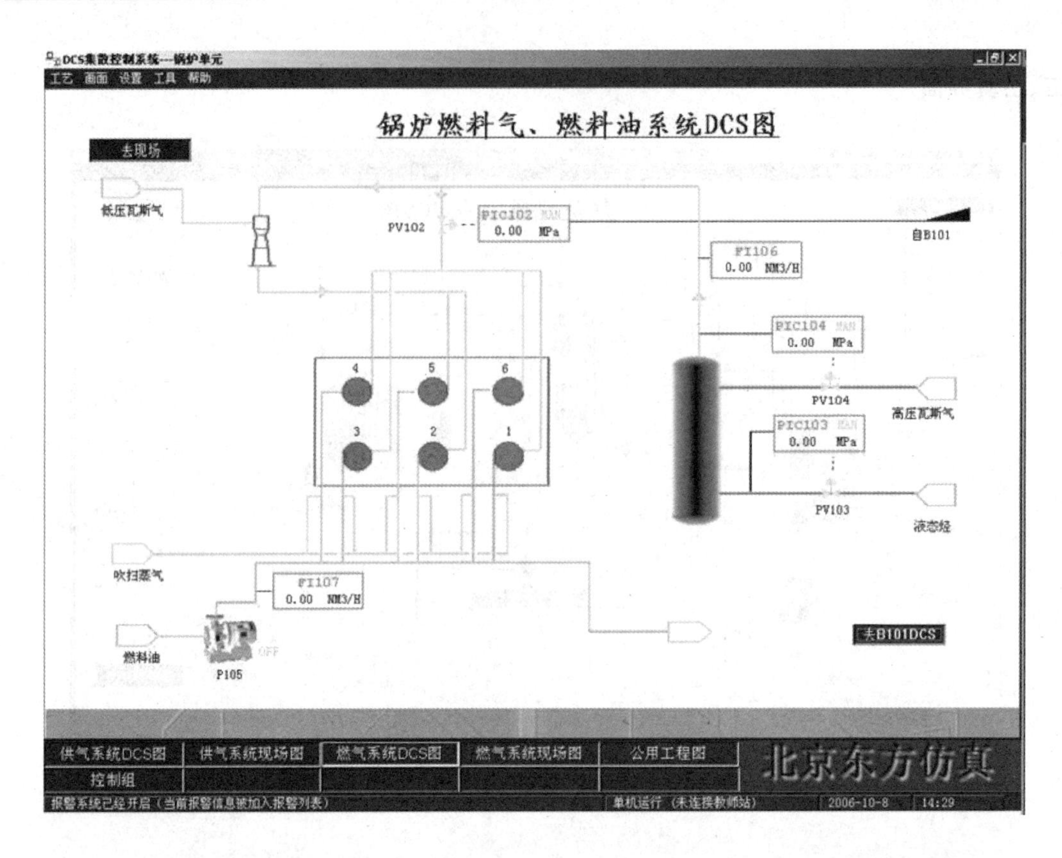
DCS集散控制系统---锅炉单元
工艺 画面 设置 工具 帮助
锅炉燃料气、燃料油系统DCS图
去现场
低压瓦斯气
PV102
PIC102 MAN
0.00 MPa
自B101
FI106
0.00 NM3/H
PIC104 MAN
0.00 MPa
PV104
高压瓦斯气
PIC103 MAN
0.00 MPa
PV103
液态烃
吹扫蒸气
FI107
0.00 NM3/H
燃料油
P105
去B101DCS
供气系统DCS图
供气系统现场图
燃气系统DCS图
燃气系统现场图
公用工程图
控制组
北京东方仿真
报警系统已经开启（当前报警信息被加入报警列表）
单机运行（未连接教师站）
2006-10-8
14:29

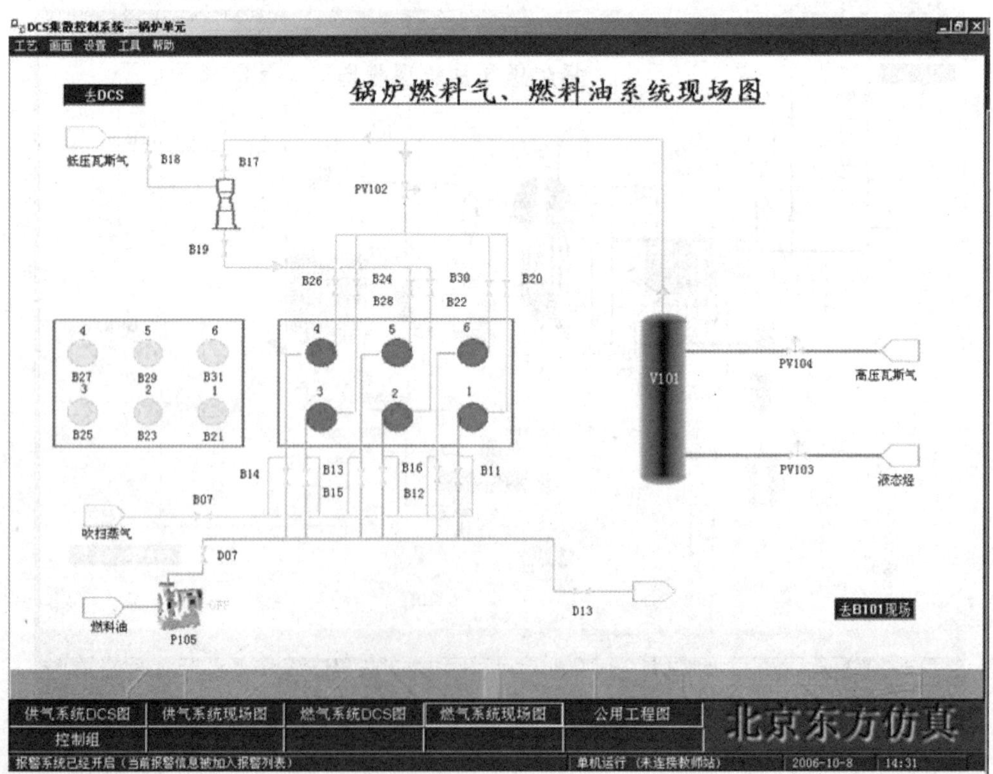
DCS集散控制系统---锅炉单元
工艺 画面 设置 工具 帮助
锅炉燃料气、燃料油系统现场图
去DCS
低压瓦斯气
B18
B17
PV102
B19
B26
B24
B28
B30
B22
B20
B27
B29
B31
B25
B23
B21
V101
PV104
高压瓦斯气
PV103
液态烃
B14
B13
B15
B16
B12
B11
B07
吹扫蒸气
D07
D13
燃料油
P105
去B101现场
供气系统DCS图
供气系统现场图
燃气系统DCS图
燃气系统现场图
公用工程图
控制组
北京东方仿真
报警系统已经开启（当前报警信息被加入报警列表）
单机运行（未连接教师站）
2006-10-8
14:31

六、思考题

1. 观察在出现锅炉负荷(锅炉给水)剧减时，汽包水位将出现什么变化？为什么？
2. 具体指出本操作中减温器的作用。
3. 说明为什么上下汽包之间的水循环不用动力设备？其动力何在？
4. 结合本操作(TIC101)，具体说明分程控制的作用和工作原理。

项目六　罐区操作仿真实训

一、实训目的

1. 熟悉罐区，理解罐区工作原理；
2. 掌握罐区操作工艺流程；
3. 掌握罐区的操作规程及其常见故障处理方法。

二、工艺流程

1. 罐区的工作原理

如图1-6所示，罐区是化工原料，中间产品及成品的集散地，是大型化工企业的重要组成部分，也是化工安全生产的关键环节之一。大型石油化工企业罐区储存的化学品之多，是任何生产装置都无法比拟的。罐区的安全操作关系到整个工厂的正常生产，所以，罐区的设计、生产操作及管理都特别重要。

图1-6　罐区示意图

罐区的工作原理如下：产品从上一生产单元中被送到产品罐，经过换热器冷却后用离心泵打入产品罐中，进行进一步冷却，再用离心泵打入包装设备。

2. 罐区的工艺流程

如图1-7所示，来自上一生产设备的约35℃带压液体，经过阀门MV101进入产品罐T01，由温度传感器TI101显示T01罐底温度，压力传感器PI101显示T01罐内压力，液位传感器LI101显示T01的液位。由离心泵P101将产品罐T01的产品打出，控制阀FIC101控制回流量。回流的物流通过换热器E01，被冷却水逐渐冷却到33℃左右。温度传感器TI102显示被冷却后产品的温度，温度传感器TI103显示冷却水冷却后温度。由泵打出的少部分产品由阀门MV102打回生产系统。当产品罐T01液位达到80%后，阀门MV101和阀门MV102自动关断。

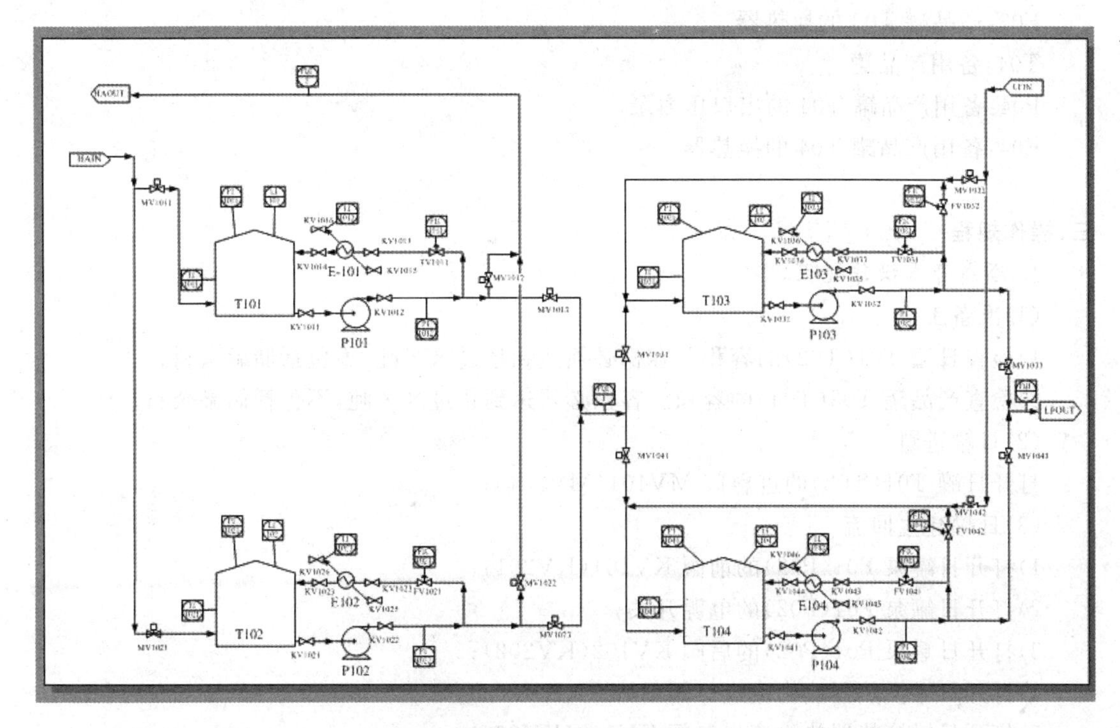

图 1-7　罐区工艺流程图

产品罐 T01 打出的产品经过 T01 的出口阀 MV103 和 T03 的进口阀进入产品罐 T03，由温度传感器 TI103 显示 T03 罐底温度，压力传感器 PI103 显示 T03 罐内压力，液位传感器 LI103 显示 T03 的液位。由离心泵 P103 将产品罐 T03 的产品打出，控制阀 FIC103 控制回流量。回流的物流通过换热器 E03，被冷却水逐渐冷却到 30℃左右。温度传感器 TI302 显示被冷却后产品的温度，温度传感器 TI303 显示冷却水冷却后温度。少部分回流物料不经换热器 E03 直接打回产品罐 T03；从包装设备来的产品经过阀门 MV302 打回产品罐 T03，控制阀 FIC302 控制这两股物流混合后的流量。产品经过 T03 的出口阀 MV303 到包装设备进行包装。

当产品罐 T01 的设备发生故障，马上启用备用产品罐 T02 及其备用设备，其工艺流程同 T01。当产品罐 T03 的设备发生故障，马上启用备用产品罐 T04 及其备用设备，其工艺流程同 T03。

3. 设备一览

T01：产品罐。

P01：产品罐 T01 的出口压力泵。

E01：产品罐 T01 的换热器。

T02：备用产品罐。

P02：备用产品罐 T02 的出口泵。

E02：备用产品罐 T02 的换热器。

T03：产品罐。

P03：产品罐 T03 的出口压力泵。

E03:产品罐 T03 的换热器。

T04:备用产品罐。

P04:备用产品罐 T04 的出口压力泵。

E04:备用产品罐 T04 的换热器。

三、操作规程

1. 冷态开车操作规程

(1)准备工作

1)检查日罐 T01(T02)的容积。容积必须达到超过××吨,不包括储罐余料;

2)检查产品罐 T03(T04)的容积。容积必须达到超过××吨,不包括储罐余料。

(2)日罐进料

打开日罐 T01(T02)的进料阀 MV101(MV201);

(3)日罐建立回流

1)打开日罐泵 P01(P02)的前阀 KV101(KV201);

2)打开日罐泵 P01(P02)的电源开关;

3)打开日罐泵 P01(P02)的后阀 KV102(KV202);

4)打开日罐换热器热物流进口阀 KV104(KV204);

5)打开日罐换热器热物流出口阀 KV103(KV203);

6)打开日罐回流控制阀 FIC101(FIC201),建立回流;

7)打开日罐出口阀 MV102(MV202)。

(4)冷却日罐物料

1)打开换热器 E01(E02)的冷物流进口阀 KV105(KV205);

2)打开换热器 E01(E02)的冷物流出口阀 KV106(KV206)。

(5)产品罐进料

1)打开产品罐 T03(T04)的进料阀 MV301(MV401);

2)打开日罐 T01(T02)的倒罐阀 MV103(MV203);

3)打开产品罐 T03(T04)的包装设备进料阀 MV302(MV402);

4)打开产品罐回流阀 FIC302(FIC402)。

(6)产品罐建立回流

1)打开产品罐泵 P03(P04)的前阀 KV301(KV401);

2)打开产品罐泵 P03(P04)的电源开关;

3)打开产品罐泵 P03(P04)的后阀 KV302(KV402);

4)打开产品罐换热器热物流进口阀 KV304(KV404);

5)打开产品罐换热器热物流出口阀 KV303(KV403);

6)打开产品罐回流控制阀 FIC301(FIC401),建立回流;

7)打开产品罐出口阀 MV302(MV402)。

(7)冷却产品罐物料

1)打开换热器 E03(E04)的冷物流进口阀 KV305(KV405);

2)打开换热器 E03(E04)的冷物流出口阀 KV306(KV406)。

(8)产品罐出料

1)打开产品罐出料阀 MV303(MV403),将产品打入包装车间进行包装。

2)向产品日储罐 T01 进料:缓慢打开 T01 的进料阀 MV101,直到开度大于 50%。

3)建立 T01 的回流

① T01 液位大于 5%时,打开泵 P101 进口阀 KV101。

② 打开泵 P101 开关,启动泵 P101。

③ 打开泵 P101 出口阀 KV102。

④ 打开换热器 H101 热物流进口阀 KV104。

⑤ 打开换热器 H101 热物流出口阀 KV103。

⑥ 缓慢打开 T01 回流控制阀 FIC101,直到开度大于 50%。

⑦ 缓慢打开 T01 出口阀 MV102,直到开度大于 50%。

4)对 T01 产品进行冷却

① 当 T01 液位大于 10%,打开换热器 H101 冷物流进口阀 KV105。

② 打开换热器 E01 冷物流出口阀 KV106。

③ T03 罐内温度保持在 29℃～31℃。

5)向产品罐 T03 进料

① 缓慢打开产品罐 T03 进口阀 MV301,直到开度大于 50%。

② 缓慢打开日储罐倒罐阀 MV103,直到开度大于 50%。

③ 缓慢打开 T03 的包装设备进料阀 MV302,直到开度大于 50%。

④ 缓慢打开 T03 回流阀 FIC302,直到开度大于 50%。

6)建立 T03 的回流

① 当 T03 的液位大于 3%时,打开泵 P301 的进口阀 KV301。

② 打开泵 P301 的开关,启动泵 P301;再打开泵 P301 的出口阀 KV302。

③ 打开换热器 H301 热物流进口阀 KV304。

④ 打开换热器 H301 热物流出口阀 KV303。

⑤ 缓慢打开 T03 回流控制阀 FIC301,直到开度大于 50%。

7)对 T03 产品进行冷却

① 当 T03 液位大于 5%,打开换热器 H301 冷物流出口阀 KV305。

② 打开换热器 H301 冷物流进口阀 KV306。

③ T03 罐内温度保持在 29℃～31℃。

8)产品罐 T03 出料:当 T03 液位高于 80%,缓慢打开出料阀 MV303,直到开度大于 50%。

2. 仪表及报警一览表

位　号	说　明	类型	正常值	量程上限	量程下限	工程单位	高报	低报
TI101	日罐 T01 罐内温度	AI	33.0	60.0	0.0	℃	34	32
TI201	日罐 T02 罐内温度	AI	33.0	60.0	0.0	℃	34	32
TI301	产品罐 T03 罐内温度	AI	30.0	60.0	0.0	℃	31	29
TI401	产品罐 T04 罐内温度	AI	30.0	60.0	0.0	℃	31	29

四、事故设置一览

1. P01 泵坏

(1)主要现象:P01 泵出口压力为零;FIC101 流量急骤减小到零。

(2)处理方案:停用日罐 T01,启用备用日罐 T02。

1)停用日罐 T01

① 关闭 T01 进口阀 MV101 和 MV102。

② 关闭 T01 回流控制阀 FIC101。

③ 关闭泵 P01 出口阀 KV102。

④ 关闭泵 P01 电源,然后关闭泵 P01 入口阀 KV101。

⑤ 关闭换热器 E01 热物流进口阀 KV104 和 KV103。

⑥ 关闭换热器 E01 冷物流进口阀 KV105 和 KV106。

2)向产品日储罐 T02 进料:缓慢打开 T02 的进料阀 MV201,直到开度大于 50%。

3)建立 T02 的回流

① T02 液位大于 5%时,打开泵 P02 进口阀 KV201。

② 打开泵 P201 开关,启动泵 P201。

③ 打开泵 P201 出口阀 KV202。

④ 打开换热器 E02 热物流进口阀 KV204。

⑤ 打开换热器 E02 热物流出口阀 KV203。

⑥ 缓慢打开 T02 回流控制阀 FIC201,直到开度大于 50%。

⑦ 缓慢打开 T02 出口阀 MV202,直到开度大于 50%。

4)对 T02 产品进行冷却

① 当 T02 液位大于 10%,打开换热器 E02 冷物流出口阀 KV205。

② 打开换热器 E01 冷物流进口阀 KV206。

③ T02 罐内温度保持在 32℃~34℃。

5)向产品罐 T03 进料

① 缓慢打开产品罐 T03 进口阀 MV301,直到开度大于 50%。

② 缓慢打开日储罐倒罐阀 MV203,直到开度大于 50%。

③ 缓慢打开 T03 的包装设备进料阀 MV302,直到开度大于 50%。

④ 缓慢打开 T03 回流阀 FIC302,直到开度大于 50%。

6)建立 T03 的回流

① 当 T03 的液位大于 3%时,打开泵 P301 的进口阀 KV301。

② 打开泵 P301 的开关,启动泵 P301。

③ 打开泵 P301 的出口阀 KV302。

④ 打开换热器 H301 热物流进口阀 KV304。

⑤ 打开换热器 H301 热物流出口阀 KV303。

⑥ 缓慢打开 T03 回流控制阀 FIC301,直到开度大于 50%。

7)对 T03 产品进行冷却

① 当 T03 液位大于 5%,打开换热器 H301 冷物流出口阀 KV305。

② 打开换热器 H301 冷物流进口阀 KV306。

③ T03 罐内温度保持在 29℃～31℃。

8)产品罐 T03 出料：当 T03 液位高于 80%，缓慢打开出料阀 MV303，直到开度大于 50%。

2. 换热器 E01 结垢

主要现象：冷物流出口温度低于 17.5℃；热物流出口温度降低极慢。

处理方案：停用日罐 T01，启用备用日罐 T02。

3. 换热器 E03 热物流串进冷物流

(1)主要现象：冷物流出口温度明显高于正常值；热物流出口温度降低极慢。

(2)处理方案：停用产品罐 T03，启用备用产品罐 T04。

1)停用产品罐 T03

① 关闭换热器 E03 冷物流进口阀 KV305 和 KV306。

② 关闭换热器 E03 冷物流出口阀。

③ 关闭 T03 进口阀 MV301 和 MV302。

④ 关闭 T03 回流阀 FIC302 和 FIC301。

⑤ 关闭泵 P03 出口阀 KV302。

⑥ 关闭泵 P03 电源。

⑦ 关闭泵 P03 入口阀 KV301。

⑧ 关闭换热器 E03 热物流进口阀 KV304。

⑨ 关闭换热器 E03 热物流出口阀 KV303。

2)向产品日储罐 T01 进料：缓慢打开 T02 的进料阀 MV201，直到开度大于 50%

① 缓慢打开产品罐 T04 进口阀 MV401，直到开度大于 50%。

② 缓慢打开产品罐 T01 的出口阀 MV102，直到开度大于 50%。

3)向产品罐 T04 进料

① T02 液位大于 5%时，打开泵 P02 进口阀 KV201。

② 缓慢打开日储罐倒罐阀 MV103，直到开度大于 50%。

③ 缓慢打开 T04 的设备进料阀 MV402，直到开度大于 50%。

④ 缓慢打开 T04 回流阀 FIC402，直到开度大于 50%。

4)向产品罐 T03 进料

① 缓慢打开产品罐 T03 进口阀 MV301，直到开度大于 50%。

② 缓慢打开日储罐倒罐阀 MV203，直到开度大于 50%。

③ 缓慢打开 T03 的包装设备进料阀 MV302，直到开度大于 50%。

④ 缓慢打开 T03 回流阀 FIC302，直到开度大于 50%。

5)建立 T04 的回流

① 当 T04 的液位大于 3%时，打开泵 P04 的进口阀 KV401。

② 打开泵 P04 的开关，启动泵 P04。

③ 打开泵 P04 的出口阀 KV402。

④ 打开换热器 E04 热物流进口阀 KV404。

⑤ 打开换热器 E04 热物流出口阀 KV403。

⑥ 缓慢打开 T04 回流控制阀 FIC401，直到开度大于 50%。

6）对 T03 产品进行冷却

① 当 T04 液位大于 5%，打开换热器 E04 冷物流出口阀 KV405。

② 打开换热器 E04 冷物流进口阀 KV406。

③ T04 罐内温度保持在 29℃～31℃。

7）产品罐 T03 出料：当 T04 液位高于 80%，缓慢打开出料阀 MV403，直到开度大于 50%。

五、仿真界面

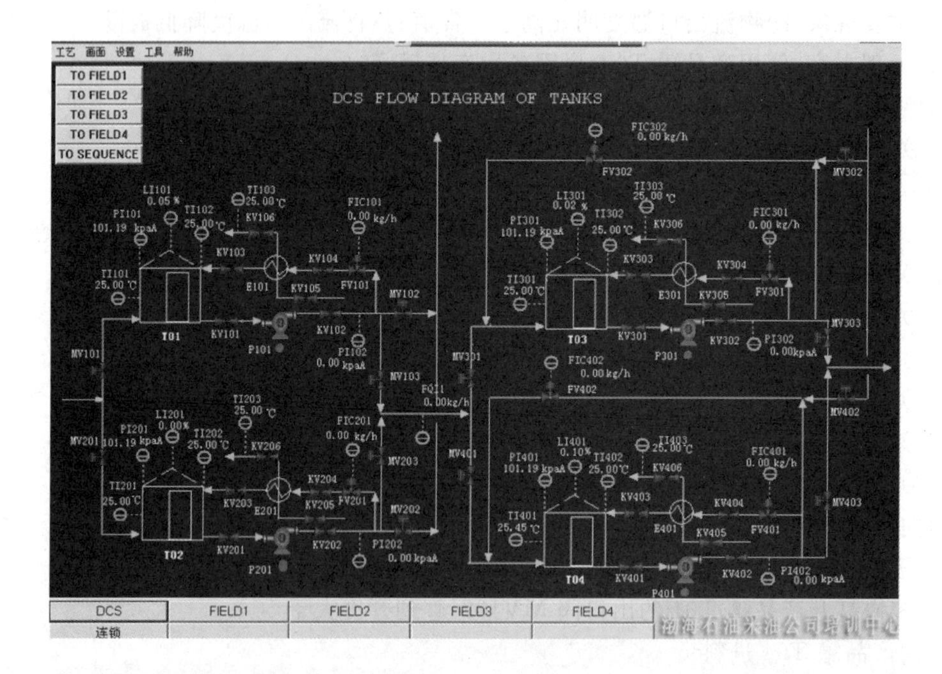

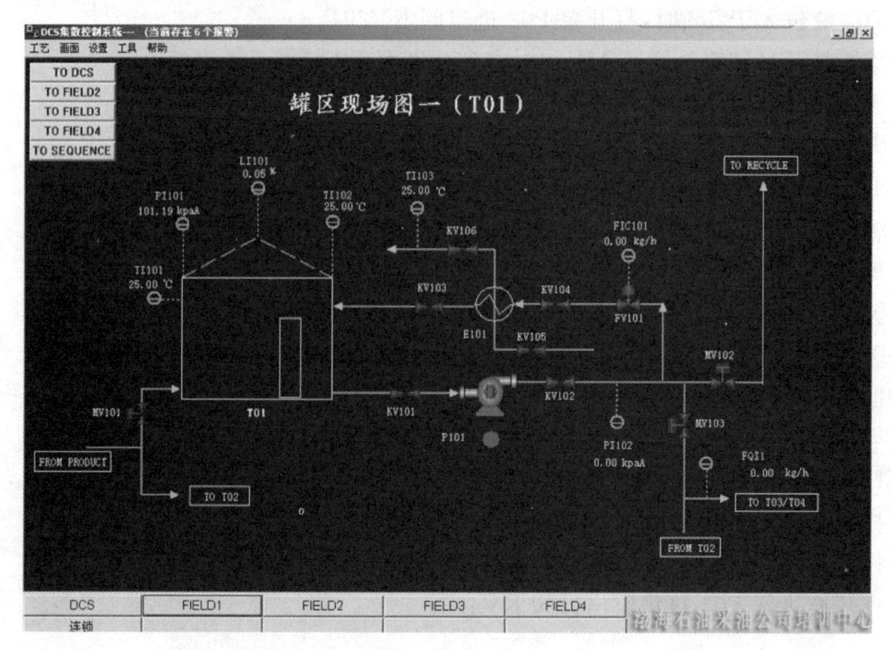

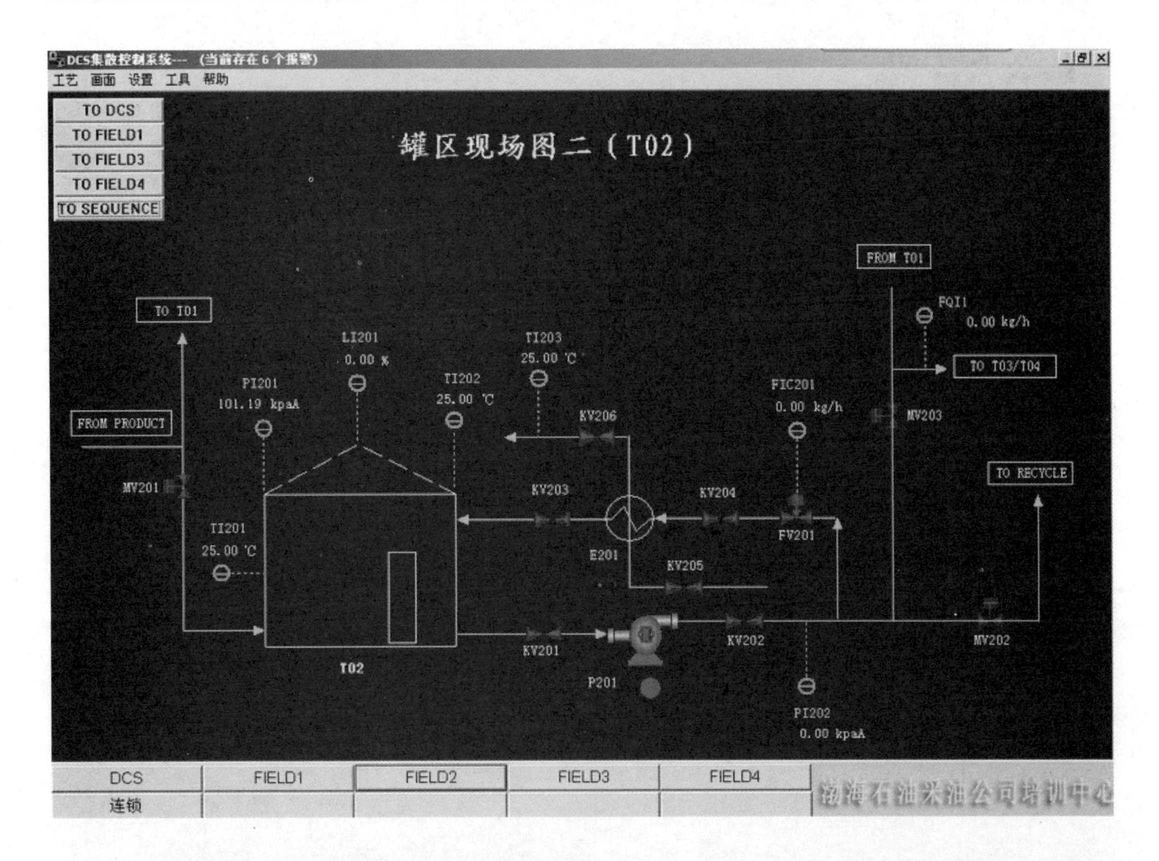
DCS集散控制系统--- (当前存在6个报警)
工艺 画面 设置 工具 帮助
TO DCS
TO FIELD1
TO FIELD3
TO FIELD4
TO SEQUENCE
罐区现场图二（T02）
FROM T01
TO T01
FQI1
0.00 kg/h
TO T03/T04
LI201
0.00 %
TI203
25.00 ℃
PI201
101.19 kpaA
TI202
25.00 ℃
FIC201
0.00 kg/h
FROM PRODUCT
KV206
MV203
TO RECYCLE
MV201
KV203
KV204
TI201
25.00 ℃
FV201
E201
KV205
KV201
KV202
MV202
T02
P201
PI202
0.00 kpaA
DCS
FIELD1
FIELD2
FIELD3
FIELD4
连锁
渤海石油采油公司培训中心

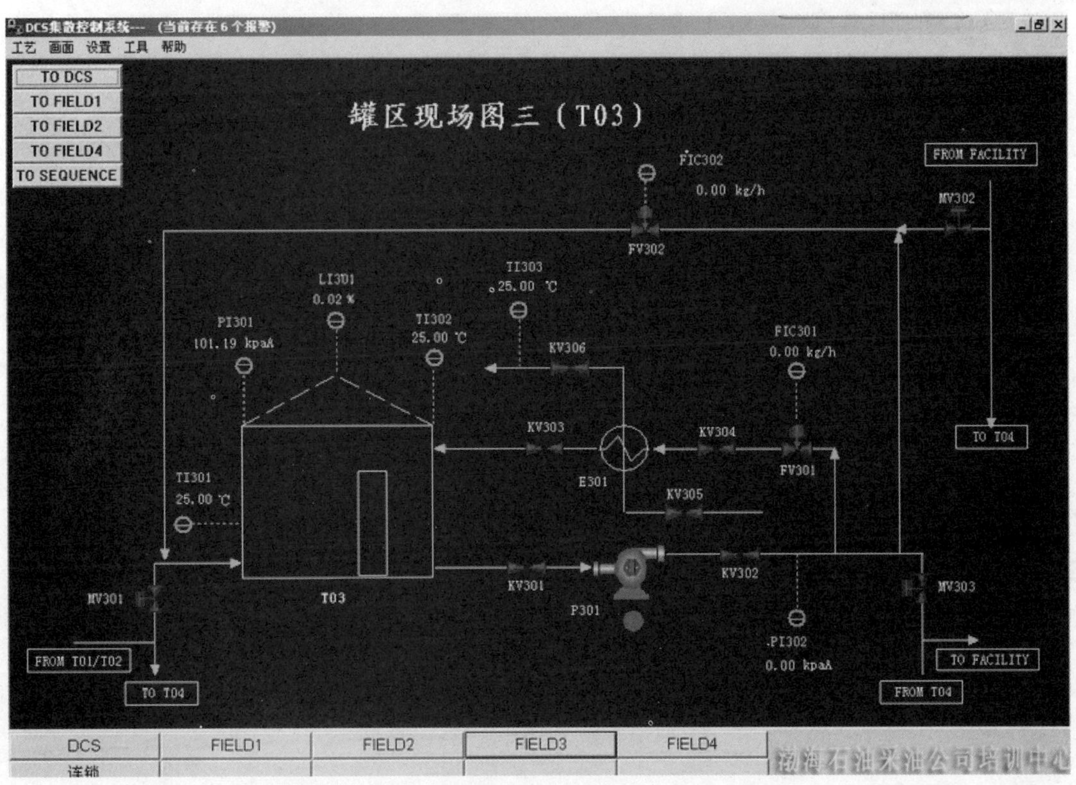
DCS集散控制系统--- (当前存在6个报警)
工艺 画面 设置 工具 帮助
TO DCS
TO FIELD1
TO FIELD2
TO FIELD4
TO SEQUENCE
罐区现场图三（T03）
FIC302
0.00 kg/h
FROM FACILITY
MV302
FV302
TI303
25.00 ℃
LI301
0.02 %
PI301
101.19 kpaA
TI302
25.00 ℃
KV306
FIC301
0.00 kg/h
KV303
KV304
TO T04
TI301
25.00 ℃
E301
FV301
KV305
KV302
KV301
MV301
T03
P301
MV303
PI302
0.00 kpaA
FROM T01/T02
TO FACILITY
TO T04
FROM T04
DCS
FIELD1
FIELD2
FIELD3
FIELD4
连锁
渤海石油采油公司培训中心

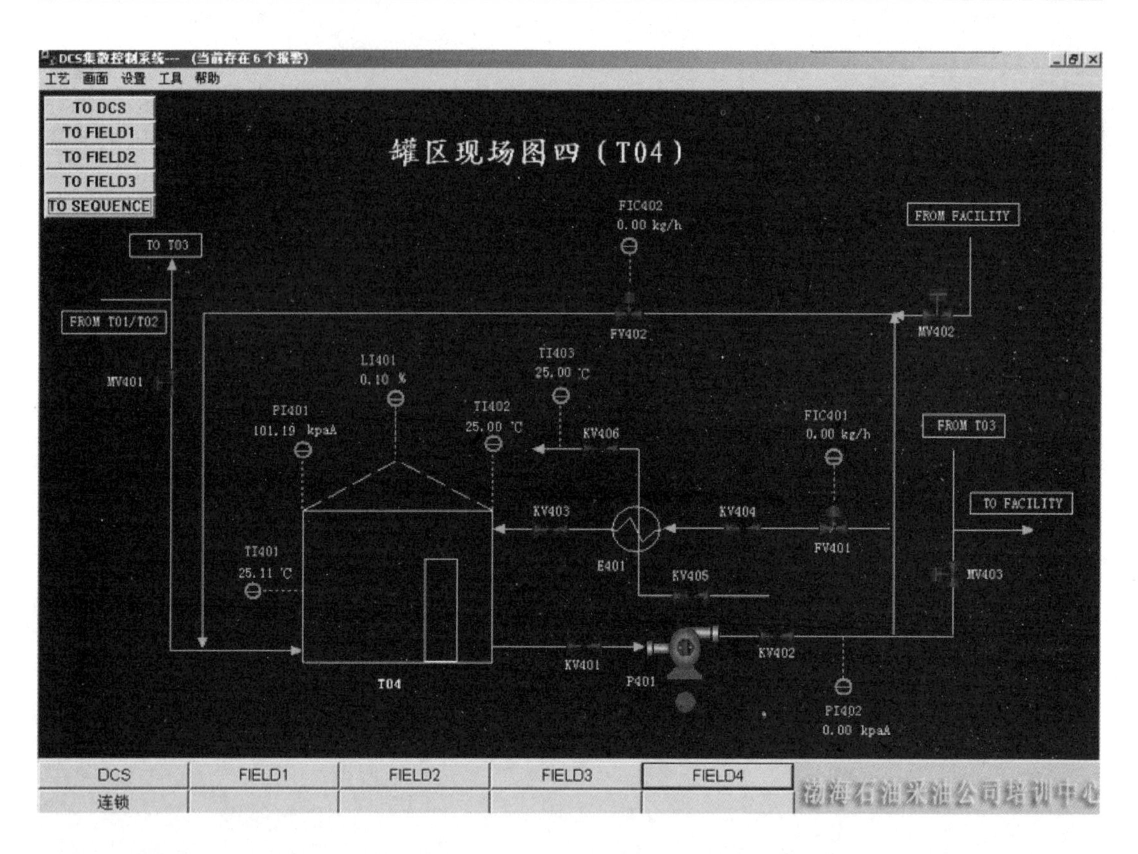

DCS集散控制系统--- (当前存在6个报警)
工艺 画面 设置 工具 帮助
TO DCS
TO FIELD1
TO FIELD2
TO FIELD3
TO SEQUENCE
罐区现场图四（T04）
FIC402
0.00 kg/h
FROM FACILITY
TO T03
FROM T01/T02
FV402
MV402
MV401
LI401
0.10 %
TI403
25.00 ℃
PI401
101.19 kpaA
TI402
25.00 ℃
KV406
FIC401
0.00 kg/h
FROM T03
TO FACILITY
KV403
KV404
TI401
25.11 ℃
FV401
E401
KV405
MV403
KV401
KV402
T04
P401
PI402
0.00 kpaA
DCS
FIELD1
FIELD2
FIELD3
FIELD4
连锁
渤海石油采油公司培训中心

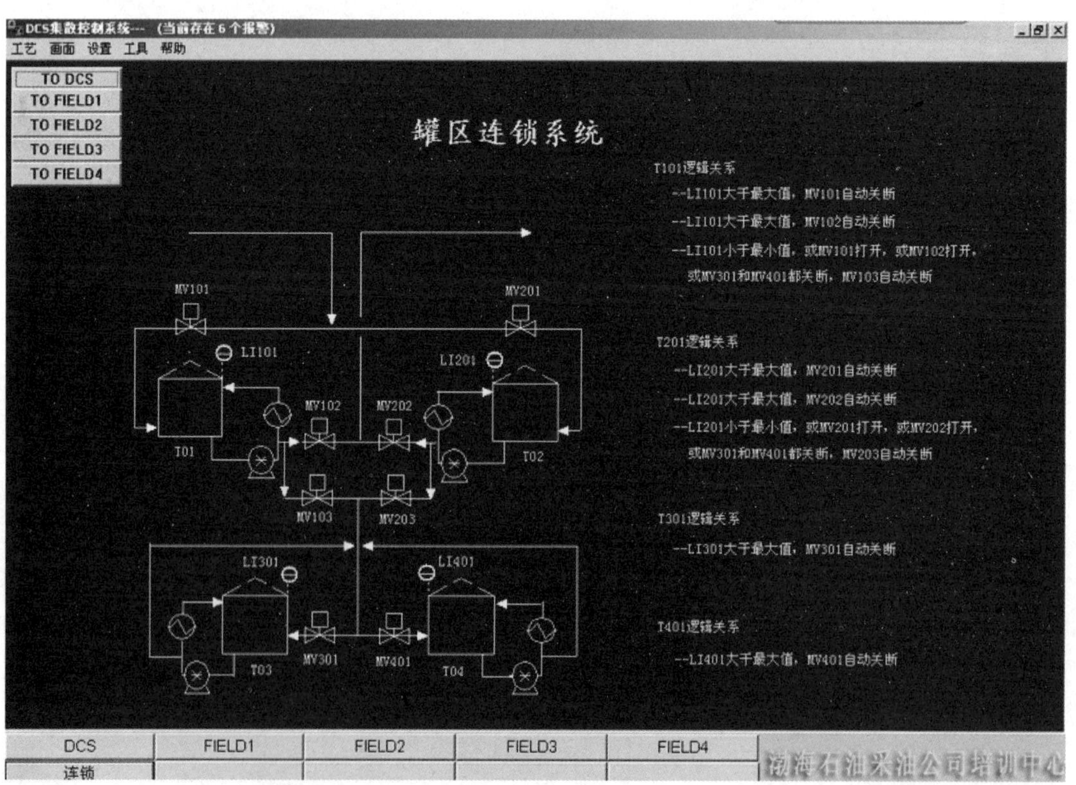

DCS集散控制系统--- (当前存在6个报警)
工艺 画面 设置 工具 帮助
TO DCS
TO FIELD1
TO FIELD2
TO FIELD3
TO FIELD4
罐区连锁系统
T101逻辑关系
--LI101大于最大值，MV101自动关断
--LI101大于最大值，MV102自动关断
--LI101小于最小值，或MV101打开，或MV102打开，
或MV301和MV401都关断，MV103自动关断
T201逻辑关系
--LI201大于最大值，MV201自动关断
--LI201大于最大值，MV202自动关断
--LI201小于最小值，或MV201打开，或MV202打开，
或MV301和MV401都关断，MV203自动关断
T301逻辑关系
--LI301大于最大值，MV301自动关断
T401逻辑关系
--LI401大于最大值，MV401自动关断
MV101
MV201
LI101
LI201
MV102
MV202
T01
T02
MV103
MV203
LI301
LI401
T03
MV301
MV401
T04
DCS
FIELD1
FIELD2
FIELD3
FIELD4
连锁
渤海石油采油公司培训中心

六、思考题

1. 简述罐区的工作原理。

2. 简述罐区的工艺流程。

3. 简述罐区冷态开车操作规程。

4. 本操作过程中,P01 泵出口压力为零,FIC101 流量急骤减小到零,应如何操作?

5. 本操作过程中,冷物流出口温度低于 17.5℃,热物流出口温度降低极慢,应如何操作?

项目七 吸收解吸操作仿真实训

一、实训目的

1. 熟悉吸收塔和解吸塔及其相关设备；
2. 掌握吸收解吸操作工艺流程；
3. 掌握吸收解吸开车、正常运行和停车的操作规程及其常见故障处理方法。

二、工艺流程

1. 工艺流程简介

吸收解吸是石油化工生产过程中较常用的重要单元操作过程。吸收过程是利用气体混合物中各个组分在液体(吸收剂)中的溶解度不同,来分离气体混合物。被溶解的组分称为溶质或吸收质,含有溶质的气体称为富气,不被溶解的气体称为贫气或惰性气体。

溶解在吸收剂中的溶质和在气相中的溶质存在溶解平衡,当溶质在吸收剂中达到溶解平衡时,溶质在气相中的分压称为该组分在该吸收剂中的饱和蒸汽压。当溶质在气相中的分压大于该组分的饱和蒸汽压时,溶质就从气相溶入溶质中,称为吸收过程。当溶质在气相中的分压小于该组分的饱和蒸汽压时,溶质就从液相逸出到气相中,称为解吸过程。

提高压力、降低温度有利于溶质吸收;降低压力、提高温度有利于溶质解吸。正是利用这一原理分离气体混合物,而吸收剂可以重复使用。

该单元以 C_6 油为吸收剂,分离气体混合物(其中 C_4:25.13%,CO 和 CO_2:6.26%,N_2:64.58%,H_2:3.5%,O_2:0.53%)中的 C_4 组分(吸收质)。

从界区外来的富气从底部进入吸收塔 T-101。界区外来的纯 C_6 油吸收剂贮存于 C_6 油贮罐 D-101 中,由 C_6 油泵 P-101A/B 送入吸收塔 T-101 的顶部,C_6 流量由 FRC103 控制。吸收剂 C_6 油在吸收塔 T-101 中自上而下与富气逆向接触,富气中 C_4 组分被溶解在 C_6 油中。不溶解的贫气自 T-101 顶部排出,经盐水冷却器 E-101 被-4℃的盐水冷却至 2℃进入尾气分离罐 D-102。吸收了 C_4 组分的富油(C_4:8.2%,C_6:91.8%)从吸收塔底部排出,经贫富油换热器 E-103 预热至 80℃进入解吸塔 T-102。吸收塔塔釜液位由 LIC101 和 FIC104 通过调节塔釜富油采出量串级控制。

来自吸收塔顶部的贫气在尾气分离罐 D-102 中回收冷凝的 C_4、C_6 后,不凝气在 D-102 压力控制器 PIC103(1.2 MPa)控制下排入放空总管进入大气。回收的冷凝液(C_4,C_6)与吸收塔釜排出的富油一起进入解吸塔 T-102。

预热后的富油进入解吸塔 T-102 进行解吸分离。塔顶气相出料(C_4:95%)经全冷器 E-104 换热降温至 40℃全部冷凝进入塔顶回流罐 D-103,其中一部分冷凝液由 P-102A/B 泵打回流至解吸塔顶部,回流量 8.0 t/h,由 FIC106 控制,其他部分作为 C_4 产品在液位控制(LIC105)下由 P-102A/B 泵抽出。塔釜 C_6 油在液位控制(LIC104)下,经贫富油换热器 E-103 和盐水冷却器 E-102 降温至 5℃返回至 C_6 油贮罐 D-101 再利用,返回温度由温度控制器 TIC103 通过调节 E-102 循环冷却水流量控制。

T-102 塔釜温度由 TIC104 和 FIC108 通过调节塔釜再沸器 E-105 的蒸汽流量串级控

制，控制温度 102℃。塔顶压力由 PIC－105 通过调节塔顶冷凝器 E－104 的冷却水流量控制，另有一塔顶压力保护控制器 PIC－104，在塔顶有凝气压力高时通过调节 D－103 放空量降压。

因为塔顶 C_4 产品中含有部分 C_6 油及其他 C_6 油损失，所以随着生产的进行，要定期观察 C_6 油贮罐 D－101 的液位，补充新鲜 C_6 油。

2. 控制方案

吸收解吸操作复杂控制回路主要是串级回路的使用，在吸收塔、解吸塔和产品罐中都使用了液位与流量串级回路。

串级回路：是在简单调节系统基础上发展起来的。在结构上，串级回路调节系统有两个闭合回路。主、副调节器串联，主调节器的输出为副调节器的给定值，系统通过副调节器的输出操纵调节阀动作，实现对主参数的定值调节。所以在串级回路调节系统中，主回路是定值调节系统，副回路是随动系统。

举例：在吸收塔 T101 中，为了保证液位的稳定，有一塔釜液位与塔釜出料组成的串级回路。液位调节器的输出同时是流量调节器的给定值，即流量调节器 FIC104 的 SP 值由液位调节器 LIC101 的输出 OP 值控制，LIC101 的 OP 的变化使 FIC104 的 SP 产生相应的变化。

3. 设备一览

T－101：吸收塔。

D－101：C_6 油贮罐。

D－102：气液分离罐。

E－101：吸收塔顶冷凝器。

E－102：循环油冷却器。

P－101A/B：C_6 油供给泵。

T－102：解吸塔。

D－103：解吸塔顶回流罐。

E－103：贫富油换热器。

E－104：解吸塔顶冷凝器。

E－105：解吸塔釜再沸器。

P－102A/B：解吸塔顶回流、塔顶产品采出泵。

三、操作规程

1. 开车操作规程

装置的开工状态为吸收塔解吸塔系统均处于常温常压下，各调节阀处于手动关闭状态，各手操阀处于关闭状态，氮气置换已完毕，公用工程已具备条件，可以直接进行氮气充压。

(1)氮气充压

1)确认所有手阀处于关状态

2)氮气充压

① 打开氮气充压阀，给吸收塔系统充压。

② 当吸收塔系统压力升至 1.0 MPa 左右时，关闭 N_2 充压阀。

③ 打开氮气充压阀，给解吸塔系统充压。

④ 当吸收塔系统压力升至 0.5 MPa 左右时，关闭 N_2充压阀。

(2)进吸收油

1)确认

① 系统充压已结束。

② 所有手阀处于关状态。

2)吸收塔系统进吸收油

① 打开引油阀 V9 至开度 50%左右，给 C_6油贮罐 D－101 充 C_6油至液位 70%。

② 打开 C_6油泵 P－101A(或 B)的入口阀，启动 P－101A(或 B)。

③ 打开 P－101A(或 B)出口阀，手动打开 FV103 阀至 30%左右给吸收塔 T－101 充液至 50%。充油过程中注意观察 D－101 液位，必要时给 D－101 补充新油。

3)解吸塔系统进吸收油

① 手动打开调节阀 FV104 开度至 50%左右，给解吸塔 T－102 进吸收油至液位 50%。

② 给 T－102 进油时注意给 T－101 和 D－101 补充新油，以保证 D－101 和 T－101 的液位均不低于 50%。

(3)C_6油冷循环

1)确认

① 贮罐，吸收塔，解吸塔液位 50%左右。

② 吸收塔系统与解吸塔系统保持合适压差。

2)建立冷循环

① 手动逐渐打开调节阀 LV104，向 D－101 倒油。

② 当向 D－101 倒油时，同时逐渐调整 FV104，以保持 T－102 液位在 50%左右，将 LIC104 设定在 50%，设自动。

③ 由 T－101 至 T－102 油循环时，手动调节 FV103 以保持 T－101 液位在 50%左右，将 LIC101 设定在 50%，投自动。

④ 手动调节 FV103，使 FRC103 保持在 13.50t/h，投自动，冷循环 10 分钟。

(4)T－102 回流罐 D－103 灌 C_4

打开 V21 向 D－103 灌 C_4至液位为 20%。

(5)C_6油热循环

1)确认

① 冷循环过程已经结束。

② D－103 液位已建立。

2)T－102 再沸器投用

① 设定 TIC103 于 5℃，投自动。

② 手动打开 PV105 至 70%。

③ 手动控制 PIC105 于 0.5 MPa，待回流稳定后再投自动。

④ 手动打开 FV108 至 50%，开始给 T－102 加热。

3)建立 T－102 回流

① 随着 T－102 塔釜温度 TIC107 逐渐升高，C_6油开始汽化，并在 E－104 中冷凝至回流罐 D－103。

② 当塔顶温度高于 50℃时，打开 P－102A/B 泵的入出口阀 VI25/27、VI26/28，打开 FV106 的前后阀，手动打开 FV106 至合适开度，维持塔顶温度高于 51℃。

③ 当 TIC107 温度指示达到 102℃时，将 TIC107 设定在 102℃投自动，TIC107 和 FIC108 投串级。

④ 热循环 10 分钟。

(6)进富气

1)确认 C_6油热循环已经建立。

2)进富气

① 逐渐打开富气进料阀 V1，开始富气进料。

② 随着 T－101 富气进料，塔压升高，手动调节 PIC103 使压力恒定在 1.2 MPa(表)。当富气进料达到正常值后，设定 PIC103 于 1.2 MPa(表)，投自动。

③ 当吸收了 C_4的富油进入解吸塔后，塔压将逐渐升高，手动调节 PIC105，维持 PIC105 在 0.5 MPa(表)，稳定后投自动。

④ 当 T－102 温度，压力控制稳定后，手动调节 FIC106 使回流量达到正常值 8.0t/h，投自动。

⑤ 观察 D－103 液位，液位高于 50 时，打开 LIV105 的前后阀，手动调节 LIC105 维持液位在 50%，投自动。

⑥ 将所有操作指标逐渐调整到正常状态。

2. 正常操作规程

(1)正常工况操作参数

1)吸收塔顶压力控制 PIC103：1.20 MPa(表)。

2)吸收油温度控制 TIC103：5.0℃。

3)解吸塔顶压力控制 PIC105：0.50 MPa(表)。

4)解吸塔顶温度：51.0℃。

5)解吸塔釜温度控制 TIC107：102.0℃。

(2)补充新油

因为塔顶 C_4产品中含有部分 C_6油及其他 C_6油损失，所以随着生产的进行，要定期观察 C_6油贮罐 D－101 的液位，当液位低于 30%时，打开阀 V9 补充新鲜的 C_6油。

(3)D－102 排液

生产过程中贫气中的少量 C_4和 C_6组分积累于尾气分离罐 D－102 中，定期观察 D－102 的液位，当液位高于 70%时，打开阀 V7 将凝液排放至解吸塔 T－102 中。

(4)T－102 塔压控制

正常情况下 T－102 的压力由 PIC－105 通过调节 E－104 的冷却水流量控制。生产过程中会有少量不凝气积累于回流罐 D－103 中使解吸塔系统压力升高，这时 T－102 顶部压力超高保护控制器 PIC－104 会自动控制排放不凝气，维持压力不会超高。必要时可打手动打开 PV104 至开度 1%～3%来调节压力。

3. 停车操作规程

(1)停富气进料

1)关富气进料阀 V1，停富气进料。

2)富气进料中断后,T-101 塔压会降低,手动调节 PIC103,维持 T-101 压力>1.0 MPa(表)。

3)手动调节 PIC105 维持 T-102 塔压力在 0.20 MPa(表)左右。

4)维持 T-101→T-102→D-101 的 C_6 油循环。

(2)停吸收塔系统

1)停 C_6 油进料

① 停 C_6 油泵 P-101A/B。

② 关闭 P-101A/B 入出口阀。

③ FRC103 置手动,关 FV103 前后阀。

④ 手动关 FV103 阀,停 T-101 油进料。

此时应注意保持 T-101 的压力,压力低时可用 N2 充压,否则 T-101 塔釜 C_6 油无法排出。

2)吸收塔系统泄油

① LIC101 和 FIC104 置手动,FV104 开度保持 50%,向 T-102 泄油。

② 当 LIC101 液位降至 0%时,关闭 FV108。

③ 打开 V7 阀,将 D-102 中的凝液排至 T-102 中。

④ 当 D-102 液位指示降至 0%时,关 V7 阀。

⑤ 关 V4 阀,中断盐水停 E-101。

⑥ 手动打开 PV103,吸收塔系统泄压至常压,关闭 PV103。

(3)停解吸塔系统

1)停 C_4 产品出料

富气进料中断后,将 LIC105 置手动,关阀 LV105,及其前后阀。

2)T-102 塔降温

① TIC107 和 FIC108 置手动,关闭 E-105 蒸汽阀 FV108,停再沸器 E-105。

② 停止 T-102 加热的同时,手动关闭 PIC105 和 PIC104,保持解吸系统的压力。

3)停 T-102 回流

① 再沸器停用,温度下降至泡点以下后,油不再汽化,当 D-103 液位 LIC105 指示小于 10%时,停回流泵 P-102A/B,关 P-102A/B 的入出口阀。

② 手动关闭 FV106 及其前后阀,停 T-102 回流。

③ 打开 D-103 泄液阀 V19。

④ 当 D-103 液位指示下降至 0%时,关 V19 阀。

4)T-102 泄油

① 手动置 LV104 于 50%,将 T-102 中的油倒入 D-101。

② 当 T-102 液位 LIC104 指示下降至 10%时,关 LV104。

③ 手动关闭 TV103,停 E-102。

④ 打开 T-102 泄油阀 V18,T-102 液位 LIC104 下降至 0%时,关 V18。

5)T-102 泄压

① 手动打开 PV104 至开度 50%,开始 T-102 系统泄压。

② 当 T-102 系统压力降至常压时,关闭 PV104。

(4)吸收油贮罐 D－101 排油

1)当停 T－101 吸收油进料后,D－101 液位必然上升,此时打开 D－101 排油阀 V10 排污油。

2)直至 T－102 中油倒空,D－101 液位下降至 0%,关 V10。

4. 仪表及报警一览表

位　号	说　明	类型	正常值	量程上限	量程下限	工程单位	高报值	低报值
AI101	回流罐 C_4 组分	AI	>95.0	100.0	0	%		
FI101	T－101 进料	AI	5.0	10.0	0.	t/h		
FI102	T－101 塔顶气量	AI	3.8	6.0	0	t/h		
FRC103	吸收油流量控制	PID	13.50	20.0	0	t/h	16.0	4.0
FIC104	富油流量控制	PID	14.70	20.0	0	t/h	16.0	4.0
FI105	T－102 进料	AI	14.70	20.0	0	t/h		
FIC106	回流量控制	PID	8.0	14.0	0	t/h	11.2	2.8
FI107	T－101 塔底贫油采出	AI	13.41	20.0	0	t/h		
FIC108	加热蒸汽量控制	PID	2.963	6.0	0	t/h		
LIC101	吸收塔液位控制	PID	50	100	0	%	85	15
LI102	D－101 液位	AI	60.0	100	0	%	85	15
LI103	D－102 液位	AI	50.0	100	0	%	65	5
LIC104	解吸塔釜液位控制	PID	50	100	0	%	85	15
LIC105	回流罐液位控制	PID	50	100	0	%	85	15
PI101	吸收塔顶压力显示	AI	1.22	20	0	MPa	1.7	0.3
PI102	吸收塔塔底压力	AI	1.25	20	0	MPa		
PIC103	吸收塔顶压力控制	PID	1.2	20	0	MPa	1.7	0.3
PIC104	解吸塔顶压力控制	PID	0.55	1.0	0	MPa		
PIC105	解吸塔顶压力控制	PID	0.50	1.0	0	MPa		
PI106	解吸塔底压力显示	AI	0.53	1.0	0	MPa		
TI101	吸收塔塔顶温度	AI	6	40	0	℃		
TI102	吸收塔塔底温度	AI	40	100	0	℃		
TIC103	循环油温度控制	PID	5.0	50	0	℃	10.0	2.5
TI104	C_4 回收罐温度显示	AI	2.0	40	0	℃		
TI105	预热后温度显示	AI	80.0	150.0	0	℃		
TI106	吸收塔顶温度显示	AI	6.0	50	0	℃		
TIC107	解吸塔釜温度控制	PID	102.0	150.0	0	℃		
TI108	回流罐温度显示	AI	40.0	100	0	℃		

四、事故设置一览

1. 冷却水中断

(1)主要现象:冷却水流量为0;入口路各阀常开状态。

(2)处理方法:

1)停止进料,关V1阀。

2)手动关PV103保压。

3)手动关FV104。

4)停T-102进料。

5)手动关LV105,停出产品。

6)手动关FV103,停T-101回流。

7)手动关FV106,停T-102回流。

8)关LIC104前后阀,保持液位。

2. 加热蒸汽中断

(1)主要现象:加热蒸汽管路各阀开度正常;加热蒸汽入口流量为0;塔釜温度急剧下降。

(2)处理方法:

1)停止进料,关V1阀。

2)停T-102回流。

3)停D-103产品出料。

4)停T-102进料。

5)关PV103保压。

6)关LIC104前后阀,保持液位。

3. 仪表风中断

(1)主要现象:各调节阀全开或全关。

(2)处理方法:

依次打开FRC103旁路阀V3、FIC104旁路阀V5、PIC103旁路阀V6、TIC103旁路阀V8、LIC104旁路阀V12、FIC106旁路阀V13、PIC105旁路阀V14、PIC104旁路阀V15、LIC105旁路阀V16、FIC108旁路阀V17。

4. 停电

(1)主要现象:泵P-101A/B停;泵P-102A/B停。

(2)处理方法:

1)打开泄液阀V10,保持LI102液位在50%。

2)打开泄液阀V19,保持LI105液位在50%。

3)关小加热油流量,防止塔温上升过高。

4)停止进料,关V1阀。

5. P-101A泵坏

(1)主要现象:FRC103流量降为0;塔顶C_4上升,温度上升,塔顶压上升;釜液位下降。

(2)处理方法:

1)停P-101A(注:先关泵后阀,再关泵前阀)。

2)开启 P-101B,先开泵前阀,开泵后阀。

3)由 FRC-103 调至正常值,并投自动。

6. LIC104 调节阀卡

(1)主要现象:FI107 降至 0;塔釜液位上升,并可能报警。

(2)处理方法:

1)关 LIC104 前后阀 VI13,VI14。

2)开 LIC104 旁路阀 V12 至 60%左右。

3)调整旁路阀 V12 开度,使液位保持 50%。

7. 换热器 E-105 结垢严重

(1)主要现象:调节阀 FIC108 开度增大;加热蒸汽入口流量增大;塔釜温度下降,塔顶温度也下降,塔釜 C_4 组成上升。

(2)处理方法:

1)关闭富气进料阀 V1。

2)手动关闭产品出料阀 LIC102。

3)手动关闭再沸器后,清洗换热器 E-105。

五、仿真界面

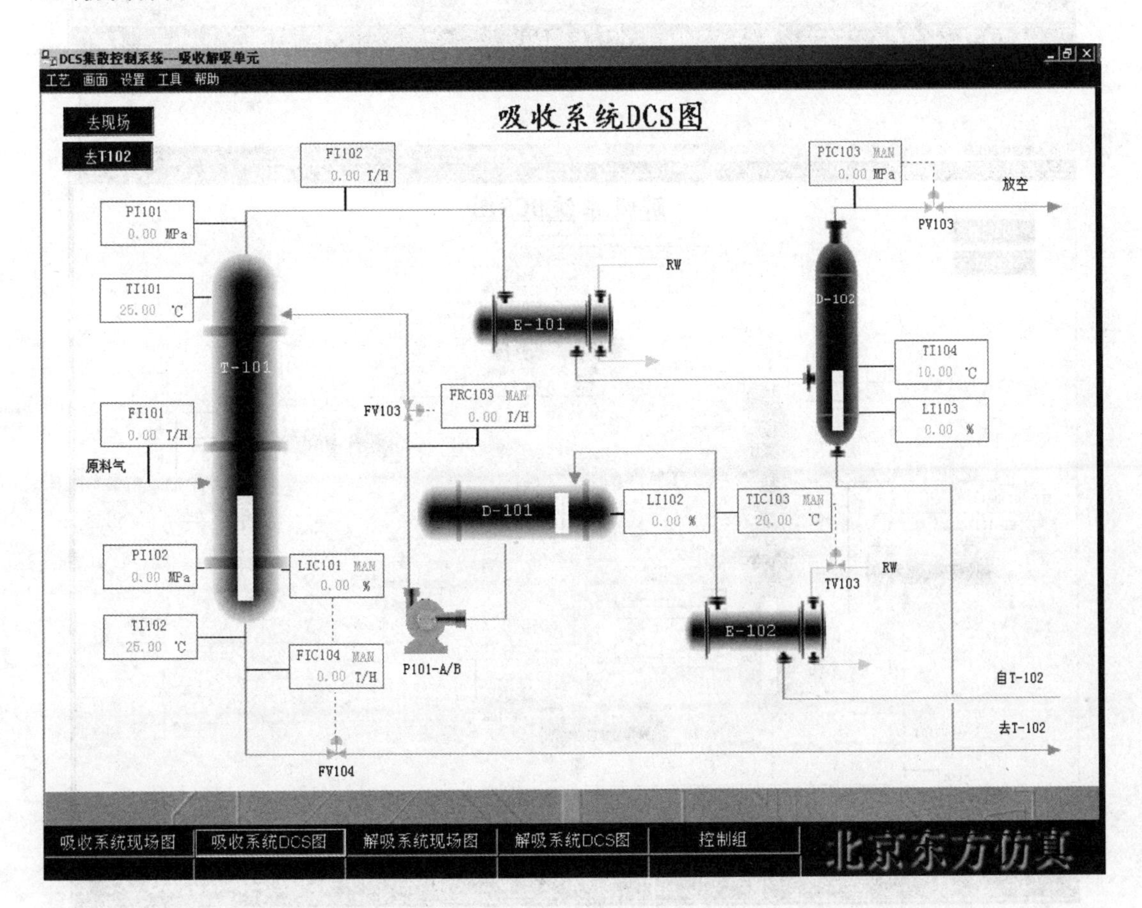

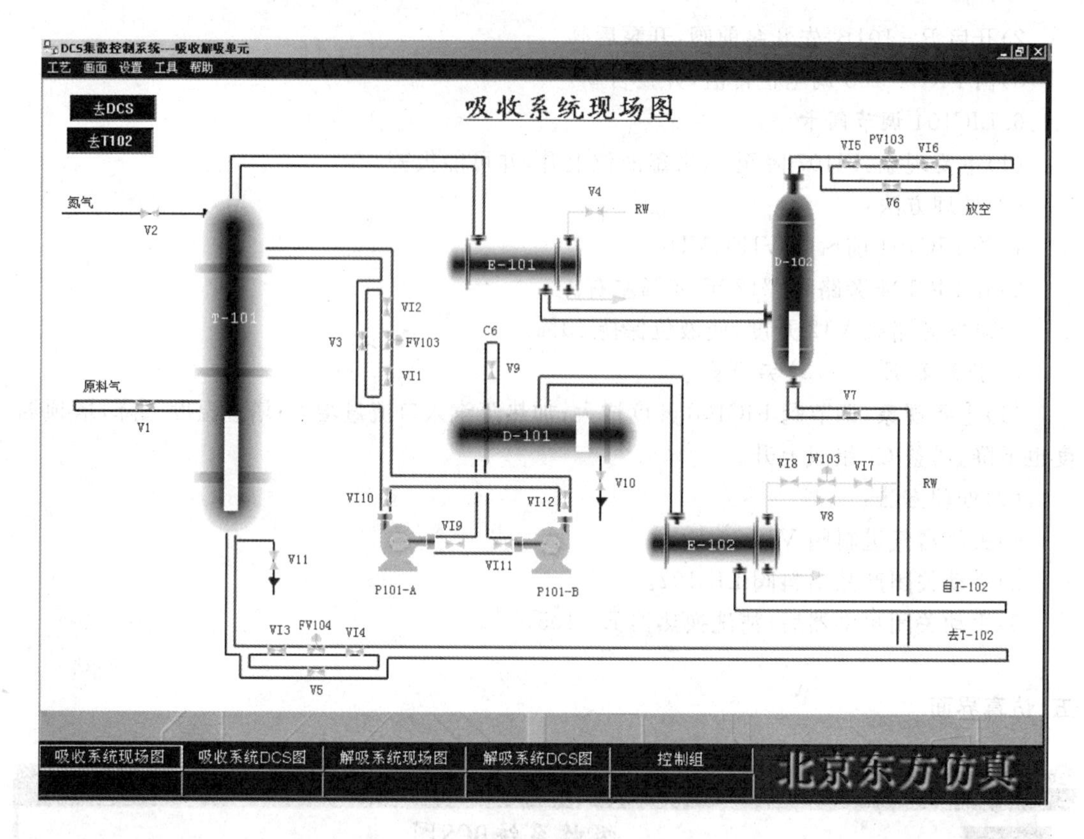
DCS集散控制系统---吸收解吸单元
工艺 画面 设置 工具 帮助
去DCS
去T102
吸收系统现场图
氮气
V2
T-101
原料气
V1
V11
VI3 FV104 VI4
V5
VI2
V3 FV103
VI1
VI10
VI9
VI11
VI12
P101-A
P101-B
C6
V9
D-101
V10
V4
RW
E-101
VI5 PV103 VI6
V6
放空
D-102
V7
VI8 TV103 VI7
V8
RW
E-102
自T-102
去T-102
吸收系统现场图
吸收系统DCS图
解吸系统现场图
解吸系统DCS图
控制组
北京东方仿真

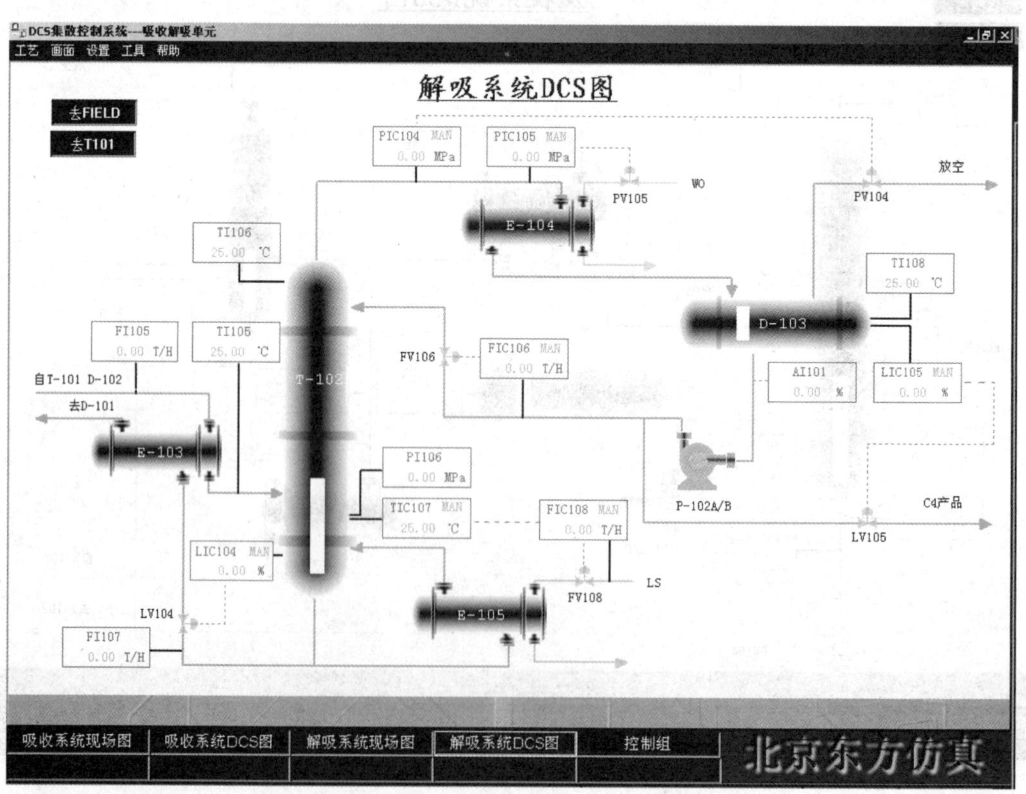
DCS集散控制系统---吸收解吸单元
工艺 画面 设置 工具 帮助
解吸系统DCS图
去FIELD
去T101
PIC104 MAN 0.00 MPa
PIC105 MAN 0.00 MPa
WO
PV105
E-104
放空
PV104
TI106 25.00 ℃
TI108 25.00 ℃
FI105 0.00 T/H
TI105 25.00 ℃
T-102
FV106
FIC106 MAN 0.00 T/H
D-103
AI101 0.00 %
LIC105 MAN 0.00 %
自T-101 D-102
去D-101
E-103
PI106 0.00 MPa
TIC107 MAN 25.00 ℃
FIC108 MAN 0.00 T/H
P-102A/B
C4产品
LV105
LIC104 MAN 0.00 %
LS
FV108
LV104
E-105
FI107 0.00 T/H
吸收系统现场图
吸收系统DCS图
解吸系统现场图
解吸系统DCS图
控制组
北京东方仿真

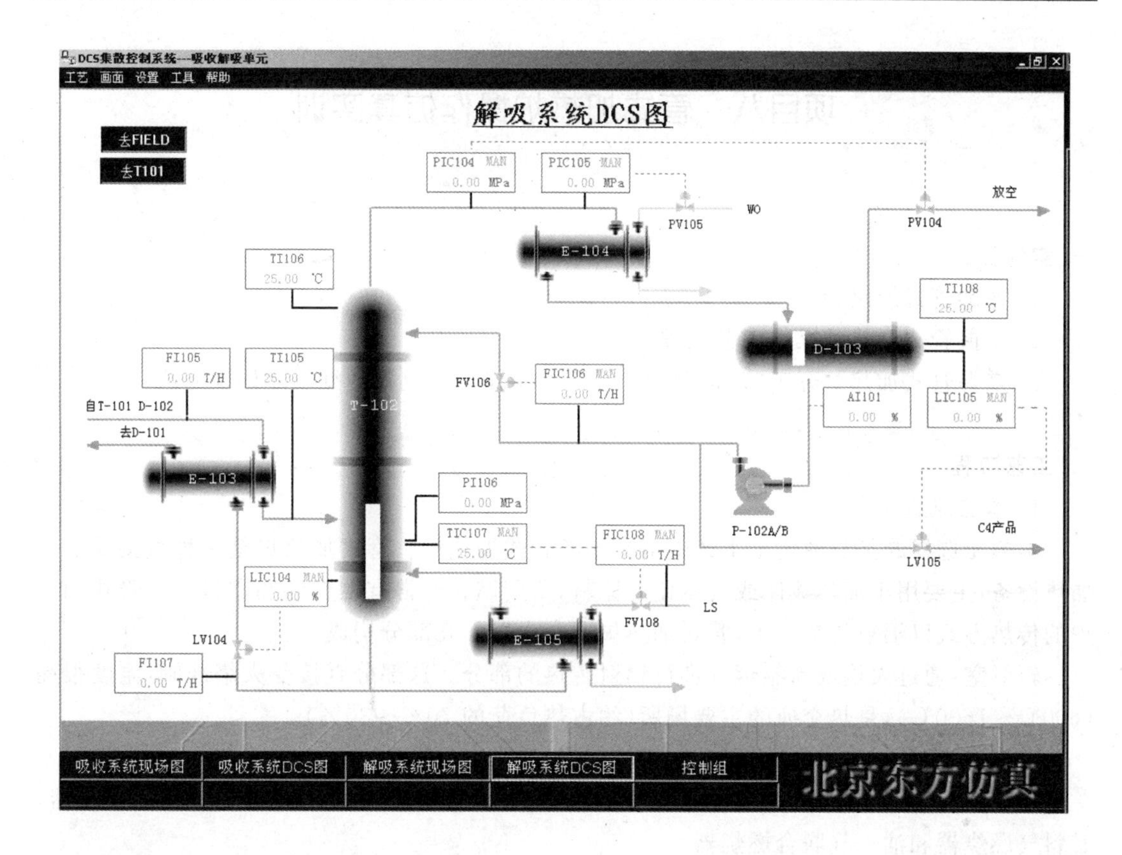

六、思考题

1. 吸收岗位的操作是在高压、低温的条件下进行的，为什么说这样的操作条件对吸收过程的进行有利？

2. 请从节能的角度对换热器 E－103 在本单元的作用做出评价。

3. 结合本单元的具体情况，说明串级控制的工作原理。

4. 操作时若发现富油无法进入解吸塔，会有哪些原因导致？应如何调整？

5. 假如本单元的操作已经平稳，这时吸收塔的进料富气温度突然升高，分析会导致什么现象？如果造成系统不稳定，吸收塔的塔顶压力上升（塔顶 C_4 增加），有几种手段将系统调节正常？

6. 请分析本流程的串级控制。如果请你来设计，还有哪些变量间可以通过串级调节控制？这样做的优点是什么？

7. C_6 油贮罐进料阀为一手操阀，有没有必要在此设一个调节阀，使进料操作自动化？为什么？

项目八　管式加热炉操作仿真实训

一、实训目的

1. 熟悉管式加热炉；
2. 掌握管式加热炉操作工艺流程；
3. 掌握管式加热炉开车、正常运行和停车的操作规程及其常见故障处理方法。

二、工艺流程

1. 工艺流程简介

本单元选择的是石油化工生产中最常用的管式加热炉。管式加热炉是一种直接受热式加热设备，主要用于加热液体或气体化工原料，所用燃料通常有燃料油和燃料气。管式加热炉的传热方式以辐射传热为主，管式加热炉通常由以下几部分构成：

辐射室：通过火焰或高温烟气进行辐射传热的部分。这部分直接受火焰冲刷，温度很高(600℃～1600℃)，是热交换的主要场所(约占热负荷的70％～80％)。

对流室：靠辐射室出来的烟气进行以对流传热为主的换热部分。

燃烧器：是使燃料雾化并混合空气，使之燃烧的产热设备，燃烧器可分为燃料油燃烧器，燃料气燃烧器和油—气联合燃烧器。

通风系统：将燃烧用空气引入燃烧器，并将烟气引出炉子，可分为自然通风方式和强制通风方式。

(1)工艺物料系统

某烃类化工原料在流量调节器FIC101的控制下先进入加热炉F-101的对流段，经对流的加热升温后，再进入F-101的辐射段，被加热至420℃后，送至下一工序，其炉出口温度由调节器TIC106通过调节燃料气流量或燃料油压力来控制。

采暖水在调节器FIC102控制下，经与F-101的烟气换热，回收余热后，返回采暖水系统。

(2)燃料系统

燃料气管网的燃料气在调节器PIC101的控制下进入燃料气罐V-105，燃料气在V-105中脱油脱水后，分两路送入加热炉，一路在PCV01控制下送入常明线；一路在TV106调节阀控制下送入油—气联合燃烧器。

来自燃料油罐V-108的燃料油经P101A/B升压后，在PIC109控制压送至燃烧器火咀前，用于维持火咀前的油压，多余燃料油返回V-108。来自管网的雾化蒸汽在PDIC112的控制压与燃料油保持一定压差情况下送入燃料器。来自管网的吹热蒸汽直接进入炉膛底部。

2. 控制方案

炉出口温度控制：

TIC106工艺物流炉出口温度，TIC106通过一个切换开关HS101。实现两种控制方案：

其一是直接控制燃料气流量，其二是与燃料压力调节器 PIC109 构成串级控制。当第一种方案时，燃料油的流量固定，不做调节，通过 TIC106 自动调节燃料气流量控制工艺物流炉出口温度；当第二种方案时，燃料气流量固定，TIC106 和燃料压力调节器 PIC109 构成串级控制回路，控制工艺物流炉出口温度。

3. 设备一览

V－105：燃料气分液罐。

V－108：燃料油贮罐。

F－101：管式加热炉。

P－101A：燃料油 A 泵。

P－101B：燃料油 B 泵。

三、操作规程

1. 开车操作规程

装置的开车状态为氨置换的常温常压氨封状态。

(1)准备工作

1)公用工程启用(现场图“UTILITY”按钮置“ON”)。

2)摘除联锁(现场图“BYPASS”按钮置“ON”)。

3)联锁复位(现场图“RESET”按钮置“ON”)。

(2)点火准备工作

1)全开加热炉的烟道挡板 MI102。

2)打开吹扫蒸汽阀 D03，吹扫炉膛内的可燃气体(实际约需 10 分钟)。

3)待可燃气体的含量低于 0.5%后，关闭吹扫蒸汽阀 D03。

4)将 MI101 调节至 30%。

5)调节 MI102 在一定的开度(30%左右)。

(3)燃料气准备

1)手动打开 PIC101 的调节阀，向 V－105 充燃料气。

2)控制 V－105 的压力不超过 2 atm，在 2 atm 处将 PIC101 投自动。

(4)点火操作

1)当 V－105 压力大于 0.5 atm 后，启动点火棒(“IGNITION”按钮置“ON”)，开常明线上的根部阀门 D05。

2)确认点火成功(火焰显示)；若点火不成功，需重新进行吹扫和再点火。

(5)升温操作

1)确认点火成功后，先进燃料气线上的调节阀的前后阀(B03、B04)，再稍开调节阀(<10%)(TV106)，再全开根部阀 D10，引燃料气入加热炉火咀。

2)用调节阀 TV106 控制燃料气量，来控制升温速度。

3)当炉膛温度升至 100℃时恒温 30 秒(实际生产恒温 1 小时)烘炉，当炉膛温度升至 180℃时恒温 30 秒(实际生产恒温 1 小时)暖炉。

(6)引工艺物料

当炉膛温度升至 180℃后，引工艺物料：

1)先开进料调节阀的前后阀 B01、B02,再稍开调节阀 FV101(<10%)。引进工艺物料进加热炉。

2)先开采暖水线上调节阀的前后阀 B13、B12,再稍开调节阀 FV102(<10%),引采暖水进加热炉。

(7)启动燃料油系统

待炉膛温度升至 200℃左右时,开启燃料油系统:

1)开雾化蒸汽调节阀的前后阀 B15、B14,再微开调节阀 PDIC112(<10%)。

2)全开雾化蒸汽的根部阀 D09。

3)开燃料油压力调节阀 PV109 的前后阀 B09、B08。

4)开燃料油返回 V-108 管线阀 D06。

5)启动燃料油泵 P101A。

6)微开燃料油调节阀 PV109(<10%),建立燃料油循环。

7)全开燃料油根部阀 D12,引燃料油入火咀。

8)打开 V-108 进料阀 D08,保持贮罐液位为 50%。

9)按升温需要逐步开大燃料油调节阀,通过控制燃料油升压(最后到 6 atm 左右)来控制进入火咀的燃料油量,同时控制 PDIC112 在 4 atm 左右。

(8)调整至正常

1)逐步升温使炉出口温度至正常(420℃)。

2)在升温过程中,逐步开大工艺物料线的调节阀,使之流量调整至正常。

3)在升温过程中,逐步采暖水流量调至正常。

4)在升温过程中,逐步调整风门使烟气氧含量正常。

5)逐步调节挡板开度使炉膛负压正常。

6)逐步调整其他参数至正常。

7)将联锁系统投用(“INTERLOCK”按钮置“ON”)。

2. 正常操作规程

(1)正常工况下主要工艺参数的生产指标

1)炉出口温度 TIC106:420℃。

2)炉膛温度 TI104:640℃。

3)烟道气温度 TI105:210℃。

4)烟道氧含量 AR101:4%。

5)炉膛负压 PI107:-2.0 mmH_2O。

6)工艺物料量 FIC101:3072.5 kg/h。

7)采暖水流量 FIC102:9584 kg/h。

8)V-105 压力 PIC101:2 atm。

9)燃料油压力 PIC109:6 atm。

10)雾化蒸汽压差 PDIC112:4 atm。

(2)TIC106 控制方案切换

工艺物料的炉出口温度 TIC106 可以通过燃料气和燃料油两种方式进行控制。两种方式的切换由 HS101 切换开关来完成。当 HS100 切入燃料气控制时,TIC106 直接控制燃料气调节阀，燃料油由 PIC109 单回路自行控制；当 HS101 切入燃料油控制时，TIC106 与 PIC109 结成串级控制，通过燃料油压力控制燃料油燃烧量。

3. 停车操作规程

(1)停车准备

摘除联锁系统(现场图上按下“联锁不投用”)。

(2)降量

1)通过 FIC101 逐步降低工艺物料进料量至正常的 70%。

2)在 FIC101 降量过程中，逐步通过减少燃料油压力或燃料气流量，来维持炉出口温度 TIC106 稳定在 420℃左右。

3)在 FIC101 降量过程中，逐步降低采暖水 FIC102 的流量。

4)在降量过程中，适当调节风门和挡板，维持烟气氧含量和炉膛负压。

(3)降温及停燃料油系统

1)当 FIC101 降至正常量的 70%后，逐步开大燃料油的 V-108 返回阀来降低燃料油压力，降温。

2)待 V-108 返回阀全开后，可逐步关闭燃料油调节阀，再停燃料油泵(P101A/B)。

3)在降低燃料油压力的同时，降低雾化蒸汽流量，最终关闭雾化蒸汽调节阀。

4)在以上降温过程中，可适当降低工艺物料进料量，但不可使炉出口温度高于 420℃。

(4)停燃料气及工艺物料

1)待燃料油系统停完后，关闭 V-105 燃料气入口调节阀(PIC101 调节阀)，停止向 V-105 供燃料气。

2)待 V-105 压力下降至 0.3 atm 时，关燃料气调节阀 TV106。

3)待 V-105 压力降至 0.1 atm 时，关长明灯根部阀 D05，灭火。

4)待炉膛温度低于 150℃时，关 FIC101 调节阀停工艺进料，关 FIC102 调节阀，停采暖水。

(5)炉膛吹扫

1)灭火后，开吹扫蒸汽，吹扫炉膛 5 秒(实际 10 分钟)。

2)停吹扫蒸汽后，保持风门、挡板一定开度，使炉膛正常通风。

4. 复杂控制系统和联锁系统

(1)炉出口温度控制

TIC106 工艺物流炉出口温度 TIC106 通过一个切换开关 HS101。实现两种控制方案：其一是直接控制燃料气流量，其二是与燃料压力调节器 PIC109 构成串级控制。

(2)炉出口温度联锁

1)联锁源

① 工艺物料进料量过低(FIC101<正常值的 50%)。

② 雾化蒸汽压力过低(低于 7 atm)。

2)联锁动作

① 关闭燃料气入炉电磁阀 S01。

② 关闭燃料油入炉电磁阀 S02。

③ 打开燃料油返回电磁阀 S03。

5. 仪表及报警一览表

位 号	说 明	类型	正常值	量程上限	量程下限	工程单位	高报	低报	高高报	低低报
AR101	烟气氧含量	AI	4.0	21.0	0.0	%	7.0	1.5	10.0	1.0
FIC101	工艺物料进料量	PID	3072.5	6000.0	0.0	kg/h	4000.0	1500.0	5000.0	1000.0
FIC102	采暖水进料量	PID	9584.0	20000.0	0.0	kg/h	15000.0	5000.0	18000.0	1000.0
LI101	V-105 液位	AI	40～60.0	100.0	0.0	%				
LI105	V-108 液位	AI	40～60.0	100.0	0.0	%				
PIC101	V-105 压力	PID	2.0	4.0	0.0	atm	3.0	1.0	3.5	0.5
PI107	烟膛负压	AI	−2.0	10.0	−10.0	mmH_2O	0.0	−4.0	4.0	−8.0
PI109	燃料油压力	PID	6.0	10.0	0.0	atm	7.0	5.0	9.0	3.0
PDIC112	雾化蒸汽压差	PID	4.0	10.0	0.0	atm	7.0	2.0	8.0	1.0
TI104	炉膛温度	AI	640.0	1000.0	0.0	℃	700.0	600.0	750.0	400.0
TI105	烟气温度	AI	210.0	400.0	0.0	℃	250.0	100.0	300.0	50.0
TIC106	工艺物料炉	PID	420.0	800.0	0.0	℃	430.0	410.0	460.0	370.0
TI108	燃料油温度	AI		100.0	0.0	℃				
TI134	炉出口温度	AI		800.0	0.0	℃	430.0	400.0	450.0	370.0
TI135	炉出品温度	AI		800.0	0.0	℃	430.0	400.0	450.0	370.0
HS101	切换开关	SW			0					
MI101	风门开关	AI		100.0	0.0	%				
MI102	挡板开关	AI		100.0	0.0	%				

位号	TT106	PT109	FT101	FT102	PT101	PT112	FRIQ104	COMPG
说明	TIC106的输入	PIC109的输入	FIC101的输入	FIC102的输入	PIC101的输入	PDIC112的输入	燃料气的流量	炉膛内可燃气体的含量
类型	AI	AI	AI	AI	AI	AI	AI	AI
正常值	420.0	6.0	3072.5	9584.0	2.0	4.0	209.8	0.00
量程上限	800.0	10.0	6000.0	20000.0	4.0	10.0	400.0	100.0
量程下限	0.0	0.0	0.0	0.0	0.0	0.0	0.0	0.0
工程单位	℃	atm	kg/h	kg/h	atm	atm	Nm^3/h	%
高报	430.0	7.0	4000.0	11000.0	3.0	300.0	0.0	0.5
低报	400	5.0	1500.0	5000.0	1.5	150.0	−4.0	0.0
高高报	450.0	9.0	5000.0	15000.0	3.5	350.0	4.0	2.0

四、事故设置一览

1. 燃料油火嘴堵

(1)事故现象：

1)燃料油泵出口压控阀压力忽大忽小。

2)燃料气流量急骤增大。

(2)处理方法:紧急停车。

2. 燃料气压力低

(1)事故现象：

1)炉膛温度下降。

2)炉出口温度下降。

3)燃料气分液罐压力降低。

(2)处理方法：

1)改为烧燃料油控制。

2)通知指导教师联系调度处理。

3. 炉管破裂

(1)事故现象：

1)炉膛温度急骤升高。

2)炉出口温度升高。

3)燃料气控制阀关阀。

(2)处理方法:炉管破裂的紧急停车。

4. 燃料气调节阀卡

(1)事故现象：

1)调节器信号变化时燃料气流量不发生变化。

2)炉出口温度下降。

(2)处理方法：

1)改成现场旁路手动控制。

2)通知指导老师联系仪表人员进行修理。

5. 燃料气带液

(1)事故现象：

1)炉膛和炉出口温度先下降。

2)燃料气流量增加。

3)燃料气分液罐液位升高。

(2)处理方法：

1)关燃料气控制阀。

2)改由烧燃料油控制。

3)通知教师联系调度处理。

6. 燃料油带水

(1)事故现象:燃料气流量增加。

(2)处理方法：

1)关燃料油根部阀和雾化蒸汽。

2)改由烧燃料气控制。

3)通知指导教师联系调度处理。

7. 雾化蒸汽压力低

(1)事故现象：

1)产生联锁。

2)PIC109 控制失灵。

3)炉膛温度下降。

(2)处理方法：

1)关燃料油根部阀和雾化蒸汽。

2)直接用温度控制调节器控制炉温。

3)通知指导教师联系调度处理。

8. 燃料油泵 A 停

(1)事故现象：

1)炉膛温度急剧下降。

2)燃料气控制阀开度增加。

(2)处理方法：

1)现场启动备用泵。

2)调节燃料气控制阀的开度。

五、仿真界面

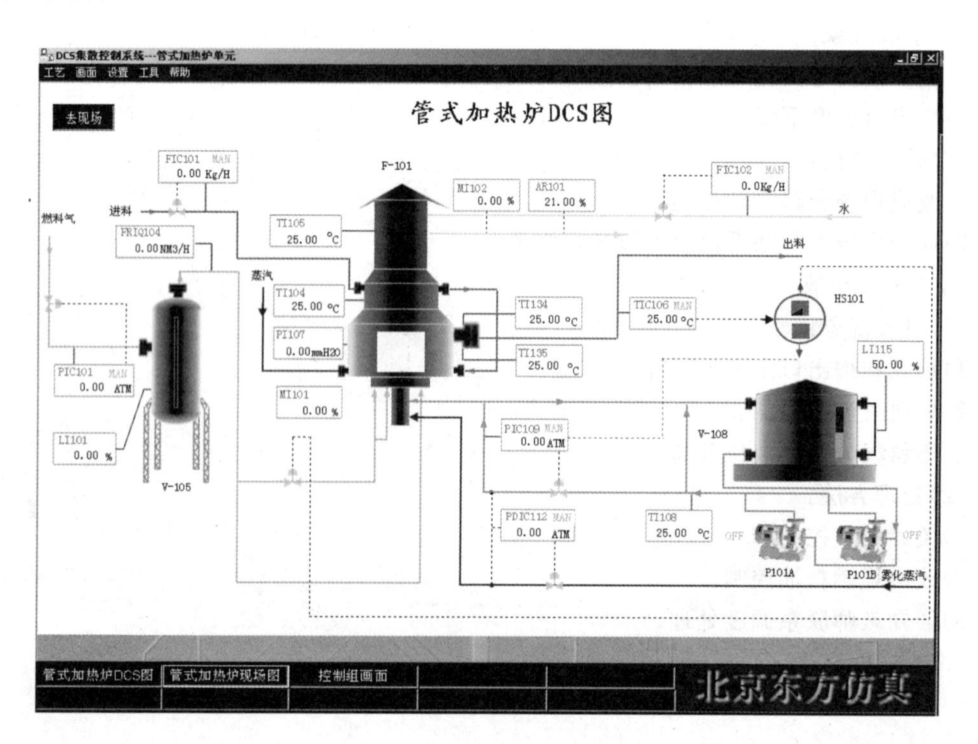

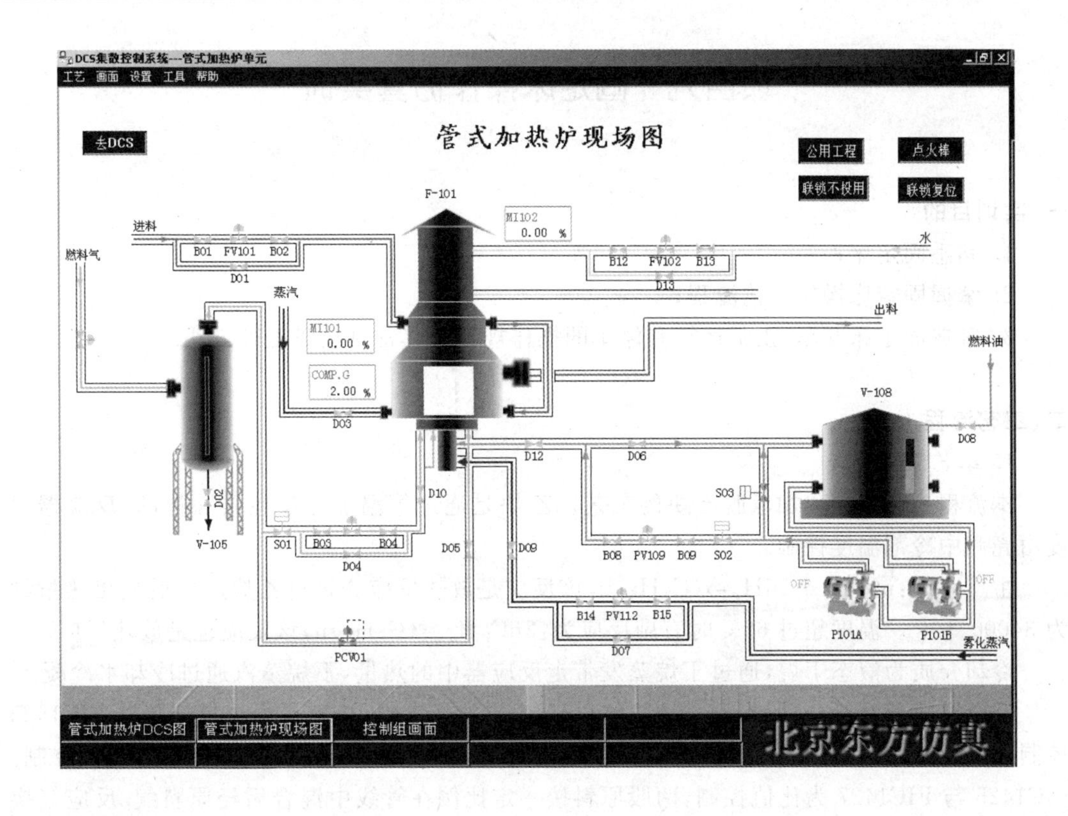

六、思考题

1. 什么叫工业炉？按热源可分为几类？
2. 油气混合燃烧炉的主要结构是什么？开、停车时应注意哪些问题？
3. 加热炉在点火前为什么要对炉膛进行蒸汽吹扫？
4. 加热炉点火时为什么要先点燃点火棒，再依次开长明线阀和燃料气阀？
5. 在点火失败后，应做些什么工作？为什么？
6. 加热炉在升温过程中为什么要烘炉？升温速度应如何控制？
7. 加热炉在升温过程中，什么时候引入工艺物料？为什么？
8. 在点燃燃油火嘴时应做哪些准备工作？
9. 雾化蒸气量过大或过小，对燃烧有什么影响？应如何处理？
10. 烟道气出口氧气含量为什么要保持在一定范围？过高或过低意味着什么？
11. 加热过程中风门和烟道挡板的开度大小对炉膛负压和烟道气出口氧气含量有什么影响？
12. 本流程中三个电磁阀的作用是什么？在开、停车时应如何操作？

项目九 固定床操作仿真实训

一、实训目的

1. 熟悉固定床；
2. 掌握固定床操作工艺流程；
3. 掌握固定床开车、正常运行和停车的操作规程及其常见故障处理方法。

二、工艺流程

1. 工艺流程简介

本流程为利用催化加氢脱乙炔的工艺。乙炔是通过等温加氢反应器除掉的，反应器温度由壳侧中冷剂温度控制。

主反应为：$nC_2H_2+2nH_2\rightarrow(C_2H_6)n$，该反应是放热反应。每克乙炔反应后放出热量约为34000千卡。温度超过66℃时有副反应为：$2nC_2H_4\rightarrow(C_4H_8)n$，该反应也是放热反应。

冷却介质为液态丁烷，通过丁烷蒸发带走反应器中的热量，丁烷蒸汽通过冷却水冷凝。

反应原料分两股：一股为约－15℃的以C_2为主的烃原料，进料量由流量控制器FIC1425控制；另一股为H_2与CH_4的混合气，温度约10℃，进料量由流量控制器FIC1427控制。FIC1425与FIC1427为比值控制，两股原料按一定比例在管线中混合后经原料气/反应气换热器（EH－423）预热，再经原料预热器（EH－424）预热到38℃，进入固定床反应器（ER－424A/B）。预热温度由温度控制器TIC1466通过调节预热器EH－424加热蒸汽（S_3）的流量来控制。

ER－424A/B中的反应原料在2.523 MPa、44℃下反应生成C_2H_6。当温度过高时会发生C_2H_4聚合生成C_4H_8的副反应。反应器中的热量由反应器壳侧循环的加压C_4冷剂蒸发带走。C_4蒸汽在水冷器EH－429中由冷却水冷凝，而C_4冷剂的压力由压力控制器PIC－1426通过调节C_4蒸汽冷凝回流量来控制，从而保持C_4冷剂的温度。

2. 控制方案

FFI1427：为一比值调节器。根据FIC1425（以C_2为主的烃原料）的流量，按一定的比例，相适应的调整FIC1427（H_2）的流量。

比值调节：工业上为了保持两种或两种以上物料的比例为一定值的调节叫比值调节。对于比值调节系统，首先是要明确哪种物料是主物料，而另一种物料按主物料来配比。在本单元中，FIC1425（以C_2为主的烃原料）为主物料，而FIC1427（H_2）的量是随主物料（C_2为主的烃原料）的量的变化而改变。

3. 设备一览

EH－423：原料气/反应气换热器。

EH－424：原料气预热器。

EH－429：C_4蒸汽冷凝器。

EV－429：C_4闪蒸罐。

ER424A/B：C_2X加氢反应器。

三、操作规程

装置的开工状态为反应器和闪蒸罐都处于已进行过氮气冲压置换后，保压在0.03 MPa状态。可以直接进行实气冲压置换。

1. 开车操作规程

(1)EV－429闪蒸器充丁烷

1)确认EV－429压力为0.03 MPa。

2)打开EV－429回流阀PV1426的前后阀VV1429、VV1430。

3)调节PV1426(PIC1426)阀开度为50％。

4)EH－429通冷却水，打开KXV1430，开度为50％。

5)打开EV－429的丁烷进料阀门KXV1420，开度50％。

6)当EV－429液位到达50％时，关进料阀KXV1420。

(2)ER－424A反应器充丁烷

1)确认事项

① 反应器0.03 MPa保压。

② EV－429液位到达50％。

2)充丁烷

打开丁烷冷剂进ER－424A壳层的阀门KXV1423，有液体流过，充液结束；同时打开出ER－424A壳层的阀门KXV1425。

(3)ER－424A启动

1)启动前准备工作

① ER－424A壳层有液体流过。

② 打开S3蒸汽进料控制TIC1466。

③ 调节PIC－1426设定，压力控制设定在0.4 MPa。

2)ER－424A充压、实气置换

① 打开FIC1425的前后阀VV1425、VV1426和KXV1412。

② 打开阀KXV1418。

③ 微开ER－424A出料阀KXV1413，丁烷进料控制FIC1425(手动)，慢慢增加进料，提高反应器压力，充压至2.523 MPa。

④ 慢开ER－424A出料阀KXV1413至50％，充压至压力平衡。

⑤ 乙炔原料进料控制FIC1425设自动，设定值56186.8 kg/h。

3)ER－424A配氢，调整丁烷冷剂压力

① 稳定反应器入口温度在38.0℃，使ER－424A升温。

② 当反应器温度接近38.0℃(超过35.0℃)，准备配氢。打开FV1427的前后阀VV1427、VV1428。

③ 氢气进料控制FIC1427设自动，流量设定80 kg/h。

④ 观察反应器温度变化，当氢气量稳定后，FIC1427设手动。

⑤ 缓慢增加氢气量，注意观察反应器温度变化。

⑥ 氢气流量控制阀开度每次增加不超过5％。

⑦ 氢气量最终加至200 kg/h左右，此时 $H_2/C_2=2.0$，FIC1427投串级。

⑧ 控制反应器温度44.0℃左右。

2. 正常操作规程

(1)正常工况下工艺参数

1)正常运行时，反应器温度TI1467A：44.0℃，压力PI1424A控制在2.523 MPa。

2)FIC1425设自动，设定值56186.8 kg/h，FIC1427设串级。

3)PIC1426压力控制在0.4 MPa，EV－429温度TI1426控制在38.0℃。

4)TIC1466设自动，设定值38.0℃。

5)ER－424A出口氢气浓度低于50 PPm，乙炔浓度低于200 PPm。

6)EV429液位LI1426为50%。

(2)ER－424A与ER－424B间切换

1)关闭氢气进料。

2)ER－424A温度下降低于38.0℃后，打开C4冷剂进ER－424B的阀KXV1424、KXV1426，关闭C4冷剂进ER－424A的阀KXV1423、KXV1425。

3)开C2H2进ER－424B的阀KXV1415，微开KXV1416。关C2H2进ER－424A的阀KXV1412。

(3)ER－424B的操作

ER－424B的操作与ER－424A操作相同。

3. 停车操作规程

(1)V101罐停进料

LIC101置手动，并手动关闭调节阀LV101，停V101罐进料。

(2)停泵

1)待罐V101液位小于10%时，关闭P101A(或B)泵的出口阀(VD04)。

2)停P101A泵。

3)关闭P101A泵前阀VD01。

4)FIC101置手动并关闭调节阀FV101及其前、后阀(VB03、VB04)。

(3)泵P101A泄液

打开泵P101A泄液阀VD02，观察P101A泵泄液阀VD02的出口，当不再有液体泄出时，显示标志变为红色，关闭P101A泵泄液阀VD02。

(4)V101罐泄压、泄液

1)待罐V101液位小于10%时，打开V101罐泄液阀VD10。

2)待V101罐液位小于5%时，打开PIC101泄压阀。

3)观察V101罐泄液阀VD10的出口，当不再有液体泄出时，显示标志变为红色，待罐V101液体排净后，关闭泄液阀VD10。

4. 联锁说明

该操作有一联锁。

(1)联锁源

1)现场手动紧急停车(紧急停车按钮)。

2)反应器温度高报(TI1467A/B＞66℃)。

(2)联锁动作

1)关闭氢气进料,FIC1427 设手动。

2)关闭加热器 EH-424 蒸汽进料,TIC1466 设手动。

3)闪蒸器冷凝回流控制 PIC1426 设手动,开度 100%。

4)自动打开电磁阀 XV1426。

该联锁有一复位按钮。

注意:在复位前,应首先确定反应器温度已降回正常,同时处于手动状态的各控制点的设定应设成最低值。

5. 仪表及报警一览表

位　号	说　明	类型	量程高限	量程低限	工程单位	报警上限	报警下限
PIC1426	EV429 罐压力控制	PID	1.0	0.0	MPa	0.70	无
TIC1466	EH423 出口温控	PID	80.0	0.0	℃	43.0	无
FIC1425	C_2X 流量控制	PID	700000.0	0.0	kg/h	无	无
FIC1427	H_2 流量控制	PID	300.0	0.0	kg/h	无	无
FT1425	C_2X 流量	PV	700000.0	0.0	kg/h	无	无
FT1427	H_2 流量	PV	300.0	0.0	kg/h	无	无
TC1466	EH423 出口温度	PV	80.0	0.0	℃	43.0	无
TI1467A	ER424A 温度	PV	400.0	0.0	℃	48.0	无
TI1467B	ER424B 温度	PV	400.0	0.0	℃	48.0	无
PC1426	EV429 压力	PV	1.0	0.0	MPa	0.70	无
LI1426	EV429 液位	PV	100	0.0	%	80.0	20.0
AT1428	ER424A 出口氢浓度	PV	200000.0	PPm	90.0	无	无
AT1429	ER424A 出口乙炔浓度	PV	1000000.0	PPm	无	无	无
AT1430	ER424B 出口氢浓度	PV	200000.0	PPm	90.0	无	无
AT1431	ER424B 出口乙炔浓度	PV	1000000.0	PPm	无	无	无

四、事故设置一览

1. 氢气进料阀卡住

(1)原因:FIC1427 卡在 20%处。

(2)现象:氢气量无法自动调节。

(3)处理:降低 EH-429 冷却水的量;用旁路阀 KXV1404 手工调节氢气量。

2. 预热器 EH-424 阀卡住

(1)原因:TIC1466 卡在 70%处。

(2)现象:换热器出口温度超高。

(3)处理:增加 EH-429 冷却水的量,减少配氢量。

3. 闪蒸罐压力调节阀卡

(1)原因:PIC1426 卡在 20%处。

(2)现象:闪蒸罐压力,温度超高。

(3)处理:增加 EH－429 冷却水的量;用旁路阀 KXV1434 手工调节。

4. 反应器漏气

(1)原因:反应器漏气,KXV1414 卡在 50%处。

(2)现象:反应器压力迅速降低。

(3)处理:停工。

5. EH－429 冷却水停

(1)原因:EH－429 冷却水供应停止。

(2)现象:闪蒸罐压力,温度超高。

(3)处理:停工。

6. 反应器超温

(1)原因:闪蒸罐通向反应器的管路有堵塞。

(2)现象:反应器温度超高,会引发乙烯聚合的副反应。

(3)处理:增加 EH－429 冷却水的量。

五、仿真界面

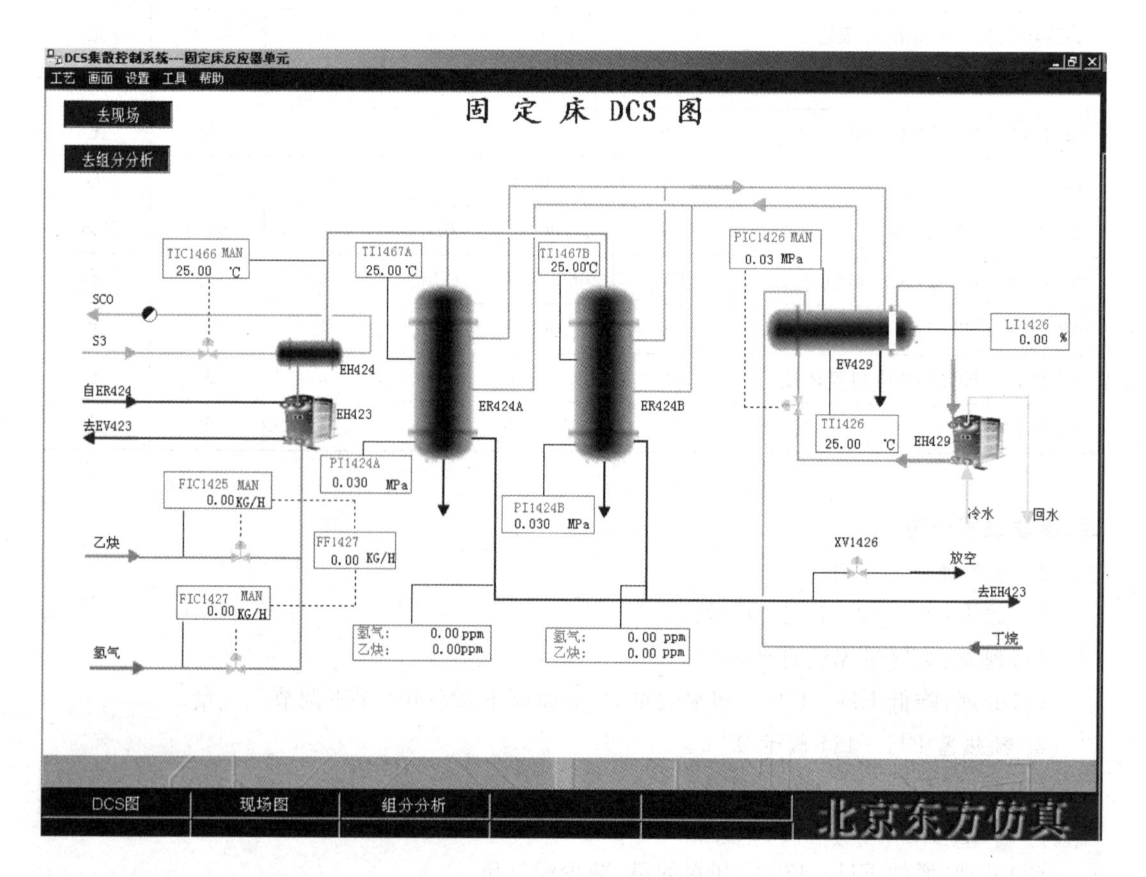

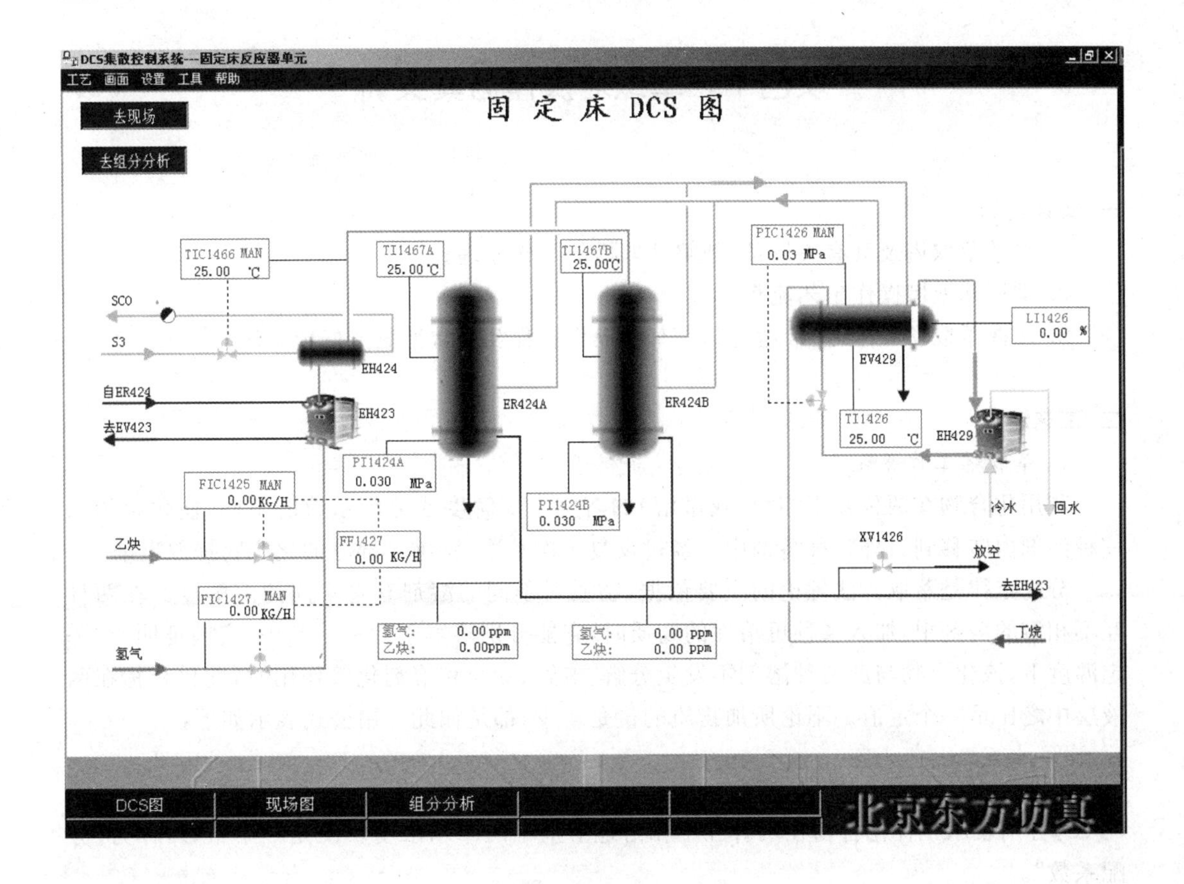

六、思考题

1. 结合本单元说明比例控制的工作原理。

2. 为什么是根据乙炔的进料量调节配氢气的量，而不是根据氢气的量调节乙炔的进料量？

3. 根据本单元实际情况，说明反应器冷却剂的自循环原理。

4. 观察在EH－429冷却器的冷却水中断后会造成的结果。

5. 结合本单元实际，理解“连锁”和“连锁复位”的概念。

项目十　萃取塔操作仿真实训

一、实训目的

1. 熟悉萃取塔及其有关设备，理解萃取塔的工作原理；
2. 掌握萃取塔操作工艺流程；
3. 掌握萃取塔开车、正常运行和停车的操作规程及其常见故障处理方法。

二、工艺流程

1. 萃取塔工作原理

利用化合物在两种互不相溶（或微溶）的溶剂中溶解度或分配系数的不同，使化合物从一种溶剂内转移到另外一种溶剂中。经过反复多次萃取，将绝大部分的化合物提取出来。

分配定律是萃取方法理论的主要依据，物质对不同的溶剂有着不同的溶解度。在两种互不相溶的溶剂中，加入某种可溶性的物质时，它能分别溶解于两种溶剂中，实验证明，在一定温度下，该化合物与此两种溶剂不发生分解、电解、缔合和溶剂化等作用时，此化合物在两液层中之比是一个定值。不论所加物质的量是多少，都是如此。用公式表示如下：

$$C_A/C_B=K$$

C_A、C_B分别表示一种化合物在两种互不相溶地溶剂中的摩尔浓度。K 是一个常数，称为“分配系数”。

有机化合物在有机溶剂中一般比在水中溶解度大。用有机溶剂提取溶解于水的化合物是萃取的典型实例。在萃取时，若在水溶液中加入一定量的电解质（如氯化钠），利用“盐析效应”以降低有机物和萃取溶剂在水溶液中的溶解度，常可提高萃取效果。

要把所需要的化合物从溶液中完全萃取出来，通常萃取一次是不够的，必须重复萃取数次。利用分配定律的关系，可以算出经过萃取后化合物的剩余量。

设：V 为原溶液的体积，w_0 为萃取前化合物的总量，w_1 为萃取一次后化合物的剩余量，w_2 为萃取二次后化合物的剩余量，w_n 为萃取 n 次后化合物的剩余量，S 为萃取溶液的体积。

经一次萃取，原溶液中该化合物的浓度为 w_1/V；而萃取溶剂中该化合物的浓度为 $(w_0-w_1)/S$；两者之比等于 K，即：

$$\frac{w_1/V}{(w_0-w_1)/S}=K \qquad w_1=w_0\left(\frac{KV}{KV+S}\right)$$

同理，经二次萃取后，则有

$$\frac{w_2/V}{(w_1-w_2)/S}=K \qquad w_2=w_1\left(\frac{KV}{KV+S}\right)=w_0\left(\frac{KV}{KV+S}\right)^2$$

因此，经 n 次提取后：

$$w_n=w_0\left(\frac{KV}{KV+S}\right)^n$$

当用一定量溶剂时，希望在水中的剩余量越少越好。而上式$KV/(KV+S)$总是小于1，所以n越大，w_n就越小。也就是说把溶剂分成数次作多次萃取比用全部量的溶剂作一次萃取为好。但应该注意，上面的公式适用于几乎和水不相溶的溶剂，例如苯、四氯化碳等。

2. 工艺流程简介

本装置是通过萃取剂（水）来萃取丙烯酸丁酯生产过程中的催化剂（对甲苯磺酸）。具体工艺如下：

将自来水（FCW）通过阀V4001或者通过泵P425及阀V4002送进催化剂萃取塔C－421，当液位调节器LIC4009为50%时，关闭阀V4001或者泵P425及阀V4002；开启泵P413将含有产品和催化剂的R－412B的流出物在被E－415冷却后进入催化剂萃取塔C－421的塔底；开启泵P412A，将来自D－411作为溶剂的水从顶部加入。泵P413的流量由FIC－4020控制在21126.6 kg/h；P412的流量由FIC4021控制在2112.7 kg/h；萃取后的丙烯酸丁酯主物流从塔顶排出，进入塔C－422；塔底排出的水相中含有大部分的催化剂及未反应的丙烯酸，一路返回反应器R－411A循环使用，一路重组分分解器R－460作为分解用的催化剂，如图1－8所示。

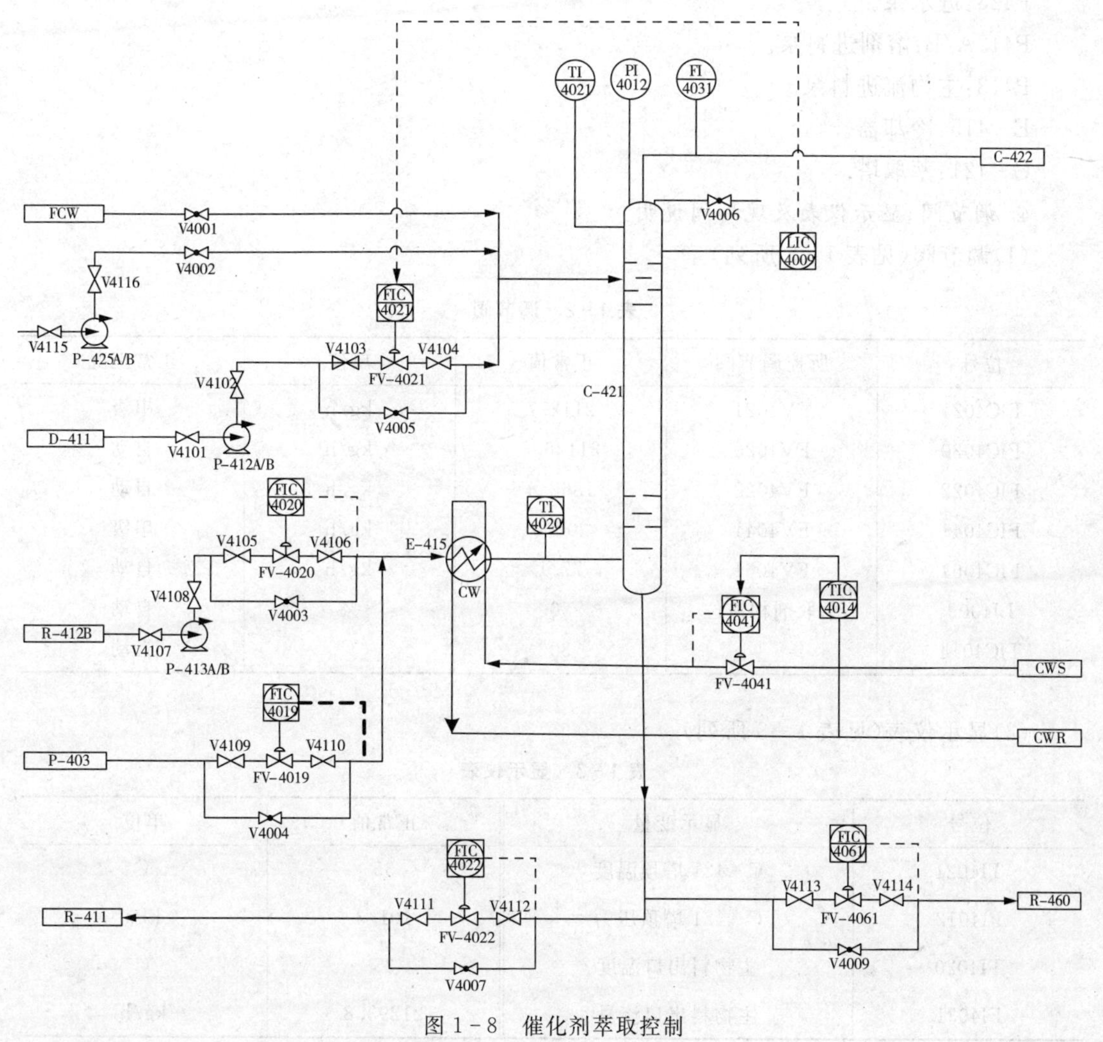

图1－8　催化剂萃取控制

萃取过程中用到的物质见表1-1所列。

表1-1 萃取过程中用到的物质

	组分	名称	FORMULA
1	H_2O	水	H_2O
2	BUOH	丁醇	$C_4H_{10}O$
3	AA	丙烯酸	$C_3H_4O_2$
4	BA	丙烯酸丁酯	$C_7H_{12}O_2$
5	D-AA	3-丙烯酰氧基丙酸	$C_6H_8O_4$
9	FUR		$C_5H_4O_2$
7	PTSA	对甲苯磺酸	$C_7H_8O_3S$

3. 设备一览

P425:进水泵。

P412A/B:溶剂进料泵。

P413:主物流进料泵。

E-415:冷却器。

C-421:萃取塔。

4. 调节阀、显示仪表及现场阀说明

(1)调节阀(见表1-2所列)

表1-2 调节阀

位号	所控调节阀	正常值	单位	正常工况
FIC4021	FV4021	2112.7	kg/h	串级
FIC4020	FV4020	21126.6	kg/h	自动
FIC4022	FV4022	1868.4	kg/h	自动
FIC4041	FV4041	20000	kg/h	串级
FIC4061	FV4061	77.1	kg/h	自动
LI4009	萃取剂相液位	50	%	自动
TIC4014		30	℃	自动

(2)显示仪表(见表1-3所列)

表1-3 显示仪表

位号	显示变量	正常值	单位
TI4021	C-421塔顶温度	35	℃
PI4012	C-421塔顶压力	101.3	kPa
TI4020	主物料出口温度	35	℃
FI4031	主物料出口流量	21293.8	kg/h

(3)现场阀说明(见表1-4所列)

表1-4

位号	名称	位号	名称
V4001	FCW的入口阀	V4108	泵P413的后阀
V4002	水的入口阀	V4111	调节阀FV4022的前阀
V4003	调节阀FV4020的旁通阀	V4112	调节阀FV4022的后阀
V4004	C421的泻液阀	V4113	调节阀FV4061的前阀
V4005	调节阀FV4021的旁通阀	V4114	调节阀FV4061的后阀
V4007	调节阀FV4022的旁通阀	V4115	泵P425的前阀
V4009	调节阀FV4061的旁通阀	V4116	泵P425的后阀
V4101	泵P412A的前阀	V4117	泵P412B的前阀
V4102	泵P412A的后阀	V4118	泵P412B的后阀
V4103	调节阀FV4021的前阀	V4119	泵P412B的开关阀
V4104	调节阀FV4021的后阀	V4123	泵P425的开关阀
V4105	调节阀FV4020的前阀	V4124	泵P412A的开关阀
V4106	调节阀FV4020的后阀	V4125	泵P413的开关阀
V4107	泵P413的前阀		

三、操作规程

1. 冷态开车操作规程

进料前确认所有调节器为手动状态，调节阀和现场阀均处于关闭状态，机泵处于关停状态。

(1)灌水

1)(当D-425液位LIC-4016达到50%时)全开泵P425的前后阀V4115和V4116，启动泵P425。

2)打开手阀V4002，使其开度为50%，对萃取塔C-421进行罐水。

3)当C421界面液位LIC4009的显示值接近50%，关闭阀门V4002。

4)依次关闭泵P425的后阀V4116，开关阀V4123，前阀V4115。

(2)启动换热器

开启调节阀FV4041，使其开度为50%，对换热器E415通冷物料。

(3)引反应液

1)依次开启泵P413的前阀V4107，开关阀V4125，后阀V4108，启动泵P413。

2)全开调节器FIC4020的前后阀V4105和V4106，开启调节阀FV4020，使其开度为50%，将R-412B出口液体经热换器E-415，送至C-421。

3)将TIC4014投自动，设为30℃；并将FIC4041投串级。

(4)引溶剂

1)打开泵P412的前阀V4101，开关阀V4124，后阀V4102，启动泵P412。

2)全开调节器 FIC4021 的前后阀 V4103 和 V4104,开启调节阀 FV4021,使其开度为50%,将 D-411 出口液体送至 C-421。

(5)引 C421 萃取液

1)全开调节器 FIC4022 的前后阀 V4111 和 V4112,开启调节阀 FV4022,使其开度为50%,将 C421 塔底的部分液体返回 R-411A 中。

2)全开调节器 FIC4061 的前后阀 V4113 和 V4114,开启调节阀 FV4061,使其开度为50%,将 C-421 塔底的另外部分液体送至重组分分解器 R-460 中。

(6)调至平衡

1)界面液位 LIC4009 达到 50%时,投自动。

2)FIC4021 达到 2112.7 kg/h 时,投串级。

3)FIC4020 的流量达到 21126.6 kg/h 时,投自动。

4)FIC4022 的流量达到 1868.4 kg/h 时,投自动。

5)FIC4061 的流量达到 77.1 kg/h 时,投自动。

2. 正常运行

熟悉工艺流程,维持各工艺参数稳定;密切注意各工艺参数的变化情况,发现突发事故时,应先分析事故原因,并做正确处理。

3. 正常停车

(1)停主物料进料

1)关闭调节阀 FV4020 的前后阀 V4105 和 V4106,将 FV4020 的开度调为 0。

2)关闭泵 P413 的后阀 V4108,开关阀 V4125,前阀 V4107。

(2)灌自来水

1)打开进自来水阀 V4001,使其开度为 50%。

2)当罐内物料相中的 BA 的含量小于 0.9%时,关闭 V4001。

(3)停萃取剂

1)将控制阀 FV4021 的开度调为 0,关闭前手阀 V4103 和 V4104 关闭。

2)关闭泵 P412A 的后阀 V4102,开关阀 V4124,后阀 V4101。

(4)萃取塔 C421 泻液

1)打开阀 V41007,使其开度为 50%,同时将 FV4022 的开度调为 100%。

2)打开阀 V41009,使其开度为 50%,同时将 FV4061 的开度调为 100%。

3)当 FIC4022 的值小于 0.5 kg/h 时,关闭 V41007,将 FV4022 的开度置 0,关闭其前后阀 V4111 和 V4112;同时关闭 V41009,将 FV4061 的开度置 0,关闭其前后阀 V4113 和 V4114。

四、事故处理一览表

事故名称	主要现象	处理方法
P412A 泵坏	P412A 泵的出口压力急剧下降 FIC4021 的流量急剧减小	停泵 P12A 换用泵 P412B
调节阀 FV4020 阀卡	FIC4020 的流量不可调节	打开旁通阀 V4003 关闭 FV4020 的前后阀 V4105、V4106

五、思考题

1. 简述萃取塔操作的工作原理。

2. 简述用萃取剂(水)萃取丙烯酸丁酯生产过程中催化剂(对甲苯磺酸)的工艺流程。

3. 用萃取剂(水)萃取丙烯酸丁酯生产过程中催化剂(对甲苯磺酸)的工艺中,冷态开车和正常停车如何操作?

4. 简述萃取塔操作过程中常见事故的处理方法。

项目十一　流化床操作仿真实训

一、实训目的

1. 熟悉流化床;
2. 掌握流化床操作工艺流程;
3. 掌握流化床开车、正常运行和停车的操作规程及其常见故障处理方法。

二、工艺流程

1. 工艺流程简介

该流化床反应器取材于 HIMONT 工艺本体聚合装置,用于生产高抗冲击共聚物。具有剩余活性的干均聚物(聚丙烯),在压差作用下自闪蒸罐 D－301 流到该气相共聚反应器 R－401。

在气体分析仪的控制下,氢气被加到乙烯进料管道中,以改进聚合物的本征粘度,满足加工需要。

聚合物从顶部进入流化床反应器,落在流化床的床层上。流化气体(反应单体)通过一个特殊设计的栅板进入反应器。由反应器底部出口管路上的控制阀来维持聚合物的料位。聚合物料位决定了停留时间,从而决定了聚合反应的程度,为了避免过度聚合的鳞片状产物堆积在反应器壁上,反应器内配置一个转速较慢的刮刀,以使反应器壁保持干净。

栅板下部夹带的聚合物细末,用一台小型旋风分离器 S401 除去,并送到下游的袋式过滤器中。

所有未反应的单体循环返回到流化压缩机的吸入口。

来自乙烯汽提塔顶部的回收气相与气相反应器出口的循环单体汇合,而补充的氢气,乙烯和丙烯加入到压缩机排出口。

循环气体用工业色谱仪进行分析,调节氢气和丙烯的补充量。

然后调节补充的丙烯进料量以保证反应器的进料气体满足工艺要求的组成。

用脱盐水作为冷却介质,用一台立式列管式换热器将聚合反应热撤出。该热交换器位于循环气体压缩机之前。

共聚物的反应压力约为 1.4 MPa(表),70℃。注意,该系统压力位于闪蒸罐压力和袋式过滤器压力之间,从而在整个聚合物管路中形成一定压力梯度,以避免容器间物料的返混并使聚合物向前流动。

2. 反应机理

乙烯、丙烯以及反应混合气在一定的温度 70℃,一定的压力 1.35 MPa 下,通过具有剩余活性的干均聚物(聚丙烯)的引发,在流化床反应器里进行反应,同时加入氢气以改善共聚物的本征粘度,生成高抗冲击共聚物。

主要原料:乙烯、丙烯、具有剩余活性的干均聚物(聚丙烯)、氢气。

主产物:高抗冲击共聚物(具有乙烯和丙烯单体的共聚物)。

副产物:无。

反应方程式：

$$nC_2H_4 + nC_3H_4 \longrightarrow [C_2H_4 - C_3H_4]_n$$

3. 设备一览

A401：R401 的刮刀。

C401：R401 循环压缩机。

E401：R401 气体冷却器。

E409：夹套水加热器。

P401：开车加热泵。

R401：共聚反应器。

S401：R401 旋风分离器。

4. 参数说明

AI40111：反应产物中 H_2 的含量。

AI40121：反应产物中 C_2H_4 的含量。

AI40131：反应产物中 C_2H_6 的含量。

AI40141：反应产物中 C_3H_6 的含量。

AI40151：反应产物中 C_3H_8 的含量。

三、操作规程

1. 冷态开车操作规程

(1)开车准备

准备工作包括：系统中用氮气充压，循环加热氮气，随后用乙烯对系统进行置换（按照实际正常的操作，用乙烯置换系统要进行两次，考虑到时间关系，只进行一次）。这一过程完成之后，系统将准备开始单体开车。

1)系统氮气充压加热

① 充氮：打开充氮阀，用氮气给反应器系统充压，当系统压力达 0.7 MPa(表)时，关闭充氮阀。

② 当氮充压至 0.1 MPa(表)时，按照正确的操作规程，启动 C401 共聚循环气体压缩机，将导流叶片(HIC402)定在 40%。

③ 环管充液：启动压缩机后，开进水阀 V4030，给水罐充液，开氮封阀 V4031。

③ 当水罐液位大于 10%时，开泵 P401 入口阀 V4032，启动泵 P401，调节泵出口阀 V4034 至 60%开度。

④ 冷却水循环流量 FI401 达到 56 t/h 左右。

⑤ 手动开低压蒸汽阀 HC451，启动换热器 E-409，加热循环氮气。

⑥ 打开循环水阀 V4035。

⑦ 当循环氮气温度达到 70℃时，TC451 投自动，调节其设定值，维持氮气温度 TC401 在 70℃左右。

2)氮气循环

① 当反应系统压力达 0.7 MPa 时，关充氮阀。

② 在不停压缩机的情况下，用 PIC402 和排放阀给反应系统泄压至 0.0 MPa(表)。

③ 在充氮泄压操作中，不断调节 TC451 设定值，维持 TC401 温度在 70℃左右。

3)乙烯充压

① 当系统压力降至 0.0 MPa(表)时，关闭排放阀。

② 由 FC403 开始乙烯进料，乙烯进料量设定在 567.0 kg/h 时投自动调节，乙烯使系统压力充至 0.25 MPa(表)。

(2)干态运行开车

本规程旨在聚合物进入之前，共聚集反应系统具备合适的单体浓度，另外通过该步骤也可以在实际工艺条件下，预先对仪表进行操作和调节。

1)反应进料

① 当乙烯充压至 0.25 MPa(表)时，启动氢气的进料阀 FC402，氢气进料设定在 0.102 kg/h，FC402 投自动控制。

② 当系统压力升至 0.5 MPa(表)时，启动丙烯进料阀 FC404，丙烯进料设定在 400 kg/h，FC404 投自动控制。

③ 打开自乙烯汽提塔来的进料阀 V4010。

④ 当系统压力升至 0.8 MPa(表)时，打开旋风分离器 S－401 底部阀 HC403 至 20%开度，维持系统压力缓慢上升。

2)准备接收 D301 来的均聚物

① 再次加入丙烯，将 FIC404 改为手动，调节 FV404 为 85%。

② 当 AC402 和 AC403 平稳后，调节 HC403 开度至 25%。

③ 启动共聚反应器的刮刀，准备接收从闪蒸罐(D－301)来的均聚物。

(3)共聚反应物的开车

1)确认系统温度 TC451 维持在 70℃左右。

2)当系统压力升至 1.2 MPa(表)时，开大 HC403 开度在 40%和 LV401 在 20%～25%，以维持流态化。

3)打开来自 D－301 的聚合物进料阀。

4)停低压加热蒸汽，关闭 HV451。

(4)稳定状态的过渡

1)反应器的液位

① 随着 R401 料位的增加，系统温度将升高，及时降低 TC451 的设定值，不断取走反应热，维持 TC401 温度在 70℃左右。

② 调节反应系统压力在 1.35 MPa(表)时，PC402 自动控制。

③ 手动开启 LV401 至 30%，让共聚物稳定地流过此阀。

④ 当液位达到 60%时，将 LC401 设置投自动。

⑤ 随系统压力的增加，料位将缓慢下降，PC402 调节阀自动开大，为了维持系统压力在 1.35 MPa，缓慢提高 PC402 的设定值至 1.40 MPa(表)。

⑥ 当 LC401 在 60%投自动控制后，调节 TC451 的设定值，待 TC401 稳定在 70℃左右时，TC401 与 TC451 串级控制。

2)反应器压力和气相组成控制

① 压力和组成趋于稳定时，将 LC401 和 PC403 投串级。

② FC404 和 AC403 串级联结。

③ FC402 和 AC402 串级联结。

2. 正常操作规程

正常工况下的工艺参数：

(1)FC402：调节氢气进料量(与 AC402 串级)正常值：0.35 kg/h。

(2)FC403：单回路调节乙烯进料量正常值：567.0 kg/h。

(3)FC404：调节丙烯进料量(与 AC403 串级)正常值：400.0 kg/h。

(4)PC402：单回路调节系统压力正常值：1.4 MPa。

(5)PC403：主回路调节系统压力正常值：1.35 MPa。

(6)LC401：反应器料位(与 PC403 串级)正常值：60%。

(7)TC401：主回路调节循环气体温度正常值：70℃。

(8)TC451：分程调节取走反应热量(与 TC401 串级)正常值：50℃。

(9)AC402：主回路调节反应产物中 H_2/C_2之比正常值：0.18。

(10)AC403：主回路调节反应产物中$(C_2/C_3)/C_2$之比正常值：0.38。

3. 停车操作规程

(1)降反应器料位

1)关闭催化剂来料阀 TMP20。

2)手动缓慢调节反应器料位。

(2)关闭乙烯进料，保压

1)当反应器料位降至 10%，关乙烯进料。

2)当反应器料位降至 0%，关反应器出口阀。

3)关旋风分离器 S-401 上的出口阀。

(3)关丙烯及氢气进料

1)手动切断丙烯进料阀。

2)手动切断氢气进料阀。

3)排放导压至火炬。

4)停反应器刮刀 A401。

(4)氮气吹扫

1)将氮气加入该系统。

2)当压力达 0.35 MPa 时放火炬。

3)停压缩机 C-401。

4. 仪表及报警一览表

位　号	说　明	类型	正常值	量程高限	量程低限	工程单位
FC402	氢气进料流量	PID	0.35	5.0	0.0	kg/h
FC403	乙烯进料流量	PID	567.0	1000.0	0.0	kg/h
FC404	丙烯进料流量	PID	400.0	1000.0	0.0	kg/h

（续表）

位　号	说　明	类型	正常值	量程高限	量程低限	工程单位
PC402	R-401压力	PID	1.40	3.0	0.0	MPa
PC403	R-401压力	PID	1.35	3.0	0.0	MPa
LC401	R-401液位	PID	60.0	100.0	0.0	%
TC401	R-401循环气温度	PID	70.0	150.0	0.0	℃
FI401	E-401循环水流量	AI	36.0	80.0	0.0	t/h
FI405	R-401气相进料流量	AI	120.0	250.0	0.0	t/h
TI402	循环气E-401入口温度	AI	70.0	150.0	0.0	℃
TI403	E-401出口温度	AI	65.0	150.0	0.0	℃
TI404	R-401入口温度	AI	75.0	150.0	0.0	℃
TI405/1	E-401入口水温度	AI	60.0	150.0	0.0	℃
TI405/2	E-401出口水温度	AI	70.0	150.0	0.0	℃
TI406	E-401出口水温度	AI	70.0	150.0	0.0	℃

四、事故设置一览

1. 泵P401停

(1)原因：运行泵P401停。

(2)现象：温度调节器TC451急剧上升，然后TC401随之升高。

(3)处理：

1)调节丙烯进料阀FV404，增加丙烯进料量。

2)调节压力调节器PC402，维持系统压力。

3)调节乙烯进料阀FV403，维持C_2/C_3比。

2. 压缩机C-401停

(1)原因：压缩机C-401停。

(2)现象：系统压力急剧上升。

(3)处理：

1)关闭催化剂来料阀TMP20。

2)手动调节PC402，维持系统压力。

3)手动调节LC401，维持反应器料位。

3. 丙烯进料停

(1)原因：丙烯进料阀卡。

(2)现象：丙烯进料量为0.0 kg/h。

(3)处理：

1)手动关小乙烯进料量，维持C_2/C_3比。

2)关催化剂来料阀 TMP20。

3)手动关小 PV402,维持压力。

4)手动关小 LC401,维持料位。

4. 乙烯进料停

(1)原因:乙烯进料阀卡。

(2)现象:乙烯进料量为 0.0 kg/h。

(3)处理:

1)手动关丙烯进料,维持 C_2/C_3 比。

2)手动关小氢气进料,维持 H_2/C_2 比。

5. D301 供料停

(1)原因:D301 供料阀 TMP20 关。

(2)现象:D301 供料停止。

(3)处理:

1)手动关闭 LV401。

2)手动关小丙烯和乙烯进料。

3)手动调节压力。

五、仿真界面

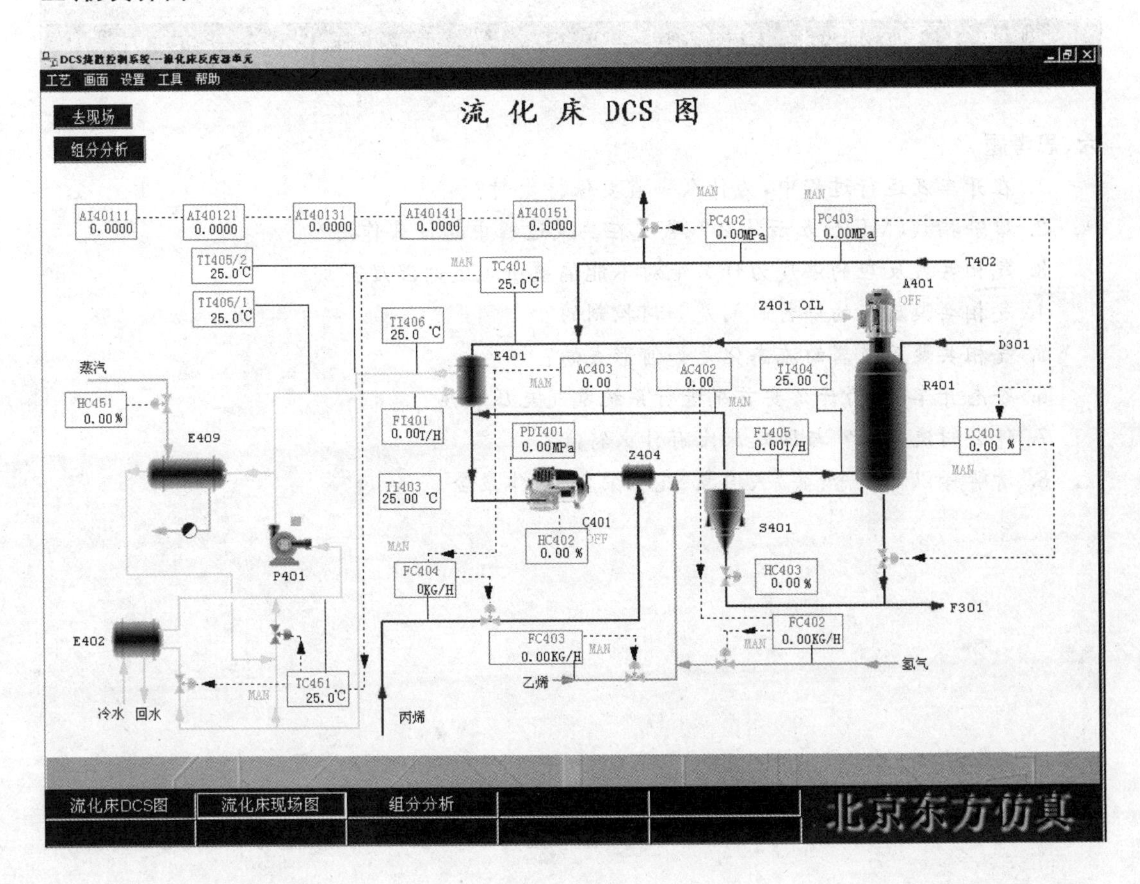

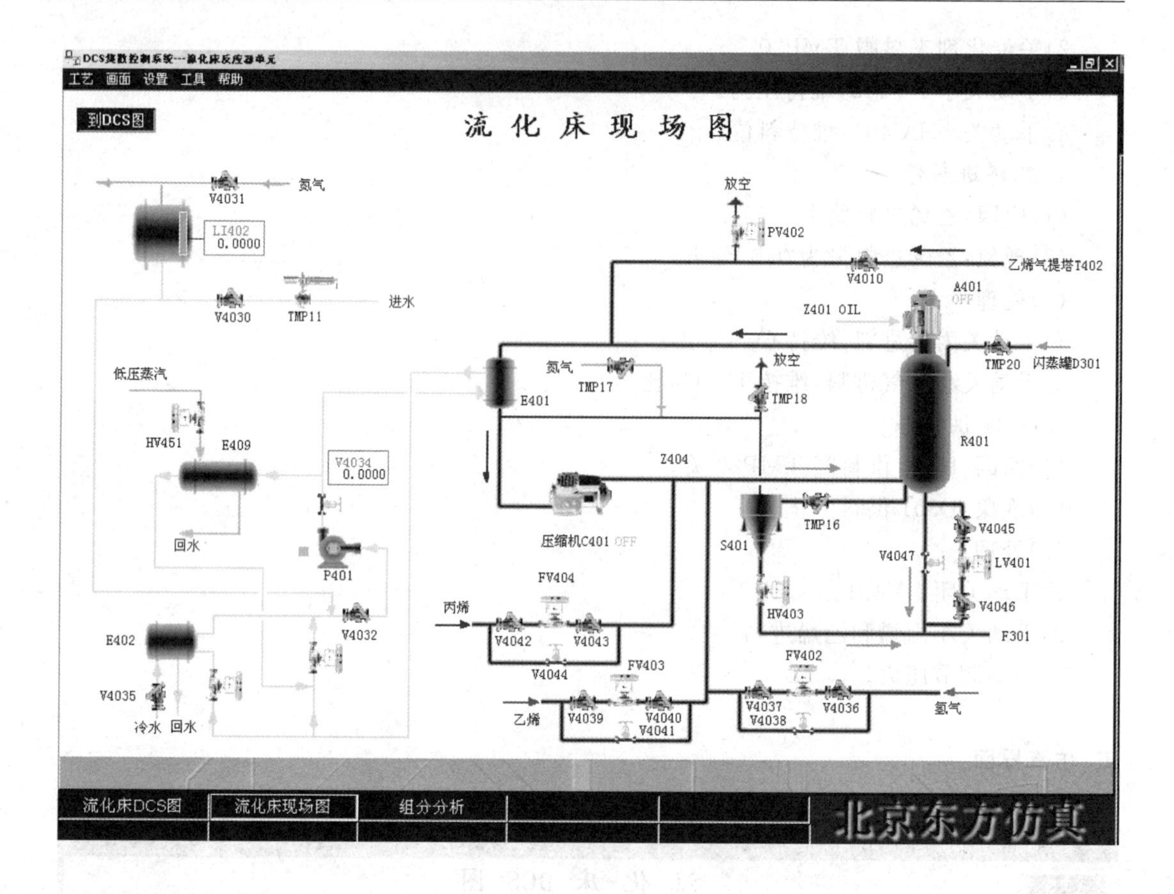

六、思考题

1. 在开车及运行过程中，为什么一直要保持氮封？
2. 熔融指数(MFR)表示什么？氢气在共聚过程中起什么作用？
3. 气相共聚反应的温度为什么绝对不能偏差所规定的温度？
4. 气相共聚反应的停留时间是如何控制的？
5. 气相共聚反应器的流态化是如何形成的？
6. 冷态开车时，为什么要首先进行系统氮气充压加热？
7. 什么叫流化床？与固定床比有什么特点？
8. 请解释以下概念：共聚、均聚、气相聚合、本体聚合。

项目十二　压缩机操作仿真实训

一、实训目的

1. 熟悉压缩机；
2. 掌握压缩机工艺流程；
3. 掌握压缩机开车、正常运行和停车的操作规程及其常见故障处理方法。

二、工艺流程

1. 工艺流程简介

透平压缩机是进行气体压缩的常用设备。它以汽轮机(蒸汽透平)为动力，蒸汽在汽轮机内膨胀做功驱动压缩机主轴，主轴带动叶轮高速旋转。被压缩气体从轴向进入压缩机叶轮在高速转动的叶轮作用下随叶轮高速旋转并沿半径方向甩出叶轮，叶轮在汽轮机的带动下高速旋转把所得到的机械能传递给被压缩气体。因此，气体在叶轮内的流动过程中，一方面受离心力作用增加了气体本身的压力，另一方面得到了委很大的动能。气体离开叶轮进入流通面积逐渐扩大的扩压器，气体流速急剧下降，动能转化为压力能(势能)，使气体的压力进一步提高，使气体压缩。

本仿真实训选用甲烷单级透平压缩的典型流程作为仿真对象。

在生产过程中产生的压力为1.2 kg/cm²～1.6 kg/cm²(绝)，温度为30℃左右的低压甲烷经VD01阀进入甲烷贮罐FA311，罐内压力控制在300 mmH_2O。甲烷从贮罐FA311出来，进入压缩机GB301，经过压缩机压缩，出口排出压力为4.03 kg/cm²(绝)，温度为160℃的中压甲烷，然后经过手动控制阀VD06进入燃料系统。

该流程为了防止压缩机发生喘振，设计了由压缩机出口至贮罐FA311的返回管路，即由压缩机出口经过换热器EA305和PV304B阀到贮罐的管线。返回的甲烷经冷却器EA305冷却。另外贮罐FA311有一超压保护控制器PIC303，当FA311中压力超高时，低压甲烷可以经PIC303控制放火炬，使罐中压力降低。压缩机GB301由蒸汽透平GT301同轴驱动，蒸汽透平的供汽为压力15 kg/cm²(绝)的来自管网的中压蒸汽，排汽为压力3 kg/cm²(绝)的降压蒸汽，进入低压蒸汽管网。

流程中共有两套自动控制系统：PIC303为FA311超压保护控制器，当贮罐FA311中压力过高时，自动打开放火炬阀。PRC304为压力分程控制系统，当此调节器输出在50%～100%范围内时，输出信号送给蒸汽透平GT301的调速系统，即PV304A，用来控制中压蒸汽的进汽量，使压缩机的转速在3350转/分至4704转/分之间变化，此时PV304B阀全关。当此调节器输出在0%到50%范围内时，PV304B阀的开度对应在100%至0%范围内变化。透平在起始升速阶段由手动控制器HC311手动控制升速，当轩速大于3450转/分时可由切换开关切换到PIC304控制。

2. 名词解释

(1)压缩比　压缩机各段出口压力和进口压力的比值。正常压缩比越大,代表着本级压缩机的额定功率越大。

(2)喘振　当转速一定,压缩机的进料减少到一定的值,造成叶道中气体的速度不均匀和出现倒流,当这种现象扩展到整个叶道,叶道中的气流通不出去,造成压缩机级中压力突然下降,而级后相对较高的压力将气流倒压回级里,级里的压力又恢复正常,叶轮工作也恢复正常,重新将倒流回的气流压出去。此后,级里压力又突然下降,气流又倒回,这种现象重复出现,压缩机工作不稳定,称为喘振现象。

3. 控制方案

(1)分程控制:就是由一只调节器的输出信号控制两只或更多的调节阀,每只调节阀在调节器的输出信号的某段范围中工作。

(2)应用实例(压缩机手动自动切换)

压缩机切换开关的作用:当压缩机切换开关指向 HC3011 时,压缩机转速由 HC3011 控制;当压缩机切换开关指向 PRC304 时,压缩机转速由 PRC304 控制。PRC304 为一分程控制阀,分别控制压缩机转速(主气门开度)和压缩机反喘振线上的流量控制阀。当 PRC304 逐渐开大时,压缩机转速逐渐上升(主气门开度逐渐加大),压缩机反喘振线上的流量控制阀逐渐关小,最终关成 0。(本控制方案属较老的控制方案)

4. 设备一览

FA311:低压甲烷储罐。

GT301:蒸汽透平。

GB301:单级压缩机。

EA305:压缩机冷却器。

三、操作规程

1. 开车操作规程

(1)开车前准备工作

1)启动公用工程:按公用工程按钮,公用工程投用。

2)油路开车:按油路按钮。

3)盘车:按盘车按钮开始盘车,待转速升到 200 转/分时,停盘车(盘车前先打开 PV304B 阀)。

4)暖机:按暖机按钮。

5)EA305 冷却水投用:打开换热器冷却水阀门 VD05,开度为 50%。

(2)罐 FA311 充低压甲烷

1)打开 PIC303 调节阀放火炬,开度为 50%。

2)打开 FA311 入口阀 VD11 开度为 50%、微开 VD01。

3)打开 PV304B 阀,缓慢向系统充压,调整 FA311 顶部安全阀 VD03 和 VD01,使系统压力维持 300 mmH_2O～500 mmH_2O。

4)调节 PIC303 阀门开度,使压力维持在 0.1 atm。

(3)透平单级压缩机开车

1)手动升速

① 缓慢打开透平低压蒸汽出口截止阀 VD10,开度递增级差保持在10%以内。

② 将调速器切换开关切到 HC3011 方向。

③ 手动缓慢打开打开 HC3011,开始压缩机升速,开度递增级差保持在10%以内。使透平压缩机转速在250转/分～300转/分。

2)跳闸实验(视具体情况决定此操作的进行)

① 继续升速至1000转/分。

② 按动紧急停车按钮进行跳闸实验,实验后压缩机转速 XN311 迅速下降为零。

③ 手关 HC3011,开度为0.0%,关闭蒸汽出口阀 VD10,开度为0.0%。

④ 按压缩机复位按钮。

3)重新手动升速

① 重复1.3步骤(1),缓慢升速至1000转/分。

② HC3011 开度递增级差保持在10%以内,升转速至3350转/分。

③ 进行机械检查。

4)启动调速系统

① 将调速器切换开关切到 PIC304 方向。

② 缓慢打开 PV304A 阀(即 PIC304 阀门开度大于50.0%),若阀开得太快会发生喘振。同时可适当打开出口安全阀旁路阀(VD13)调节出口压力,使 PI301 压力维持在3.03 atm,防止喘振发生。

5)调节操作参数至正常值

① 当 PI301 压力指示值为3.03 atm 时,一边关出口放火炬旁路阀,一边打开 VD06 去燃料系统阀,同时相应关闭 PIC303 放火炬阀。

② 控制入口压力 PIC304 在300 mmH_2O,慢慢升速。

③ 当转速达全速(4480转/分左右),将 PIC304 切为自动。

④ PIC303 设定为0.1 kg/cm^2(表),投自动。

⑤ 顶部安全阀 VD03 缓慢关闭。

2. 正常操作规程

(1)正常工况下工艺参数

1)储罐 FA311 压力 PIC304:295 mmH_2O。

2)压缩机出口压力 PI301:3.03 atm,燃料系统入口压力 PI302:2.03 atm。

3)低压甲烷流量 FI301:3232.0 kg/h。

4)中压甲烷进入燃料系统流量 FI302:3200.0 kg/h。

5)压缩机出口中压甲烷温度 TI302:160.0℃。

(2)压缩机防喘振操作

1)启动调速系统后,必须缓慢开启 PV304A 阀,此过程中可适当打开出口安全阀旁路阀调节出口压力,以防喘振发生。

2)当有甲烷进入燃料系统时,应关闭 PIC303 阀。

3)当压缩机转速达全速时,应关闭出口安全旁路阀。

3. 停车操作规程

(1)正常停车过程

1)停调速系统

① 缓慢打开 PV304B 阀,降低压缩机转速,然后打开 PIC303 阀排放火炬。

② 开启出口安全旁路阀 VD13,同时关闭去燃料系统阀 VD06。

2)手动降速

① 将 HC3011 开度置为 100.0%,再将调速开关切换到 HC3011 方向。

② 缓慢关闭 HC3011,同时逐渐关小透平蒸汽出口阀 VD10。

③ 当压缩机转速降为 300～500 转/分时,按紧急停车按钮,再关闭透平蒸汽出口阀 VD10。

3)停 FA311 进料

① 关闭 FA311 入口阀 VD01、VD11。

② 开启 FA311 泄料阀 VD07,泄液;关换热器冷却水。

(2)紧急停车

1)按动紧急停车按钮,确认 PV304B 阀及 PIC303 置于打开状态。

2)关闭透平蒸汽入口阀及出口阀。

3)甲烷气由 PIC303 排放火炬。

4)其余同正常停车。

4. 联锁说明

(1)联锁源

1)现场手动紧急停车(紧急停车按钮)。

2)压缩机喘振。

(2)联锁动作

1)关闭透平主汽阀及蒸汽出口阀,全开放空阀 PV303。

2)全开防喘振线上 PV304B 阀。

该联锁有一现场旁路键(BYPASS)和一现场复位键(RESET)。联锁发生后,在复位前(RESET),应首先将 HC3011 置零,将蒸汽出口阀 VD10 关闭,同时各控制点应置手动,并设成最低值。

5. 仪表及报警一览表

位　号	说　明	类型	正常值	量程上限	量程下限	工程单位
PIC303	放火炬控制系统	PID	0.1	4.0	0.0	atm
PIC304	储罐压力控制系统	PID	295.0	40000.0	0.0	mmH_2O
PI301	压缩机出口压力	AI	3.03	5.0	0.0	atm
PI302	燃料系统入口压力	AI	2.03	5.0	0.0	atm
FI301	低压甲烷进料流量	AI	3233.4	5000.0	PPM	kg/h

（续表）

位　号	说　明	类型	正常值	量程上限	量程下限	工程单位
FI302	燃料系统入口流量	AI	3201.6	5000.0	PPM	kg/h
FI303	低压甲烷入罐流量	AI	3201.6	5000.0	PPM	kg/h
FI304	中压甲烷回流流量	AI	0.0	5000.0	PPM	kg/h
TI301	低压甲烷入压缩机温度	AI	30.0	200.0	0.0	℃
TI302	压缩机出口温度	AI	160.0	200.0	0.0	℃
TI304	透平蒸汽入口温度	AI	290.0	400.0	0.0	℃
TI305	透平蒸汽出口温度	AI	200.0	400.0	0.0	℃
TI306	冷却水入口温度	AI	30.0	100.0	0.0	℃
TI307	冷却水出口温度	AI	30.0	100.0	0.0	℃
XN301	压缩机转速	AI	4480	4500	0	转/分
HX311	FA311 罐液位	AI	50.0	100.0	0.0	%

四、事故设置一览

1. 入口压力过高

(1)主要现象：FA311 罐中压力上升。

(2)处理方法：手动适当打开 PV303 的放火炬阀。

2. 出口压力过高

(1)主要现象：压缩机出口压力上升。

(2)处理方法：开大去燃料系统阀 VD06。

3. 入口管道破裂

(1)主要现象：贮罐 FA311 中压力下降。

(2)处理方法：开大 FA311 入口阀 VD01、VD11。

4. 出口管道破裂

(1)主要现象：压缩机出口压力下降。

(2)处理方法：紧急停车。

5. 入口温度过高

(1)主要现象：TI301 及 TI302 指示值上升。

(2)处理方法：紧急停车。

五、仿真界面

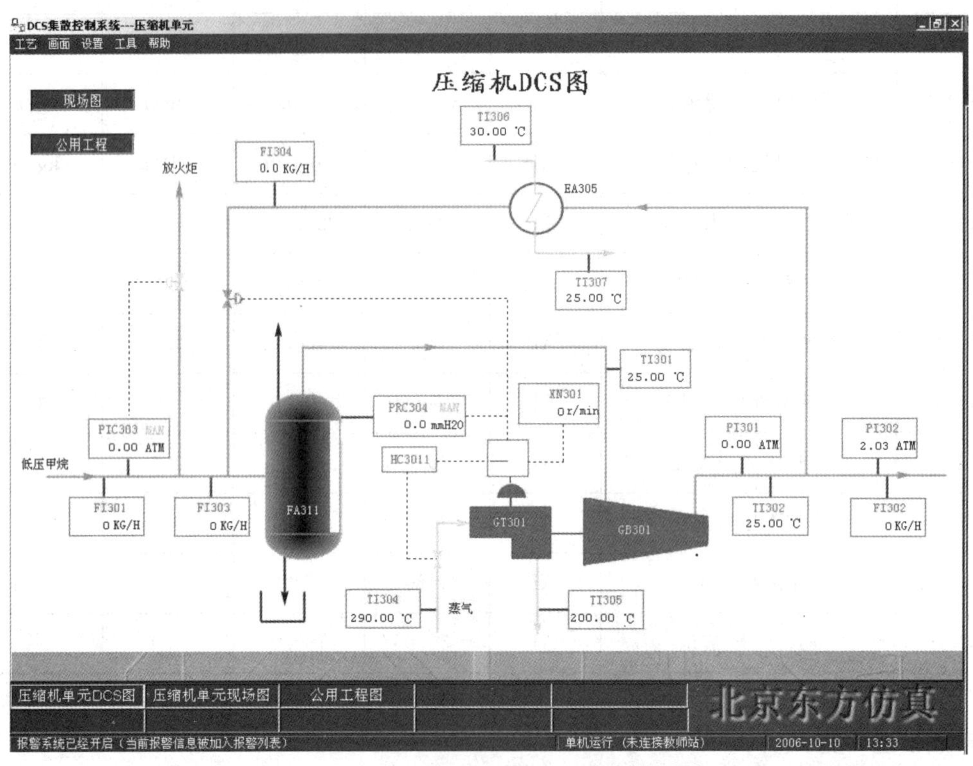
DCS集散控制系统---压缩机单元
工艺 画面 设置 工具 帮助
压缩机DCS图
现场图
公用工程
TI306
30.00 ℃
FI304
0.0 KG/H
放火炬
EA305
TI307
25.00 ℃
TI301
25.00 ℃
XN301
0 r/min
PRC304
0.0 mmH2O
PIC303
0.00 ATM
PI301
0.00 ATM
PI302
2.03 ATM
低压甲烷
HC3011
FI301
0 KG/H
FI303
0 KG/H
FA311
GT301
GB301
TI302
25.00 ℃
FI302
0 KG/H
TI304
290.00 ℃
蒸气
TI305
200.00 ℃
压缩机单元DCS图
压缩机单元现场图
公用工程图
北京东方仿真
报警系统已经开启（当前报警信息被加入报警列表）
单机运行（未连接教师站）
2006-10-10
13:33

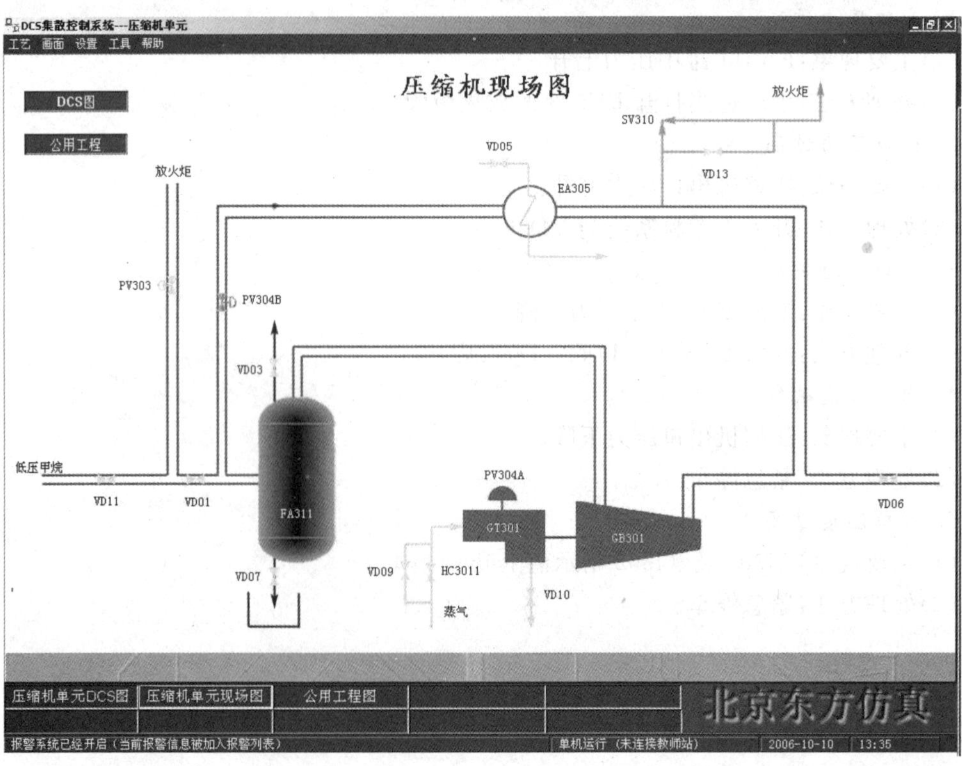
DCS集散控制系统---压缩机单元
工艺 画面 设置 工具 帮助
压缩机现场图
DCS图
公用工程
放火炬
SV310
VD05
VD13
放火炬
EA305
PV303
PV304B
VD03
低压甲烷
VD11
VD01
FA311
PV304A
GT301
GB301
VD06
VD07
VD09
HC3011
VD10
蒸气
压缩机单元DCS图
压缩机单元现场图
公用工程图
北京东方仿真
报警系统已经开启（当前报警信息被加入报警列表）
单机运行（未连接教师站）
2006-10-10
13:35

六、思考题

1. 什么是喘振？如何防止喘振？
2. 在手动调速状态，为什么防喘振线上的防喘振阀 PV304B 全开，可以防止喘振？
3. 结合伯努利方程，说明压缩机如何做功，如何进行动能、压力、和温度之间的转换。
4. 离心式压缩机的优点是什么？

项目十三　液位控制系统操作仿真实训

一、实训目的

1. 熟悉液位控制系统；
2. 掌握液位控制系统操作工艺流程；
3. 掌握液位控制系统冷态开车、正常运行和停车的操作规程及其常见故障处理方法。

二、工艺流程

1. 工艺流程简介

本流程为液位控制系统，通过对三个罐的液位及压力的调节，使学员掌握简单回路及复杂回路的控制及相互关系。

缓冲罐 V101 仅一股来料，8 kg/cm^{2}压力的液体通过调节产供阀 FIC101 向罐 V101 充液，此罐压力由调节阀 PIC101 分程控制，缓冲罐压力高于分程点（5.0 kg/cm^2）时，PV101B 自动打开泄压，压力低于分程点时，PV101B 自动关闭，PV101A 自动打开给罐充压，使 V101 压力控制在 5 kg/cm^2。缓冲罐 V101 液位调节器 LIC101 和流量调节阀 FIC102 串级调节，一般液位正常控制在 50%左右，自 V101 底抽出液体通过泵 P101A 或 P101B（备用泵）打入罐 V102，该泵出口压力一般控制在 9 kg/cm^2，FIC102 流量正常控制在 20000 kg/h。

罐 V102 有两股来料，一股为 V101 通过 FIC102 与 LIC101 串级调节后来的流量；另一股为 8 kg/cm^{2}压力的液体通过调节阀 LIC102 进入罐 V102，一般 V102 液位控制在 50%左右，V102 底液抽出通过调节阀 FIC103 进入 V103，正常工况时 FIC103 的流量控制在 30000 kg/h。

罐 V103 也有两股进料，一股来自于 V102 的底抽出量，另一股为 8 kg/cm^{2}压力的液体通过 FIC103 与 FI103 比值调节进入 V103，比值系数为 2∶1，V103 底液体通过 LIC103 调节阀输出，正常时罐 V103 液位控制在 50%左右。

2. 控制方案

本单元主要包括：单回路控制系统、分程控制系统、比值控制系统、串级控制系统。

（1）单回路控制回路

单回路控制回路又称单回路反馈控制。由于在所有反馈控制中，单回路反馈控制是最基本、结构做简单的一种，因此，它又被称之为简单控制。

单回路反馈控制由四个基本环节组成，即被控对象（简称对象）或被控过程（简称过程）、测量变送装置、控制器和控制阀。

所谓控制系统的整定，就是对于一个已经设计并安装就绪的控制系统，通过控制器参数的调整，使得系统的过渡过程达到最为满意的质量指标要求。

本单元的单回路控制有：FIC101、LIC102、LIC103。

（2）分程控制回路

通常是一台控制器的输出只控制一只控制阀。然而分程控制系统却不然，在这种控制回路中，一台控制器的输出可以同时控制两只甚至两只以上的控制阀，控制器的输出信号被分割成若干个信号的范围段，而由每一段信号去控制一只控制阀。

本单元的分程控制回路有：如图 1－9 所示，PIC101 分程控制冲压阀 PV101A 和泄压阀 PV101B。

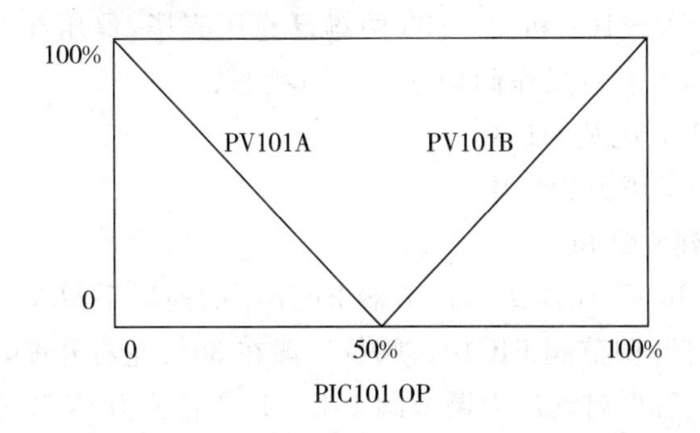

图 1－9　分程控制回路图

(3)比值控制系统

在化工、炼油及其他工业生产过程中，工艺上常需要两种或两种以上的物料保持一定的比例关系，比例一旦失调，将影响生产或造成事故。

实现两个或两个以上参数符合一定比例关系的控制系统，称为比值控制系统。通常以保持两种或几种物料的流量为一定比例关系的系统，称之流量比值控制系统。

比值控制系统可分为：开环比值控制系统，单闭环比值控制系统，双闭环比值控制系统，变比值控制系统，串级和比值控制组合的系统等。

FFIC104 为一比值调节器，根据 FIC1103 的流量，按一定的比例，相适应比例调整 FI103 的流量。

对于比值调节系统，首先是要明确哪种物料是主物料，而另一种物料按主物料来配比。在本单元中，FIC1425(以 C_2 为主的烃原料)为主物料，而 FIC1427(H_2)的量是随主物料(C_2 为主的烃原料)的量的变化而改变。

(4)串级控制系统

如果系统中不止采用一个控制器，而且控制器间相互串联，一个控制器的输出作为另一个控制器的给定值，这样的系统称为串级控制系统。

串级控制系统的特点：

1)能迅速地克服进入副回路的扰动。

2)改善主控制器的被控对象特征。

3)有利于克服副回路内执行机构等的非线性。

在本操作中罐 V101 的液位是由液位调节器 LIC101 和流量调节器 FIC102 串级控制。

3. 设备一览

V－101：缓冲罐。

V－102：恒压中间罐。

V－103：恒压产品罐。

P101A：缓冲罐 V－101 底抽出泵。

P101B：缓冲罐 V－101 底抽出备用泵。

三、操作规程

1. 冷态开车操作规程

装置的开工状态为V－102和V－103两罐已充压完毕，保压在2.0 kg/cm^2，缓冲罐V－101压力为常压状态，所有可操作阀均处于关闭状态。

(1)缓冲罐V－101充压及液位建立

1)确认事项：V－101压力为常压。

2)V－101充压及建立液位

① 在现场图上，打开V－101进料调节器FIC101的前后手阀V1和V2，开度在100%。

② 在DCS图上，打开调节阀FIC101，阀位一般在30%左右开度，给缓冲罐V101充液。

③ 待V101见液位后再启动压力调节阀PIC101，阀位先开至20%充压。

④ 待压力达5 kg/cm^{2}左右时，PIC101投自动。

(2)中间罐V－102液位建立

1)确认事项：V－101液位达40%以上；V－101压力达5.0 kg/cm^{2}左右。

2)V－102建立液位

① 在现场图上，打开泵P101A的前手阀V5为100%；启动泵P101A。

② 当泵出口压力达10 kg/cm^{2}时，打开泵P101A的后手阀V7为100%。

③ 打开流量调节器FIC102前后手阀V9及V10为100%。

④ 打开出口调节阀FIC102，手动调节FV102开度，使泵出口压力控制在约9.0 kg/cm^2。

⑤ 打开液位调节阀LV102至50%开度。

⑥ V－101进料流量调整器FIC101投自动，设定值为20000.0 kg/h。

⑦ 操作平稳后调节阀FIC102投入自动控制并与LIC101串级调节V101液位。

⑧ V－102液位达50%左右，LIC102投自动，设定值为50%。

(3)产品罐V－103建立液位

1)确认事项：V－102液位达50%左右。

2)V－103建立液位

① 在现场图上，打开流量调节器FIC103的前后手阀V13及V14。

② 在DCS图上，打开FIC103及FFIC104，阀位开度均为50%。

③ 当V103液位达50%时，打开液位调节阀LIC103开度为50%。

④ LIC103调节平稳后投自动，设定值为50%。

2. 正常操作规程

正常工况下的工艺参数：

FIC101投自动，设定值为20000.0 kg/h；PIC101投自动(分程控制)，设定值为5.0 kg/cm^2；LIC101投自动，设定值为50%；FIC102投串级(与LIC101串级)；FIC103投自动，设定值为30000.0 kg/h；FFIC104投串级(与FIC103比值控制)，比值系统为常数2.0；LIC102投自动，设定值为50%；LIC103投自动，设定值为50%；泵P101A(或P101B)出口压力PI101正常值为9.0 kg/cm^2；V－102外进料流量FI101正常值为10000.0 kg/h；V－103产品输出量FI102的流量正常值为45000.0 kg/h。

3. 停车操作规程

(1)正常停车

1)关进料线

① 将调节阀 FIC101 改为手动操作，关闭 FIC101，再关闭现场手阀 V1 及 V2。

② 将调节阀 LIC102 改为手动操作，关闭 LIC102，使 V－102 外进料流量 FI101 为 0.0 kg/h。

③ 将调节阀 FFIC104 改为手动操作，关闭 FFIC104。

2)将调节器改手动控制

① 将调节器 LIC101 改手动调节，FIC102 解除串级改手动控制。

② 手动调节 FIC102，维持泵 P101A 出口压力，使 V－101 液位缓慢降低。

③ 将调节器 FIC103 改手动调节，维持 V－102 液位缓慢降低。

④ 将调节器 LIC103 改手动调节，维持 V－103 液位缓慢降低。

3)V－101 泄压及排放

① 罐 V101 液位下降至 10%时，先关出口阀 FV102，停泵 P101A，再关入口阀 V5。

② 打开排凝阀 V4，关 FIC102 手阀 V9 及 V10。

③ 罐 V－101 液位降到 0.0 时，PIC101 置手动调节，打开 PV101 为 100%放空。

4)当罐 V－102 液位为 0.0 时，关调节阀 FIC103 及现场前后手阀 V13 及 V14。

5)当罐 V－103 液位为 0.0 时，关调节阀 LIC103。

(2)紧急停车

紧急停车操作规程同正常停车操作规程。

4. 仪表及报警一览表

位号	说明	类型	正常值	量程高限	量程低限	工程单位	高报值	低报值	高高报值	低低报值
FIC101	V101 进料流量	PID	20000.0	40000.0	0.0	kg/h				
FIC102	V－101 出料流量	PID	20000.0	40000.0	0.0	kg/h				
FIC103	V－102 出料流量	PID	30000.0	60000.0	0.0	kg/h				
FIC104	V－103 出料流量	PID	15000.0	30000.0	0.0	kg/h				
LIC101	V－101 液位	PID	50.0	100.0	0.0	%				
LIC102	V－102 液位	PID	50.0	100.0	0.0	%				
LIC103	V－103 液位	PID	50.0	100.0	0.0	%				
PIC101	V－101 压力	PID	50.0	100.0	0.0	kgf/cm^2				
FI101	V－102 进料流量	AI	10000.0	20000.0	0.0	kg/h				
FI102	V－103 进料流量	AI	45000.0	90000.0	0.0	kg/h				
FI103	V－103 进料流量	AI	15000.0	30000.0	0.0	kg/h				

（续表）

位号	说明	类型	正常值	量程高限	量程低限	工程单位	高报值	低报值	高高报值	低低报值
PI101	P101A/B出口压	Al	9.0	10.0	0.0	kgf/cm^2				
F101	V－102进料流量	Al	20000.0	40000.0	0.0	kg/h	22000.0	5000.0	25000.0	3000.0
F102	V－103进料流量	Al	45000.0	90000.0	0.0	kg/h	47000.0	43000.0	50000.0	40000.0
FY03	V－102进料流量	Al	30000.0	60000.0	0.0	kg/h	32000.0	28000.0	35000.0	25000.0
F103	V－103进料流量	Al	15000.0	30000.0	0.0	kg/h	17000.0	13000.0	20000.0	10000.0
L101	V－101液位	Al	50.0	100.0	0.0	%	80	20	90	10
L102	V－102液位	Al	50.0	100.0	0.0	%	80	20	90	10
L103	V－103液位	Al	50.0	100.0	0.0	%	80	20	90	10
PY01	V－101压力	Al	5.0	10.0	0.0	kgf/cm^2	5.5	4.5	6.0	4.0
P101	P101A/B出口压力	Al9.0	18.0	0.0	kgf/cm^2	9.5	8.5	10.0	8.0	
FY01	V－101进料流量	Al	20000.0	40000.0	0.0	kg/h	22000.0	18000.0	25000.0	15000.0
LY01	V－101液位	Al	50.0	100.0	0.0	%	80	20	90	10
LY02	V－102液位	Al	50.0	100.0	0.0	%	80	20	90	10
LY03	V－103液位	Al	50.0	100.0	0.0	%	80	20	90	10
FY02	V－102进料流量	Al	20000.0	40000.0	0.0	kg/h	22000.0	18000.0	25000.0	15000.0
FFY04	比值控制器	Al	2.0	4.0	0.0		2.5	1.5	4.0	0.0
PT01	V101的压力控制	AO	50.0	100.0	0.0	%				
LT01	V101液位调节器的输出	AO	50.0	100.0	0.0	%				
LT02	V102液位调节器的输出	AO	50.0	100.0	0.0	%				
LT03	V103液位调节器的输出	AO	50.0	100.0	0.0	%				

四、事故设置一览

1. 泵P101A坏

(1)原因：运行泵P101A停。

(2)现象：画面泵P101A显示为开，但泵出口压力急剧下降。

(3)处理：先关小出口调节阀开度，启动备用泵P101B，调节出口压力，压力达9.0 atm

（表）时，关泵 P101A，完成切换。

（4）处理方法：

1）关小 P101A 泵出口阀 V7。

2）打开 P101B 泵入口阀 V6。

3）启动备用泵 P101B。

4）打开 P101B 泵出口阀 V8。

5）待 PI101 压力达 9.0 atm 时，关 V7 阀。

6）关闭 P101A 泵，再关闭 P101A 泵入口阀 V5。

2. 调节阀 FIC102 阀卡

（1）原因：FIC102 调节阀卡 20％开度不动作。

（2）现象：罐 V101 液位急剧上升，FIC102 流量减小。

（3）处理：打开付线阀 V11，待流量正常后，关调节阀前后手阀。

（4）处理方法：

1）调节 FIC102 旁路阀 V11 开度。

2）待 FIC102 流量正常后，关闭 FIC102 前后手阀 V9 和 V10。

3）关闭调节阀 FIC102。

五、仿真界面

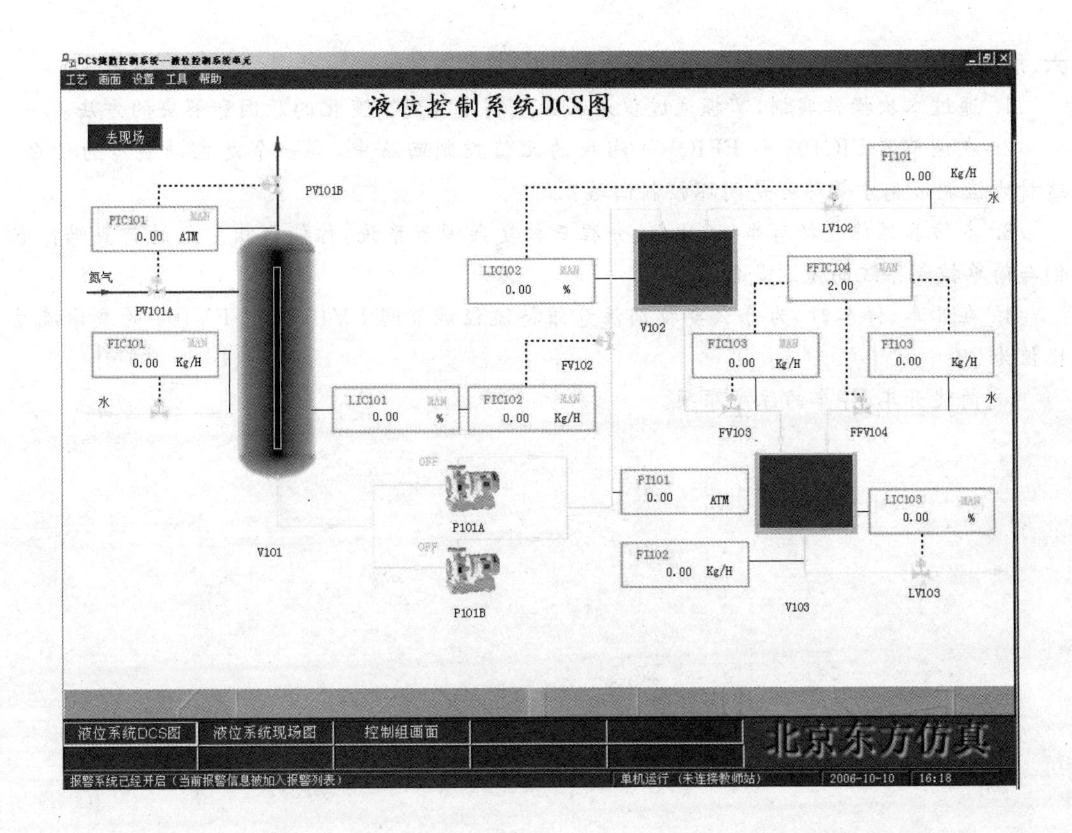

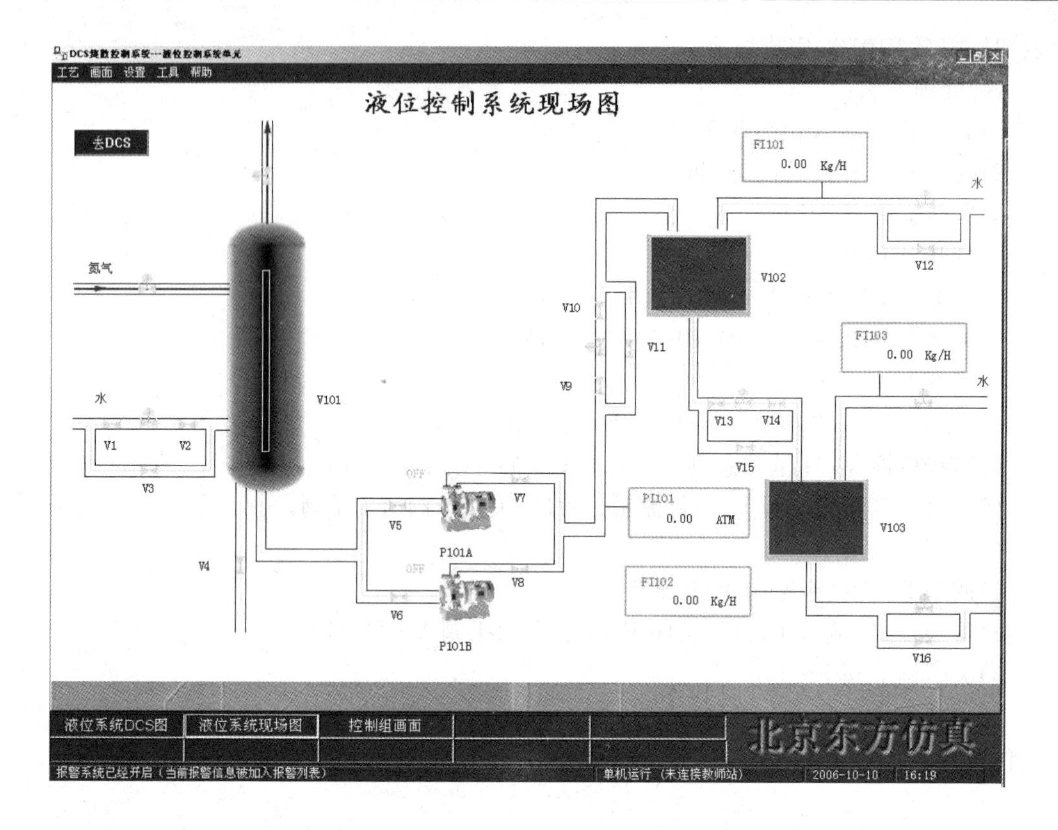

六、思考题

1. 通过本次操作实训，掌握通过仪表画面了解液位发生变化的原因和解决的方法。

2. 在调节器 FIC103 和 FFIC104 组成的比值控制回路中，哪一个是主动量？为什么？这种比值调节属于开环还是闭环控制回路？

3. 本仿真操作包括有串级、比值、分程三种复杂调节系统，你能说出它们的特点吗？它们与简单控制系统的差别是什么？

4. 在开车、停车时，为什么要特别注意维持流经调节阀 FV103 和 FFV104 的液体流量比值为 2？

5. 简述开车、停车的注意事项。

项目十四　真空系统操作仿真实训

一、实训目的

1. 熟悉真空系统；理解液环真空泵和蒸汽喷射泵的工作原理；
2. 掌握真空系统操作工艺流程；
3. 掌握真空系统冷态开车和检修停车的操作规程及其常见故障处理方法。

二、工艺流程

1. 液环真空泵简介及工作原理

水环真空泵（简称水环泵）是一种粗真空泵，它所能获得的极限真空为 2000 Pa～4000 Pa，串联大气喷射器可达 270 Pa～670 Pa。水环泵也可用作压缩机，称为水环式压缩机，是属于低压的压缩机，其压力范围为$(1\sim2)\times10^5$ Pa 表压力。

水环泵最初用作自吸水泵，而后逐渐用于石油、化工、机械、矿山、轻工、医药及食品等许多工业部门。在工业生产的许多工艺过程中，如真空过滤、真空引水、真空送料、真空蒸发、真空浓缩、真空回潮和真空脱气等，水环泵得到广泛的应用。由于真空应用技术的飞跃发展，水环泵在粗真空获得方面一直被人们所重视。由于水环泵中气体压缩是等温的，故可抽除易燃、易爆的气体，此外还可抽除含尘、含水的气体，因此，水环泵应用日益增多。

在泵体中装有适量的水作为工作液。当叶轮按图中顺时针方向旋转时，水被叶轮抛向四周，由于离心力的作用，水形成了一个决定于泵腔形状的近似于等厚度的封闭圆环。水环的下部分内表面恰好与叶轮轮毂相切，水环的上部内表面刚好与叶片顶端接触（实际上叶片在水环内有一定的插入深度）。此时叶轮轮毂与水环之间形成一个月牙形空间，而这一空间又被叶轮分成和叶片数目相等的若干个小腔。如果以叶轮的下部 0°为起点，那么叶轮在旋转前 180°时小腔的容积由小变大，且与端面上的吸气口相通，此时气体被吸入，当吸气终了时小腔则与吸气口隔绝；当叶轮继续旋转时，小腔由大变小，使气体被压缩；当小腔与排气口相通时，气体便被排出泵外。

水环泵是靠泵腔容积的变化来实现吸气、压缩和排气的，因此它属于变容式真空泵。

2. 蒸汽喷射泵简介及工作原理

水蒸气喷射泵是以靠从拉瓦尔喷嘴中喷出的高速水蒸气流来携带气的，故有如下特点：

(1)该泵无机械运动部分，不受摩擦、润滑、振动等条件限制，因此可制成抽气能力很大的泵。工作可靠，使用寿命长。只要泵的结构材料选择适当，对于排除具有腐蚀性气体、含有机械杂质的气体以及水蒸等场合极为有利。

(2)结构简单、重量轻，占地面积小。

(3)工作蒸汽压力为$(4\sim9)\times10^5$ Pa，在一般的冶金、化工、医药等企业中都具备这样的水蒸气源。

因水蒸气喷射泵具有上述特点，所以广泛用于冶金、化工、医药、石油以及食品等工业部门。

喷射泵是由工作喷嘴和扩压器及混合室相联而组成。工作喷嘴和扩压器这两个部件组成了一条断面变化的特殊气流管道。气流通过喷嘴可将压力能转变为动能。工作蒸汽压强 P_0 和泵的出口压强 P_4 之间的压力差,使工作蒸汽在管道中流动。

在这个特殊的管道中,蒸汽经过喷嘴的出口到扩压器入口之间的这个区域(混合室),由于蒸汽流处于高速而出现一个负压区。此处的负压要比工作蒸汽压强 P_0 和反压强 P_4 低得多。此时,被抽气体吸进混合室,工作蒸汽和被抽气体相互混合并进行能量交换,把工作蒸汽由压力能转变来的动能传给被抽气体,混合气流在扩压器扩张段某断面产生正激波,波后的混合气流速度降为亚音速,混合气流的压力上升。亚音速的气流在扩压器的渐扩段流动时是降速增压的。混合气流在扩压器出口处,压力增加,速度下降。故喷射泵也是一台气体压缩机。

3. 工艺流程简介

如图 1-10 所示,该工艺主要完成三个塔体系统真空抽取。液环真空泵 P416 系统负责 A 塔系统真空抽取,正常工作压力为 26.6 kPaA,并作为 J—451、J—441 喷射泵的二级泵。J—451 是一个串联的二级喷射系统,负责 C 塔系统真空抽取,正常工作压力为 1.33 kPaA。J—441 为单级喷射泵系统,抽取 B 塔系统真空,正常工作压力为 2.33 kPaA。被抽气体主要成分为可冷凝气相物质和水。由 D417 气水分离后的液相提供给 P416 灌泵,提供所需液环液相补给;气相进入换热器 E—417,冷凝出的液体回流至 D417,E417 出口气相进入焚烧单元。生产过程中,主要通过调节各泵进口回流量或泵前被抽工艺气体流量来调节压力。

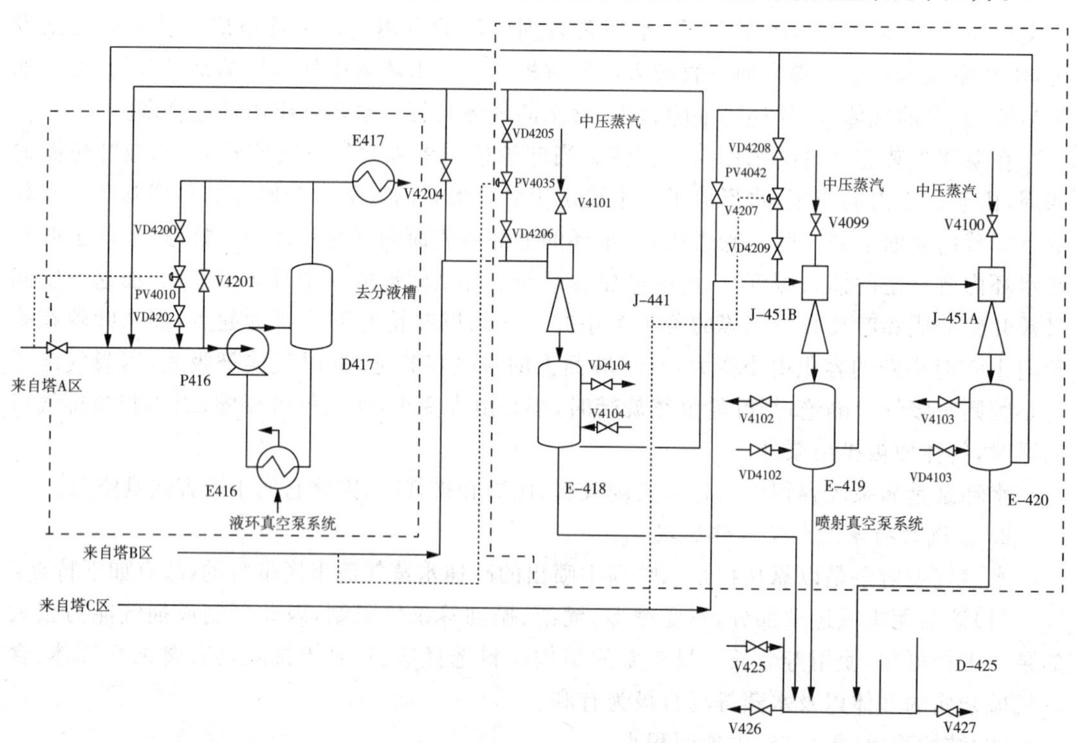

图 1-10 真空系统工艺流程图

J441 和 J451A/B 两套喷射真空泵分别负责抽取塔 B 区和 C 区,中压蒸汽喷射形成负压,抽取工艺气体。蒸汽和工艺气体混合后,进入 E418、E419、E420 等冷凝器。在冷凝器内大量蒸汽和带水工艺气体被冷凝后,流入 D425 封液罐。未被冷凝的气体一部分作为液环真空泵 P416 的入口回流,一部分作为自身入口回流,以便压力控制调节。

D425 主要作用是为喷射真空泵系统提供封液。防止喷射泵喷射被压过大而无法抽取真空。开车前应该为 D425 灌液，当液位超过大气腿最下端时，方可启动喷射泵系统。

4. 正常工况工艺参数

工艺参数	数　值(单位)
PI4010	26.6 kPa(由于控制调节速率，允许有一定波动)
PI4035	3.33 kPa(由于控制调节速率，允许有一定波动)
PI4042	1.33 kPa(由于控制调节速率，允许有一定波动)
TI4161	8.17℃
LI4161	68.78%(≥50%)
LI4162	80.84%
LI4163	≤50%

5. 设备一览

(1)容器列表

序号	位号	名称	备注
1	D416	压力缓冲罐	1.5 M^3
2	D441	压力缓冲罐	1.5 M^3
3	D451	压力缓冲罐	1.5 M^3
4	D417	气液分离罐	

(2)换热器列表

序号	位号	名称	备注
1	E416	换热器	
2	E417	换热器	
3	E418	换热器	
4	E419	换热器	
5	E420	换热器	

(3)泵列表

序号	位号	名称	备注
1	P416	液环真空泵	塔 A 区真空泵
2	J441	蒸汽喷射泵	塔 B 区真空泵
3	J451A	蒸汽喷射泵	塔 C 区真空泵
4	J451B	蒸汽喷射泵	塔 C 区真空泵

(4)阀门列表

序号	位号	开度范围	正常工况开度
1	V416	0～100	100
2	V441	0～100	100
3	V451	0～100	100
4	V4201	0～100	0
5	V417	0～100	50
6	V418	0～100	50
7	V4109	0～100	50
8	V4107	0～100	0
9	V4105	0～100	50
10	V4204	0～100	0
11	V4207	0～100	0
12	V4101	0～100	50
13	V4099	0～100	50
14	V4100	0～100	50
15	V4104	0～100	50
16	V4102	0～100	50
17	V4103	0～100	50
18	V425	0～100	0
19	V426	0～100	0
20	V427	0～100	100
21	PV4010	0～100	40
22	PV4035	0～100	50
23	PV4042	0～100	50
24	VD4161A	0～1	1
25	VD4162A	0～1	1
26	VD4161B	0～1	0
27	VD4162B	0～1	0

（续表）

序号	位号	开度范围	正常工况开度
28	VD4163A	0～1	1
29	VD4163B	0～1	0
30	VD4164A	0～1	0
31	VD4164B	0～1	0
32	VD417	0～1	1
33	VD418	0～1	1
34	VD4202	0～1	1
35	VD4203	0～1	1
36	VD4205	0～1	1
37	VD4206	0～1	1
38	VD4208	0～1	1
39	VD4209	0～1	1
40	VD4102	0～1	1
41	VD4103	0～1	1
42	VD4104	0～1	1

6. 控制方案

(1)压力回路调节：PIC4010 检测压力缓冲罐 D416 内压力，调节 P416 进口前回路控制阀 PV4010 开度，调节 P416 进口流量。PIC4035 和 PIC4042 调节压力机理同 PIC4010。

(2)D417 内液位控制：采用浮阀控制系统。当液位低于 50%时，浮球控制的阀门 VD4105 自动打开。在阀门 V4105 打开的条件下，自动为 D417 内加水，满足 P416 灌液所需水位。当液位高于 68.78%时，液体溢流至工艺废水区，确保 D417 内始终有一定液位。

三、操作规程

1. 冷态开车操作规程

(1)液环真空和喷射真空泵灌水

1)开阀 V4105 为 D417 灌水。

2)待 D417 有一定液位后，开阀 V4109。

3)开启灌水水温冷却器 E416，开阀 VD417。

4)开阀 V417，开度 50%。

5)开阀 VD4163A 为液环泵 P416A 灌水。

6)在 D425 中，开阀 V425 为 D425 灌水，液位达到 10%以上。

(2)开液环泵

1)开进料阀 V416。
2)开泵前阀 VD4161A,再开泵 P416A。
3)开泵后阀 VD4162A。
4)开 E417 冷凝系统:开阀 VD418。
5)开阀 V418,开度 50%。
6)开回流四组阀:打开 VD4202。
7)打开 VD4203。
8)PIC4010 投自动,设置 SP 值为 26.6KPa。
(3)开喷射泵
1)开进料阀 V441,开度 100%。
2)开进口阀 V451,开度 100%。
3)在 J441/J451 现场中,开喷射泵冷凝系统,开 VD4104。
4)开阀 V4104,开度 50%。
5)开阀 VD4102。
6)开阀 V4102,开度 50%。
7)开阀 VD4103。
8)开阀 V4103,开度 50%。
9)开回流四组阀:开阀 VD4208。
10)开阀 VD4209.
11)投 PIC4042 为自动,输入 SP 值为 1.33。
12)开阀 VD4205。
13)开阀 VD4206。
14)投 PIC4035 为自动,输入 SP 值为 3.33。
15)开启中压蒸汽,开始抽真空。开阀 V4101,开度 50%。
16)开阀 V4099,开度 50%。
17)开阀 V4100,开度 50%。
(4)检查 D425 左右室液位
开阀 V427,防止右室液位过高。
2. 检修停车
(1)停喷射泵系统
1)在 D425 中开阀 V425,为封液罐灌水。
2)关闭进料口阀门,关闭阀 V441。
3)关闭阀 V451。
4)关闭中压蒸汽,关阀 V4101。
5)关闭阀门 V4099。
6)关闭阀门 V4100。
7)投 PIC4035 为手动,输入 OP 值为 0。
8)投 PIC4042 为手动,输入 OP 值为 0。
9)关阀 VD4205。

10)关阀 VD4206。

11)关阀 VD4208。

12)关阀 VD4209。

(2)停液环真空系统

1)关闭进料阀门 V416。

2)关闭 D417 进水阀 V4105。

3)停泵 P416A。

4)关闭灌水阀 VD4163A。

5)关闭冷却系统冷媒,关阀 VD417。

6)关阀 V417。

7)关阀 VD418。

8)关阀 V418。

9)关闭回流控制阀组:投 PIC4010 为手动,输入 OP 值为 0。

10)关闭阀门 VD4202。

11)关闭阀门 VD4203。

(3)排液

1)开阀 V4107,排放 D417 内液体。

2)开阀 VD4164A,排放液环泵 P416A 内液体。

四、事故设置一览

1. 喷射泵大气腿未正常工作

(1)现象:PI4035 及 PI4042 压力逐渐上升。

(2)原因:由于误操作将 D425 左室排液阀门 V426 打开,导致左室液位太低。大气进入喷射真空系统,导致喷射泵出口压力变大。真空泵抽气能力下降。

(3)处理方法:关闭阀门 V426,升高 D425 左室液位,重新恢复大气腿高度。

2. 液环泵灌水阀未开

(1)现象:PI4010 压力逐渐上升。

(2)原因:由于误操作将 P416A 灌水阀 VD4163A 关闭,导致液环真空泵进液不够,不能形成液环,无法抽气。

(3)处理方法:开启阀门 VD4163,对 P416 进行灌液。

3. 液环抽气能力下降(温度对液环真空影响)

(1)现象:PI4010 压力上升,达到新的压力稳定点。

(2)原因:由于液环介质温度高于正常工况温度,导致液环抽气能力下降。

(3)处理方法:检查换热器 E416 出口温度是否高于正常工作温度 8.17°C。如果是,加大循环水阀门开度,调节出口温度至正常。

4. J441 蒸汽阀漏

(1)现象:PI4035 压力逐渐上升。

(2)原因:由于进口蒸汽阀 V4101 有漏气,导致 J441 抽气能力下降。

(3)处理方法:停车更换阀门。

5. PV4010 阀卡

(1)现象:PI4010 压力逐渐下降,调节 PV4010 无效。

(2)原因:由于 PV4010 卡住开度偏小,回流调节量太低。

(3)处理方法:减小阀门 V416 开度,降低被抽气量。控制塔 A 区压力。

五、思考题

1. 简述液环真空泵和蒸汽喷射泵的工作原理。
2. 简述真空系统操作的工艺流程。
3. 简述真空系统冷态开车和检修停车的操作规程。
4. 真空系统操作操作过程中有哪些常见故障?相对应的处理方法有哪些?

项目十五　CO_2压缩机操作仿真实训

一、实训目的

1. 熟悉CO_2压缩机，理解离心式压缩机和汽轮机的工作原理；

2. 掌握CO_2压缩机操作工艺流程；

3. 掌握CO_2压缩机冷态开车和正常停车的操作规程及其常见故障处理方法。

二、装置概况

CO_2压缩机单元是将合成氨装置的原料气CO_2经本单元压缩做工后送往下一工段尿素合成工段，采用的是以汽轮机驱动的四级离心压缩机。其机组主要由压缩机主机、驱动机、润滑油系统、控制油系统和防喘振装置组成。

1. 离心式压缩机工作原理

离心式压缩机的工作原理和离心泵类似，气体从中心流入叶轮，在高速转动的叶轮的作用下，随叶轮作高速旋转并沿半径方向甩出来。叶轮在驱动机械的带动下旋转，把所得到的机械能转通过叶轮传递给流过叶轮的气体，即离心压缩机通过叶轮对气体作了功。气体一方面受到旋转离心力的作用增加了气体本身的压力，另一方面又得到了很大的动能。气体离开叶轮后，这部分速度能在通过叶轮后的扩压器、回流弯道的过程中转变为压力能，进一步使气体的压力提高。

离心式压缩机中，气体经过一个叶轮压缩后压力的升高是有限的。因此在要求升压较高的情况下，通常都有许多级叶轮一个接一个、连续地进行压缩，直到最末一级出口达到所要求的压力为止。压缩机的叶轮数越多，所产生的总压头也愈大。气体经过压缩后温度升高，当要求压缩比较高时，常常将气体压缩到一定的压力后，从缸内引出，在外设冷却器冷却降温，然后再导入下一级继续压缩。这样依冷却次数的多少，将压缩机分成几段，一个段可以是一级或多级。

2. 离心式压缩机的喘振现象及防止措施

离心压缩机的喘振是操作不当，进口气体流量过小而产生的一种不正常现象。当进口气体流量不适当地减小到一定值时，气体进入叶轮的流速过低，气体不再沿叶轮流动，在叶片背面形成很大的涡流区，甚至充满整个叶道而把通道塞住，气体只能在涡流区打转而流不出来。这时系统中的气体自压缩机出口倒流进入压缩机，暂时弥补进口气量的不足。虽然压缩机似乎恢复了正常工作，重新压出气体，但当气体被压出后，由于进口气体仍然不足，上述倒流现象重复出现。这样一种在出口处时而倒吸时而吐出的气流，引起出口管道低频、高振幅的气流脉动，并迅速波及各级叶轮，于是整个压缩机产生噪音和振动。这种现象称为喘振。喘振对机器是很不利的，振动过分会产生局部过热，时间过久甚至会造成叶轮破碎等严重事故。

当喘振现象发生后，应设法立即增大进口气体流量。方法是利用防喘振装置，将压缩机出口的一部分气体经旁路阀回流到压缩机的进口，或打开出口放空阀，降低出口压力。

3. 离心式压缩机的临界转速

由于制造原因,压缩机转子的重心和几何中心往往是不重合的,因此在旋转的过程中产生了周期性变化的离心力。这个力的大小与制造的精度有关,而其频率就是转子的转速。如果产生离心力的频率与轴的固有频率一致时,就会由于共振而产生强烈振动,严重时会使机器损坏。这个转速就称为轴的临界转速。临界转速不只是一个,因而分别称为第一临界转速、第二临界转速等等。

压缩机的转子不能在接近于各临界转速下工作。一般离心泵的正常转速比第一临界转速低,这种轴叫做刚性轴。离心压缩机的工作转速往往高于第一临界转速而低于第二临界转速,这种轴称为挠性轴。为了防止振动,离心压缩机在启动和停车过程中,必须较快地越过临界转速。

4. 离心式压缩机的结构

离心式压缩机由转子和定子两大部分组成。转子由主轴、叶轮、轴套和平衡盘等部件组成。所有的旋转部件都安装在主轴上,除轴套外,其他部件用键固定在主轴上。主轴安装在径向轴承上,以利于旋转。叶轮是离心式压缩机的主要部件,其上有若干个叶片,用以压缩气体。

气体经叶片压缩后压力升高,因而每个叶片两侧所受到气体压力不一样,产生了方向指向低压端的轴向推力,可使转子向低压端窜动,严重时可使转子与定子发生摩擦和碰撞。为了消除轴向推力,在高压端外侧装有平衡盘和止推轴承。平衡盘一边与高压气体相通,另一边与低压气体相通,用两边的压力差所产生的推力平衡轴向推力。

离心式压缩机的定子由气缸、扩压室、弯道、回流器、隔板、密封、轴承等部件组成。气缸也称机壳,分为水平剖分和垂直剖分两种形式。水平剖分就是将机壳分成上下两部分,上盖可以打开,这种结构多用于低压。垂直剖分就是筒型结构,由圆筒形本体和端盖组成,多用于高压。气缸内有若干隔板,将叶片隔开,并组成扩压器和弯道、回流器。

为了防止级间窜气或向外漏气,都设有级间密封和轴密封。

离心式压缩机的辅助设备有中间冷却器、气液分离器和油系统等。

5. 汽轮机的工作原理

汽轮机又称为蒸汽透平,是用蒸汽做功的旋转式原动机。进入汽轮的高压、高温蒸汽,由喷嘴喷出,经膨胀降压后,形成的高速气流按一定方向冲动汽轮机转子上的动叶片,带动转子按一定速度均匀地旋转,从而将蒸汽的能量转变成机械能。

由于能量转换方式不同,汽轮机分为冲动式和反动式两种,在冲动式中,蒸汽只在喷嘴中膨胀,动叶片只受到高速气流的冲动力。在反动式汽轮机中,蒸汽不仅在喷嘴中膨胀,而且还在叶片中膨胀,动叶片既受到高速气流的冲动力,同时受到蒸汽在叶片中膨胀时产生的反作用力。

根据汽轮机中叶轮级数不同,可分为单极或多极两种。按热力过程不同,汽轮机可分为背压式、凝汽式和抽气凝汽式。背压式汽轮机的蒸汽经膨胀做功后以一定的温度和压力排出汽轮机,可继续供工艺使用;凝汽式蒸汽轮机的进气在膨胀做功后,全部排入冷凝器凝结为水;抽气凝汽式汽轮机的进气在膨胀做功时,一部分蒸汽在中间抽出去作为他用,其余部分继续在气缸中做功,最后排入冷凝器冷凝。

三、工艺流程

1. CO_2流程说明

来自合成氨装置的原料气CO_2压力为150 kPa(A)，温度38℃，流量由FR8103计量，进入CO_2压缩机一段分离器V－111，在此分离掉CO_2气相中夹带的液滴后进入CO_2压缩机的一段入口，经过一段压缩后，CO_2压力上升为0.38 MPa(A)，温度194℃，进入一段冷却器E－119用循环水冷却到43℃，为了保证尿素装置防腐所需氧气，在CO_2进入E－119前加入适量来自合成氨装置的空气，流量由FRC－8101调节控制，CO_2气中氧含量0.25%～0.35%，在一段分离器V－119中分离掉液滴后进入二段进行压缩，二段出口CO_2压力1.866 MPa(A)，温度为227℃。然后进入二段冷却器E－120冷却到43℃，并经二段分离器V－120分离掉液滴后进入三段。

在三段入口设计有段间放空阀。便于低压缸CO_2压力控制和快速泄压，CO_2经三段压缩后压力升到8.046 MPa(A)，温度214℃，进入三段冷却器E－121中冷却。为防止CO_2过度冷却而生成干冰，在三段冷却器冷却水回水管线上设计有温度调节阀TV－8111，用此阀来控制四段入口CO_2温度在50℃～55℃之间。冷却后的CO_2进入四段压缩后压力升到15.5 MPa(A)，温度为121℃，进入尿素高压合成系统。为防止CO_2压缩机高压缸超压、喘振，在四段出口管线上设计有四回一阀HV－8162(即HIC8162)。

2. 蒸汽流程说明

主蒸汽压力5.882 MPa。湿度450℃，流量82 t/h，进入透平做功，其中一大部分在透平中部被抽出，抽气压力2.598 MPa，温度350℃，流量54.4 t/h，送至框架，另一部分通过中压调节阀进入透平后汽缸继续做功，做完功后的乏汽进入蒸气冷凝系统。

3. 工艺仿真范围

(1)工艺范围：二氧化碳压缩、透平机、油系统。

(2)边界条件：所有各公用工程部分：水、电、汽、风等均处于正常平稳状况。

(3)现场操作：现场手动操作的阀、机、泵等，根据开车、停车及事故设定的需要等进行设计。调节阀的前后截止阀不进行仿真。

4. 正常操作工艺指标

表位号	测量点位置	常值	单位
TR8102	CO_2原料气温度	40	℃
TI8103	CO_2压缩机一段出口温度	190	℃
PR8108	CO_2压缩机一段出口压力	0.28	MPa(G)
TI8104	CO_2压缩机一段冷却器出口温度	43	℃
FRC8101	二段空气补加流量	330	kg/h
FR8103	CO_2吸入流量	27000	Nm^3/h
FR8102	三段出口流量	27330	Nm^3/h
AR8101	含氧量	0.25～0.3	%
TE8105	CO_2压缩机二段出口温度	225	℃

（续表）

表位号	测量点位置	常值	单位
PR8110	CO_2压缩机二段出口压力	1.8	MPa(G)
TI8106	CO_2压缩机二段冷却器出口温度	43	℃
TI8107	CO_2压缩机三段出口温度	214	℃
PR8114	CO_2压缩机三段出口压力	8.02	MPa(G)
TIC8111	CO_2压缩机三段冷却器出口温度	52	℃
TI8119	CO_2压缩机四段出口温度	120	℃
PIC8241	CO_2压缩机四段出口压力	15.4	MPa(G)
PIC8224	出透平中压蒸汽压力	2.5	MPa(G)
Fr8201	入透平蒸汽流量	82	t/h
FR8210	出透平中压蒸汽流量	54.4	t/h
TI8213	出透平中压蒸汽温度	350	℃
TI8338	CO_2压缩机油冷器出口温度	43	℃
PI8357	CO_2压缩机油滤器出口压力	0.25	MPa(G)
PI8361	CO_2控制油压力	0.95	MPa(G)
SI8335	压缩机转速	6935	转/分
XI8001	压缩机振动	0.022	mm
GI8001	压缩机轴位移	0.24	mm

5. 设备一览

(1)CO_2 气路系统：E－119、E－120、E－121、V－111、V－119、V－120、V－121、K－101。

(2)蒸气透平及油系统：DSTK－101、油箱、油温控制器、油泵、油冷器、油过滤器、盘车油泵、稳压器、速关阀、调速器、调压器。

(3)设备说明(E:换热器,V:分离器)

流程图位号	主要设备
U8001	E－119(CO_2一段冷却器) E－120(CO_2二段冷却器) E－121(CO_2二段冷却器) V－111(CO_2一段分离器) V－120(CO_2二段分离器) V－121(CO_2三段分离器) DSTK－101(CO_2压缩机组透平)
U8002	DSTK－101 油箱、油泵、油冷器、油过滤器、盘车油泵

(4)主要控制阀列表

位号	说　明	所在流程图位号
FRC8103	配空气流量控制	U8001
LIC8101	V111 液位控制	U8001
LIC8167	V119 液位控制	U8001
LIC8170	V120 液位控制	U8001
LIC8173	V121 液位控制	U8001
HIC8101	段间放空阀	U8001
HIC8162	四回一防喘振阀	U8001
PIC8241	四段出口压力控制	U8001
HS8001	透平蒸汽速关阀	U8002
HIC8205	调速阀	U8002
PIC8224	抽出中压蒸汽压力控制	U8002

6. 工艺报警及联锁系统

(1)工艺报警及联锁说明：

为了保证工艺、设备的正常运行，防止事故发生，在设备重点部位安装检测装置并在辅助控制盘上设有报警灯进行提示，以提前进行处理将事故消除。

工艺联锁是设备处于不正常运行时的自保系统，本单元操作设计了两个联锁自保措施：

1)压缩机振动超高联锁（发生喘振）：

① 动作：20 s 后（主要是为了方便操作人员处理）自动进行以下操作：

关闭透平速关阀 HS8001、调速阀 HIC8205、中压蒸汽调压阀 PIC8224；全开防喘振阀 HIC8162、段间放空阀 HIC8101。

② 处理：在辅助控制盘上按 RESET 按钮，按冷态开车中暖管暖机冲转开始重新开车。

2)油压低联锁：

① 动作：自动进行以下操作：

关闭透平速关阀 HS8001、调速阀 HIC8205、中压蒸汽调压阀 PIC8224；全开防喘振阀 HIC8162、段间放空阀 HIC8101。

② 处理：找到并处理造成油压低的原因后在辅助控制盘上按 RESET 按钮，按冷态开车中油系统开车起重新开车。

(2)工艺报警及联锁触发值

位号	检测点	触发值
PSXL8101	V111 压力	≤0.09 MPa
PSXH8223	蒸汽透平背压	≥2.75 MPa
LSXH8165	V119 液位	≥85%
LSXH8168	V120 液位	≥85%
LSXH8171	V121 液位	≥85%
LAXH8102	V111 液位	≥85%
SSXH8335	压缩机转速	≥7200 rpm
PSXL8372	控制油油压	≤0.85 MPa
PSXL8359	润滑油油压	≤0.2 MPa
PAXH8136	CO_2四段出口压力	≥16.5 MPa
PAXL8134	CO_2四段出口压力	≤14.5 MPa
SXH8001	压缩机轴位移	≥0.3 mm
SXH8002	压缩机径向振动	≥0.03 mm
振动联锁		XI8001≥0.05 mm 或 GI8001≥0.5 mm(20 s 后触发)
油压联锁		PI8361≤0.6 MPa
辅油泵自启动联锁		PI8361≤0.8 MPa

四、操作规程

1. 冷态开车操作规程

(1)准备工作

1)压缩机岗位 E119 开循环水阀 OMP1001,引入循环水。

2)压缩机岗位 E120 开循环水阀 OMP1002,引入循环水。

3)压缩机岗位 E121 开循环水阀 TIC8111,引入循环水。

(2)CO_2压缩机油系统开车

1)在辅助控制盘上启动油箱油温控制器 OMP1045,将油温升到 40℃左右。

2)打开油泵的前切断阀 OMP1026。

3)打开油泵的后切断阀 OMP1048。

4)从辅助控制盘上开启主油泵 OIL PUMP。

5)调整油泵回路阀 TMPV186,将控制油压力控制在 0.9 MPa 以上。

(3)盘车

1)开启盘车泵的前切断阀 OMP1031。

2)开启盘车泵的后切断阀 OMP1032。

3)从辅助控制盘启动盘车泵。

4)在辅助控制盘上按盘车按钮盘车至转速大于 150 转/分。

5)检查压缩机有无异常响声,检查振动、轴位移等。

(4)停止盘车

1)在辅助控制盘上按盘车按钮停盘车。

2)从辅助控制盘停盘车泵。

3)关闭盘车泵的后切断阀 OMP1032。

4)关闭盘车泵的前切断阀 OMP1031。

(5)联锁试验

1)油泵自启动试验

主油泵启动且将油压控制正常后,在辅助控制盘上将辅助油泵自动启动按钮按下,按一下 RESET 按钮,打开透平蒸汽速关阀 hs8001,再在辅助控制盘上按停主油泵,辅助油泵应该自行启动,联锁不应动作。

2)低油压联锁试验

主油泵启动且将油压控制正常后,确认在辅助控制盘上没有将辅助油泵设置为自动启动,按一下 RESET 按钮,打开透平蒸汽速关阀 hs8001,关闭四回一阀和段间放空阀,通过油泵回路阀缓慢降低油压,当油压降低到一定值时,仪表盘 PSXL8372 应该报警,按确认后继续开大阀降低油压,检查联锁是否动作,动作后透平蒸汽速关阀 hs8001 应该关闭,关闭四回一阀和段间放空阀应该全开。

3)停车试验

主油泵启动且将油压控制正常后,按一下 RESET 按钮,打开透平蒸汽速关阀 hs8001,关闭四回一阀和段间放空阀,在辅助控制盘上按一下 STOP 按钮,透平蒸汽速关阀 hs8001 应该关闭,关闭四回一阀和段间放空阀应该全开。

(6)暖管暖机

1)在辅助控制盘上点辅油泵自动启动按钮,将辅油泵设置为自启动。

2)打开入界区蒸汽副线阀 OMP1006,准备引蒸汽。

3)打开蒸汽透平主蒸汽管线上的切断阀 OMP1007,压缩机暖管。

4)打开 CO_2放空截止阀 TMPV102。

5)打开 CO_2放空调节阀 PIC8241。

6)透平入口管道内蒸汽压力上升到 5.0 MPa 后,开入界区蒸汽阀 OMP1005。

7)关副线阀 OMP1006。

8)打开 CO_2进料总阀 OMP1004。

9)全开 CO_2进口控制阀 TMPV104。

10)打开透平抽出截止阀 OMP1009。

11)从辅助控制盘上按一下 RESET 按钮,准备冲转压缩机。

12)打开透平速关阀 HS8001。

13)逐渐打开阀 HIC8205,将转速 SI8335 提高到 1000 转/分,进行低速暖机。

14)控制转速 1000,暖机 15 分钟(模拟为 1 分钟)。

15)打开油冷器冷却水阀 TMPV181。

16)暖机结束,将机组转速缓慢提到 2000 转/分,检查机组运行情况。

13)检查压缩机有无异常响声,检查振动、轴位移等。

18)控制转速 2000,停留 15 分钟(模拟为 1 分钟)。

(7)过临界转速

1)继续开大 hic8205,将机组转速缓慢提到 3000 转/分,准备过临界转速(3000~3500)。

2)继续开大 hic8205,用 20 s~30 s 的时间将机组转速缓慢提到 4000 转/分,通过临界转速。

3)逐渐打开 PIC8224 到 50%。

4)缓慢将段间放空阀 HIC8101 关小到 72%。

5)将 V111 液位控制 LIC8101 投自动,设定值在 20%左右。

6)将 V119 液位控制 LIC8167 投自动,设定值在 20%左右。

7)将 V120 液位控制 LIC8170 投自动,设定值在 20%左右。

8)将 V121 液位控制 LIC8173 投自动,设定值在 20%左右。

9)将 TIC8111 投自动,设定值在 52 度左右。

(8)升速升压

1)继续开大 hic8205,将机组转速缓慢提到 5500 转/分。

2)缓慢将段间放空阀 HIC8101 关小到 50%。

3)继续开大 hic8205,将机组转速缓慢提到 6050 转/分。

4)缓慢将段间放空阀 HIC8101 关小到 25%。

5)缓慢将四回一阀 HIC8162 关小到 75%。

6)继续开大 hic8205,将机组转速缓慢提到 6400 转/分。

7)缓慢将段间放空阀 HIC8101 关闭。

8)缓慢将四回一阀 HIC8162 关闭。

9)继续开大 hic8205,将机组转速缓慢提到 6935 转/分。

10)调整 HIC8205,将机组转速 SI8335 稳定在 6935 转/分。

(9)投料

1)逐渐关小 PIC8241,缓慢将压缩机四段出口压力提升到 14.4 MPa,平衡合成系统压力

2)打开 CO_2出口阀 OMP1003。

3)继续手动关小 PIC8241,缓慢将压缩机四段出口压力提升到 15.4 MPa,将 CO_2引入合成系统。

4)当 PIC8241 控制稳定在 15.4 MPa 左右后,将其设定在 15.4 投自动。

2. 正常停车操作规程

(1)CO_2压缩机停车

1)调节 HIC8205 将转速降至 6500 转/分。

2)调节 HIC8162,将负荷减至 21000 Nm^3/h。

3)继续调节 HIC8162,抽气与注汽量,直至 HIC8162 全开。

4)手动缓慢打开 PIC8241,将四段出口压力降到 14.5 MPa 以下,CO_2退出合成系统。

5)关闭 CO_2入合成总阀 OMP1003。

6)继续开大 PIC8241 缓慢降低四段出口压力到 8.0 MPa～10.0 MPa。

7)调节 HIC8205 将转速降至 6403 转/分。

8)继续调节 HIC8205 将转速降至 6052 转/分。

9)调节 HIC8101,将四段出口压力降至 4.0 MPa。

10)继续调节 HIC8205 将转速降至 3000 转/分。

11)继续调节 HIC8205 将转速降至 2000 转/分。

12)在辅助控制盘上按 STOP 按钮,停压缩机。

13)关闭 CO_2 入压缩机控制阀 TMPV104。

14)关闭 CO_2 入压缩机总阀 OMP1004。

15)关闭蒸汽抽出至 MS 总阀 OMP1009。

16)关闭蒸汽至压缩机工段总阀 OMP1005。

17)关闭压缩机蒸汽入口阀 OMP1007。

(2)油系统停车

1)从辅助控制盘上取消辅油泵自启动,再从辅助控制盘上停运主油泵。

2)关闭油泵进口阀 OMP1048,再关闭油泵出口阀 OMP1026。

3)关闭油冷器冷却水阀 TMPV181,再从辅助控制盘上停油温控制。

五、事故设置一览

1. 压缩机振动大

(1)原因:

1)机械方面的原因,如轴承磨损,平衡盘密封坏,找正不良,轴弯曲,连轴节松动等等设备本身的原因。

2)转速控制方面的原因,机组接近临界转速下运行产生共振。

3)工艺控制方面的原因,主要是操作不当造成计算机喘振。

(2)处理措施:(模拟中只有 20 秒的处理时间,处理不及时就会发生联锁停车)

1)机械方面故障需停车检修。

2)产生共振时,需改变操作转速,另外在开停车过程中过临界转速时应尽快通过。

3)当压缩机发生喘振时,找出发生喘振的原因,并采取相应的措施:

① 入口气量过小:打开防喘振阀 HIC8162,开大入口控制阀开度。

② 出口压力过高:打开防喘振阀 HIC8162,开大四段出口排放调节阀开度。

③ 操作不当,开关阀门动作过大:打开防喘振阀 HIC8162,消除喘振后再精心操作。

(3)预防措施:

离心式压缩机一般都设有振动检测装置,在生产过程中应经常检查,发现轴振动或位移过大,应分析原因,及时处理。

喘振预防:应经常注意压缩机气量的变化,严防入口气量过小而引发喘振。在开车时应遵循"升压先升速"的原则,先将防喘振阀打开,当转速升到一定值后,再慢慢关小防喘振阀,将出口压力升到一定值,然后再升速,使升速、升压交替缓慢进行,直到满足工艺要求。停车时应遵循"降压先降速"的原则,先将防喘振阀打开一些,将出口压力降低到某一值,然后再降速,降速、降压交替进行,至泄完压力再停机。

2. 压缩机辅助油泵自动启动

(1)原因:辅助油泵自动启动的原因是由于油压低引起的自保措施,一般情况下是由以下两种原因引起的:

1)油泵出口过滤器有堵。

2)油泵回路阀开度过大。

(2)处理措施:关小油泵回路阀;按过滤器清洗步骤清洗油过滤器;从辅助控制盘停辅助油泵。

(3)预防措施:油系统正常运行是压缩机正常运行的重要保证,因此,压缩机的油系统也设有各种检测装置,如油温、油压、过滤器压降、油位等,生产过程中要对这些内容经常进行检查,油过滤器要定期切换清洗。

3. 四段出口压力偏低,CO_2打气量偏少

(1)原因:压缩机转速偏低;防喘振阀未关死;压力控制阀 PIC8241 未投自动,或未关死。

(2)处理措施:将转速调到 6935 转/分;关闭防喘振阀;关闭压力控制阀 PIC8241。

(3)预防措施:压缩机四段出口压力和下一工段的系统压力有很大的关系,下一工段系统压力波动也会造成四段出口压力波动,也会影响到压缩机的打气量,所以在生产过程中下一系统合成系统压力应该控制稳定,同时应该经常检查压缩机的吸气流量、转速、排放阀、和防喘振阀以及段间放空阀的开度,正常工况下这三个阀应该尽量保持关闭状态,以保持压缩机的最高工作效率。

4. 压缩机因喘振发生联锁跳车

(1)原因:操作不当,压缩机发生喘振,处理不及时。

(2)处理措施:关闭 CO_2去尿素合成总阀 OMP1003;在辅助控制盘上按一下 RESET 按钮;按冷态开车步骤中暖管暖机冲转开始重新开车。

(3)预防措施:按振动过大中喘振预防措施预防喘振发生,一旦发生喘振要及时按其处理措施进行处理,及时打开防喘振阀。

5. 压缩机三段冷却器出口温度过低

(1)原因:冷却水控制阀 TIC8111 未投自动,阀门开度过大。

(2)处理措施:关小冷却水控制阀 TIC8111,将温度控制在 52℃左右;控制稳定后将 TIC8111 设定在 52℃投自动。

(3)预防措施:二氧化碳在高压下温度过低会析出固体干冰,干冰会损坏压缩机叶轮,而影响到压缩机的正常运行,因而压缩机运行过程中应该经常检查该点温度,将其控制在正常工艺指标范围之内。

六、仿真界面

U8001	CO_2气路系统 DCS 图	U8002	透平和油系统 DCS 图
U8001F	CO_2气路系统现场图	U8002F	透平和油系统 DCS 图
AUX	辅助控制盘		

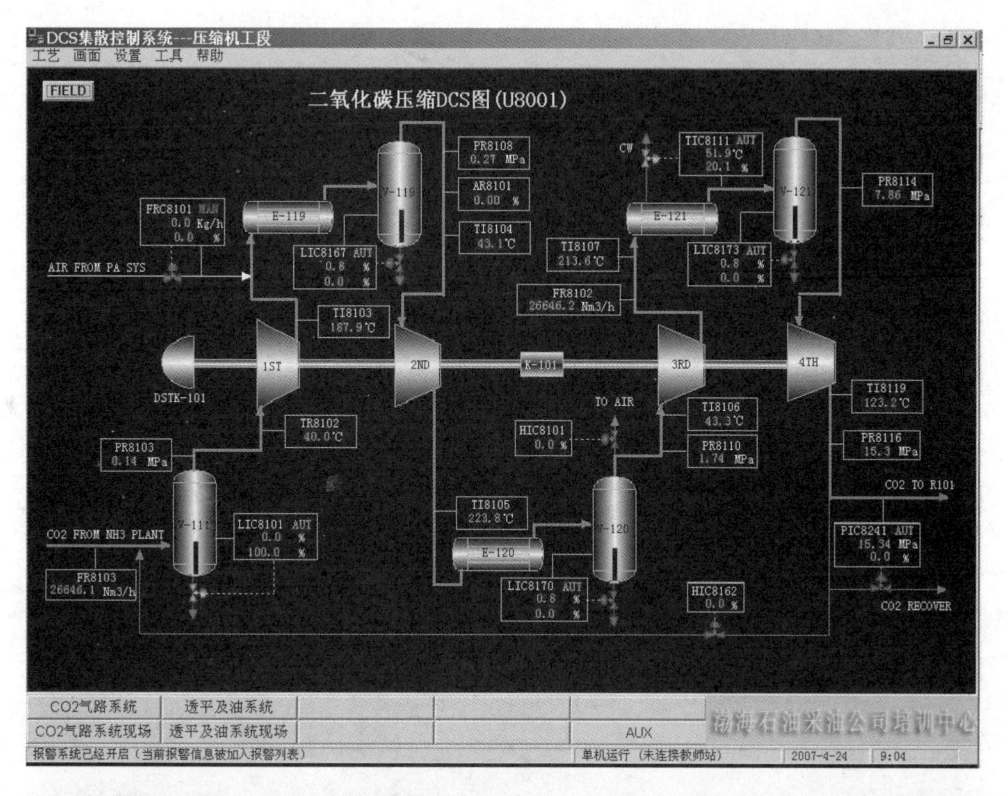
DCS集散控制系统---压缩机工段
工艺 画面 设置 工具 帮助
FIELD
二氧化碳压缩DCS图(U8001)
PR8108 0.27 MPa
AR8101 0.00 %
TI8104 43.1℃
TIC8111 AUT 51.9℃ 20.1 %
CW
PR8114 7.86 MPa
FRC8101 MAN 0.0 Kg/h 0.0 %
E-119
V-119
E-121
V-121
LIC8167 AUT 0.8 % 0.0 %
TI8107 213.6℃
LIC8173 AUT 0.8 % 0.0 %
AIR FROM PA SYS
TI8103 187.9℃
FR8102 26646.2 Nm3/h
1ST
2ND
K-101
3RD
4TH
DSTK-101
TO AIR
TI8119 123.2℃
TR8102 40.0℃
TI8106 43.3℃
PR8103 0.14 MPa
HIC8101 0.0 %
PR8110 1.74 MPa
PR8116 15.3 MPa
CO2 TO R101
V-111
LIC8101 AUT 0.0 % 100.0 %
TI8105 223.8℃
V-120
CO2 FROM NH3 PLANT
E-120
PIC8241 AUT 15.34 MPa 0.0 %
FR8103 26646.1 Nm3/h
LIC8170 AUT 0.8 % 0.0 %
HIC8162 0.0 %
CO2 RECOVER
CO2气路系统
透平及油系统
CO2气路系统现场
透平及油系统现场
AUX
渤海石油采油公司培训中心
报警系统已经开启（当前报警信息被加入报警列表）
单机运行（未连接教师站）
2007-4-24
9:04

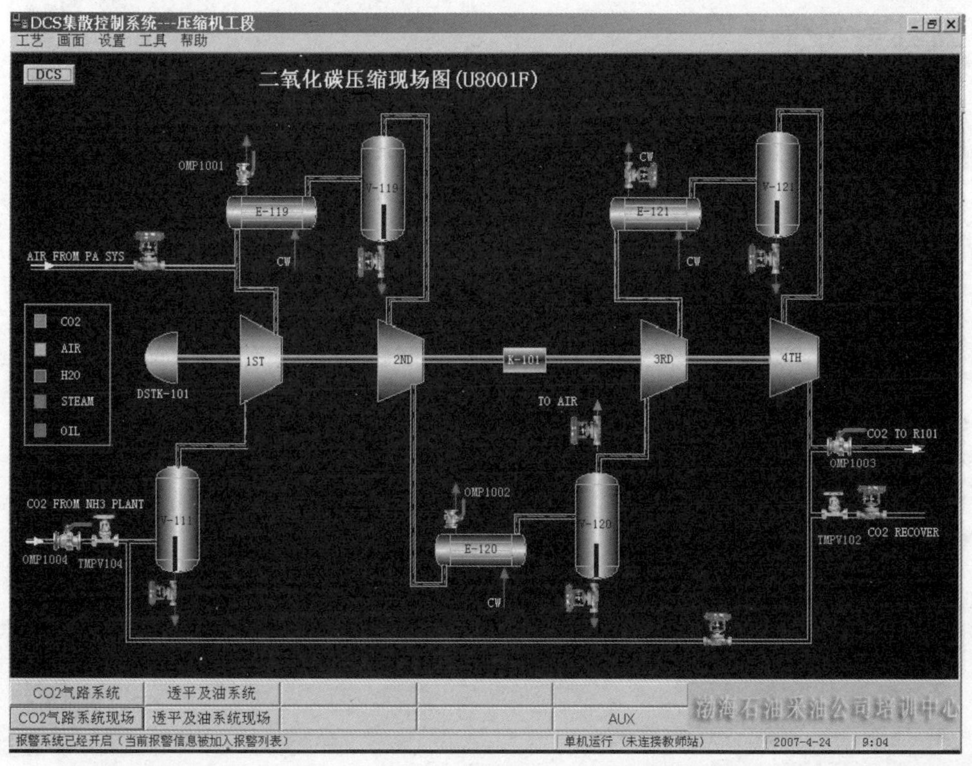
DCS集散控制系统---压缩机工段
工艺 画面 设置 工具 帮助
DCS
二氧化碳压缩现场图(U8001F)
OMP1001
E-119
V-119
CW
E-121
V-121
AIR FROM PA SYS
CO2
AIR
H2O
STEAM
OIL
1ST
2ND
K-101
3RD
4TH
DSTK-101
TO AIR
CO2 TO R101
OMP1003
OMP1002
CO2 FROM NH3 PLANT
V-111
E-120
V-120
TMPV102
CO2 RECOVER
OMP1004
TMPV104
CO2气路系统
透平及油系统
CO2气路系统现场
透平及油系统现场
AUX
渤海石油采油公司培训中心
报警系统已经开启（当前报警信息被加入报警列表）
单机运行（未连接教师站）
2007-4-24
9:04

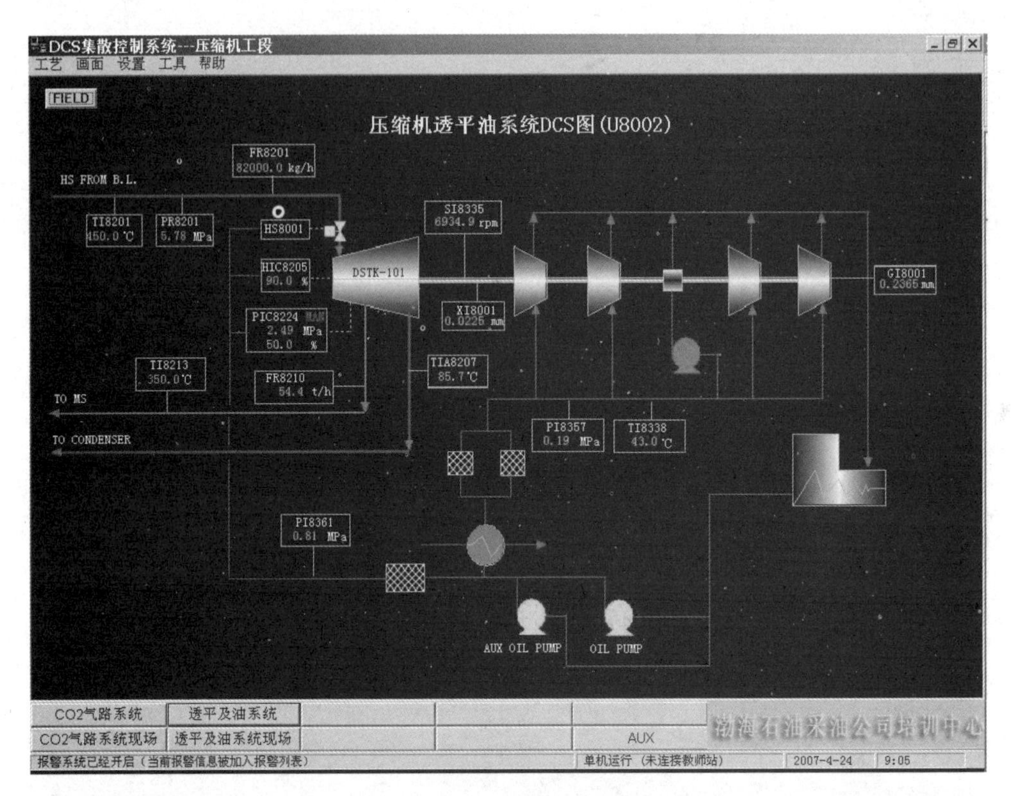
DCS集散控制系统---压缩机工段
工艺 画面 设置 工具 帮助
FIELD
压缩机透平油系统DCS图(U8002)
HS FROM B.L.
FR8201
82000.0 kg/h
TI8201
450.0 ℃
PR8201
5.78 MPa
HS8001
SI8335
6934.9 rpm
HIC8205
90.0 %
DSTK-101
GI8001
0.2365 mm
XI8001
0.0225 mm
PIC8224
2.49 MPa
50.0 %
TI8213
350.0 ℃
FR8210
54.4 t/h
TIA8207
85.7 ℃
TO MS
TO CONDENSER
PI8357
0.19 MPa
TI8338
43.0 ℃
PI8361
0.81 MPa
AUX OIL PUMP
OIL PUMP
CO2气路系统
透平及油系统
CO2气路系统现场
透平及油系统现场
AUX
报警系统已经开启（当前报警信息被加入报警列表）
单机运行 (未连接教师站)
2007-4-24
9:05

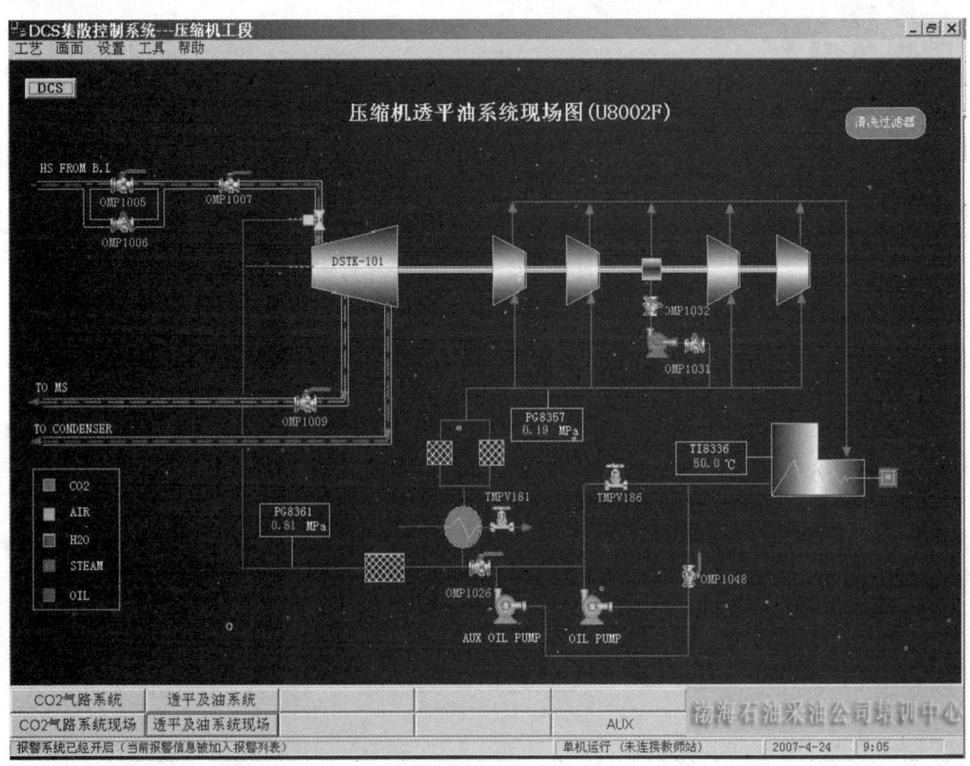
DCS集散控制系统---压缩机工段
工艺 画面 设置 工具 帮助
DCS
压缩机透平油系统现场图(U8002F)
清洗过滤器
HS FROM B.L
OMP1005
OMP1007
OMP1006
DSTK-101
OMP1032
OMP1031
TO MS
OMP1009
TO CONDENSER
PG8357
0.19 MPa
TI8336
50.0 ℃
CO2
AIR
H2O
STEAM
OIL
TMPV181
TMPV186
PG8361
0.81 MPa
OMP1026
OMP1048
AUX OIL PUMP
OIL PUMP
CO2气路系统
透平及油系统
CO2气路系统现场
透平及油系统现场
AUX
报警系统已经开启（当前报警信息被加入报警列表）
单机运行 (未连接教师站)
2007-4-24
9:05

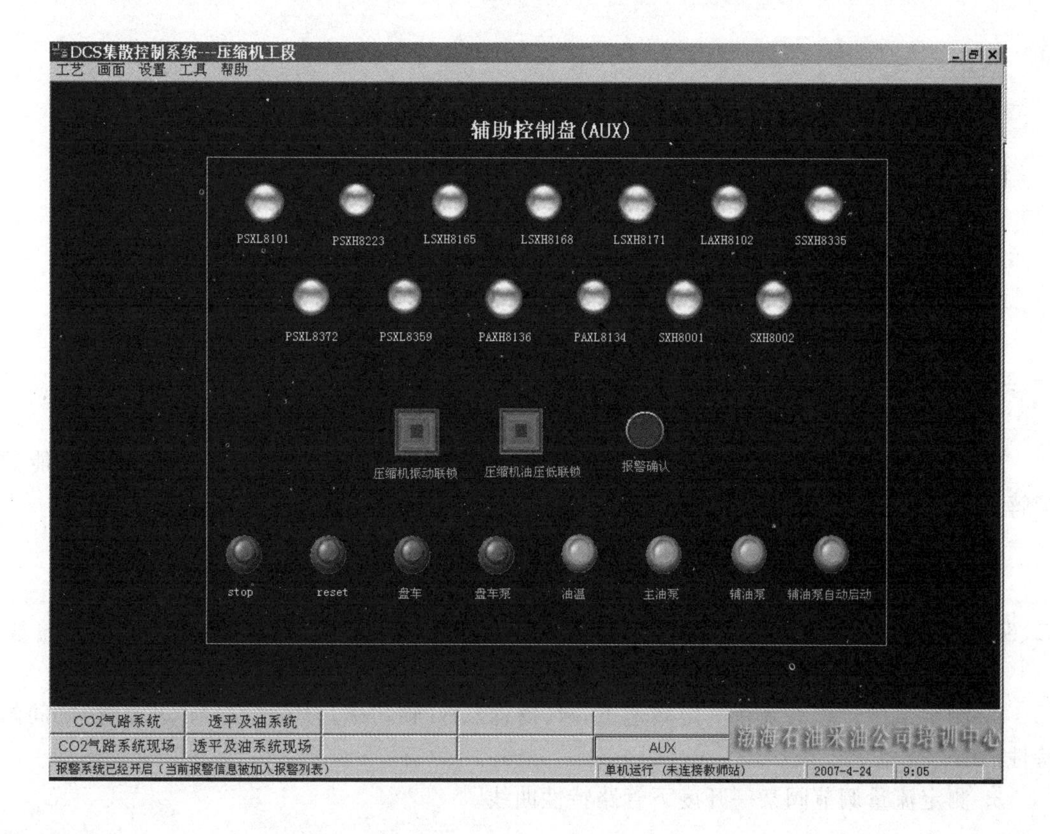

七、思考题

1. 简述离心式压缩机和汽轮机的工作原理。

2. 什么叫离心式压缩机的喘振现象？如何防止？

3. 简述 CO_2 压缩机操作工艺流程。

4. 简述 CO_2 压缩机冷态开车和正常停车的操作规程。

5. CO_2 压缩机冷态开车和正常停车的操作中，有哪些常见事故发生？如何处理？怎样预防？

单元二 化工单元操作仿真实验

项目一 离心泵性能测定仿真实验

一、实验目的

1. 熟悉离心泵的操作方法；

2. 掌握离心泵特性曲线和管路特性曲线测定方法、表示方法，加深对离心泵性能的了解；

3. 掌握离心泵特性管路特性曲线的测定方法、表示方法。

二、实验内容

1. 熟悉离心泵的结构与操作方法。

2. 测定某型号离心泵在一定转速下，H（扬程）、N（轴功率）、P（效率）与 Q（流量）之间的特性曲线。

3. 测定流量调节阀某一开度下管路特性曲线。

三、实验原理

1. 离心泵特性曲线

离心泵是最常见的液体输送设备。在一定的型号和转速下，离心泵的扬程 H、轴功率及效率 η 均随流量 Q 而改变。通常通过实验测出 $H—Q$、$N—Q$ 及 $\eta—Q$ 关系，并用曲线表示之，称为特性曲线。特性曲线是确定泵的适宜操作条件和选用泵的重要依据。泵特性曲线的具体测定方法如下：

（1）H 的测定

在泵的吸入口和压出口之间列柏努利方程

$$Z_{入}+\frac{P_{入}}{\rho g}+\frac{u_{入}^{2}}{2g}+H=Z_{出}+\frac{P_{出}}{\rho g}+\frac{u_{出}^{2}}{2g}+H_{f入-出}$$

$$H=(Z_{出}-Z_{入})+\frac{P_{出}-P_{入}}{\rho g}+\frac{u_{出}^{2}-u_{入}^{2}}{2g}+H_{f入-出}$$

上式中 $H_{f入-出}$ 是泵的吸入口和压出口之间管路内的流体流动阻力（不包括泵体内部的流动阻力所引起的压头损失），当所选的两截面很接近泵体时，与柏努利方程中其他项比较，$H_{f入-出}$ 值很小，故可忽略。于是上式变为：

$$H=(Z_{出}-Z_{入})+\frac{P_{出}-P_{入}}{\rho g}+\frac{u_{出}^{2}-u_{入}^{2}}{2g}$$

将测得的$(Z_{出}-Z_{入})$和 $P_{出}-P_{入}$ 和 ρ 的值以及计算所得的 $u_{入}$、$u_{出}$ 代入上式即可求得 H

的值。

(2)N的测定

功率表测得的功率为电动机的输入功率。由于泵是由电动机直接带动,传动效率可视为1.0,所以电动机的输出功率等于泵的轴功率。即:

$$泵的轴功率\ N = 电动机的输出功率,\mathrm{kW}$$

$$电动机的输出功率 = 电动机的输入功率 \times 电动机的效率$$

$$泵的轴功率 = 功率表的读数 \times 电动机效率,\mathrm{kW}$$

(3)η的测定

$$\eta=\frac{Ne}{N} \quad 其中 \quad Ne=\frac{HQ\rho g}{1000}=\frac{HQ\rho}{102} \quad \mathrm{kW}$$

式中:η——泵的效率;

N——泵的轴功率,kW;

Ne——泵的有效功率,kW;

H——泵的压头,m;

Q——泵的流量,m^3/s;

P——水的密度,kg/m^3。

2. 管路特性曲线

当离心泵安装在特定的管路系统中工作时,实际的工作压头和流量不仅与离心泵本身的性能有关,还与管路特性有关,也就是说,在液体输送过程中,泵和管路二者是相互制约的。

管路特性曲线是指流体流经管路系统的流量与所需压头之间的关系。若将泵的特性曲线与管路特性曲线绘在同一坐标图上,两曲线交点即为泵在该管路的工作点。因此,如同通过改变阀门开度来改变管路特性曲线,求出泵的特性曲线一样,可通过改变泵转速来改变泵的特性曲线,从而得出管路特性曲线。泵的压头H计算同上。

四、实验装置与流程

1. 该实验与流体阻力测定、流量计性能测定实验共用图一的实验装置流程图。
2. 本实验的流程为:A→B(C→D)→E→F→G→I。
3. 流量测量:用转子流量计或标准涡轮流量计测量。
4. 泵的入口真空度和出口压强:用真空表和压强表来测量。
5. 电动机输入功率:用功率表来测量。

五、实验方法

1. 按下电源的绿色按钮,通电预热数字显示仪表。
2. 通过导向阀设计该实验水的流程。
3. 关闭流量调节阀,用变频器在50 Hz时启动离心泵,调节流量,当流量稳定时读取离心泵特性曲线所需数据,测取10～12组数据。

4. 管路特性曲线测定时，先将流量调节为一个较大量，固定不变，然后调节离心泵电机频率，改变电机转速，调节范围(50 Hz～20 Hz)，测取10～12组数据。

5. 实验结束后，关闭流量调节阀，继续其他实验或停泵，切断电源。

注意：启动心泵之前，必须检查所有流量调节阀是否关闭；测取数据时，应在满量程内均匀分布数据点。

六、可变参数设置

1. 泵的型号选择

BX型单级悬臂离心清水泵

泵的型号	流量(m^3/h)	额定扬程(m)	最大转速(转/分)	最小转速(转/分)	轴功率(kW)
50BX20/31	20	30.8	1800	2900	2.60
80BX45/33	45	32.6	1800	2900	5.56
65BX25/32	25	32	1800	2900	3.25
80BX50/32	50	32	1800	2900	5.80

泵的频率调节范围在0 Hz～50 Hz之间；泵进口管路内径调节范围在20 mm～40 mm；泵出口管路内径调节范围在20 mm～40 mm。

2. 固定设备参数

两侧压口间垂直距离：30 mm；水初始温度：15℃。

七、实验步骤

1. 离心泵性能测定实验

(1)到参数设置一界面设置离心泵实验的边界参数：选泵型号，设置离心泵电机频率，设置泵进出口管路内径。点参数记录记录到实验报表中。注意：参数设置好后在本实验中不可更改。

(2)在实验装置图将离心泵的灌泵阀打开，再将放气阀打开，待放气动画消失后，关闭灌泵阀和放气阀。

(3)打开离心泵电源开关，打开主管路的球阀，待真空表和压力表读数稳定后，在离心泵实验数据界面记录数据。

(4)稍微打开主管路的调节阀，待真空表和压力表读数稳定后，在离心泵实验数据界面记录数据。(注意：不可将主管路调节阀完全打开，否则容易发生烧泵现象)

(5)调节主管路调节阀的开度，重复步骤4，总共记录10组数据。

(6)在实验报表里的《离心泵性能测定数据》查看实验结果数据，可选中某行删除不合理数据，点击实验报告查看数据和离心泵扬程、功率和效率曲线。

2. 管路特性测定实验

(1)离心泵性能测定实验结束后，将主管路调节阀开度控制在50%～100%之间。待真空表和压力表稳定后，到参数设置一界面，调节离心泵电机频率(调节范围0 Hz～50 Hz)。

(2)回到实验装置界面和仪表面板界面查看,等待压力和流量稳定后,到管路特性实验数据界面记录数据。

(3)回到参数设置一界面调节离心泵电机频率,重复步骤2,共记录10组数据。

(4)在实验报表里的《管路特性曲线数据页》中查看实验结果数据,可选中某行删除不合理数据,点击实验报告查看数据和管路特性曲线。

(5)关闭主管路球阀,主管路调节阀,关闭离心泵电源开关。

八、思考题

1. 压力表上显示的压力,即为被测流体的____。

A. 绝对压　　B. 表压　　C. 真空度

2. 设备内的真空度愈高,即说明设备内的绝对压强____。

A. 愈大　　B. 愈小　　C. 愈接近大气压

3. 做离心泵性能测定实验前为什么先将泵灌满水?____。

A. 为了防止出现气蚀现象,气蚀时泵无法输出液体

B. 为了防止出现气缚现象,气缚时泵输出的液体量不稳定

C. 为了防止出现气蚀现象,气蚀时泵输出的液体量不稳定

D. 为了防止出现气缚现象,气缚时泵无法输出液体

4. 离心泵为什么要在出口阀门关闭的情况下启动电机?____。

A. 防止离心泵里的液体漏掉

B. 因为此时离心泵的功率最小,开机噪音小

C. 因为此时离心泵的功率最小,即电机电流为最小

D. 保证离心泵的压头稳定

5. 离心泵的送液能力(流量调节),通过什么实现?____。

A. 同时调节泵出口阀和旁通阀　　B. 同时调节泵出口阀和进口阀

C. 调节旁通阀　　D. 调节泵出口阀

6. 为了防止____现象发生,启动离心泵时必须先关闭泵的出口阀。

A. 电机烧坏　　B. 叶轮受损　　C. 气缚　　D. 气蚀

7. 由离心泵的特性曲线可知:流量增大则扬程____。

A. 增大　　B. 减少　　C. 不变　　D. 在特定范围内增或减

8. 对应于离心泵特性曲线____的各种性能的数据值,一般都标注在铭牌上。

A. 流量最大　　B. 扬程最大　　C. 轴功率最大　　D. 效率最大

9. 根据生产任务选用离心泵时,应尽可能使泵在____点附近工作。

A. 流量最大　　B. 扬程最大　　C. 轴功率最大　　D. 效率最大

项目二　流体阻力测定仿真实验

一、实验目的

1. 学习直管摩擦阻力Δp_f、直管摩擦系数λ的测定方法；

2. 掌握直管摩擦阻力系数λ与雷诺数Re和相对粗糙度之间的关系及其他变化规律；

3. 掌握局部阻力的测量方法；

4. 学习压强差的几种测量方法和技巧；

5. 掌握坐标系的选用方法和对数坐标系的使用方法。

二、实验内容

1. 测定实验管路内流体流动的阻力和直管摩擦系数λ。

2. 测定实验管路内流体流动的直管摩擦系数λ与雷诺数Re和相对粗糙度之间的关系曲线。

3. 在本实验压差测量范围内，测量阀门的局部阻力系数。

三、实验原理

1. 直管摩擦系数λ与雷诺数Re的测定

流体在管道内流动时，由于流体的粘性作用和涡流的影响会产生阻力，流体在直管内流动阻力的大小与管长、管径、流体流速和管道摩擦系数有关，它们之间存在如下关系：

$$h_f=\frac{\Delta p_f}{\rho}=\lambda\frac{l}{d}\frac{u^2}{2} \tag{2-1}$$

$$\lambda=\frac{2d}{\rho l}\cdot\frac{\Delta p_f}{u^2} \tag{2-2}$$

$$\mathrm{Re}=\frac{du\rho}{\mu} \tag{2-3}$$

式中：d——管径，m；

Δp_f——直管阻力引起的压强降，Pa；

l——管长，m；

u——流速，m/s；

ρ——流体的密度，kg/m^3；

μ——流体的粘度，N·s/m^2。

直管摩擦系数λ与雷诺数Re之间有一定的关系，这个关系一般用曲线来表示。在实验装置中，直管段管长l和管径d都已固定。若水温一定，则水的密度ρ和粘度μ也是定值。所以本实验实质上是测定直管段流体阻力引起的压强降ΔP_f与流速u（流量V）之间的关系。

根据实验数据和式(2-2)可计算出不同流速下的直管摩擦系数 λ，用式(2-3)计算对应的 Re，从而整理出直管摩擦系数和雷诺数的关系，绘出 λ 与 Re 的关系曲线。

2. 局部阻力系数 ζ 的测定

$$h'_f=\frac{\Delta p'_f}{\rho}=\zeta\frac{u^2}{2} \tag{2-4}$$

$$\zeta=\left(\frac{2}{\rho}\right)\cdot\frac{\Delta p'_f}{u^2} \tag{2-5}$$

式中：ζ——局部阻力系数，无因次；

$\Delta p'_f$——局部阻力引起的压强降，Pa；

h'_f——局部阻力引起的能量损失，J/kg。

局部阻力引起的 $\Delta p'_f$ 可用下面的方法测量：在一条各处直径相等的直管段上，安装待测局部阻力的阀门，在其上、下游开两对测压口 a—a′和 b—b′，如图 2-1 所示，使

$$ab=bc;\qquad a'b'=b'c'$$

则 $$\Delta p_{f\ ab}=\Delta p_{f\ bc};\qquad \Delta p_{f\ a'b'}=\Delta p_{f\ b'c'}$$

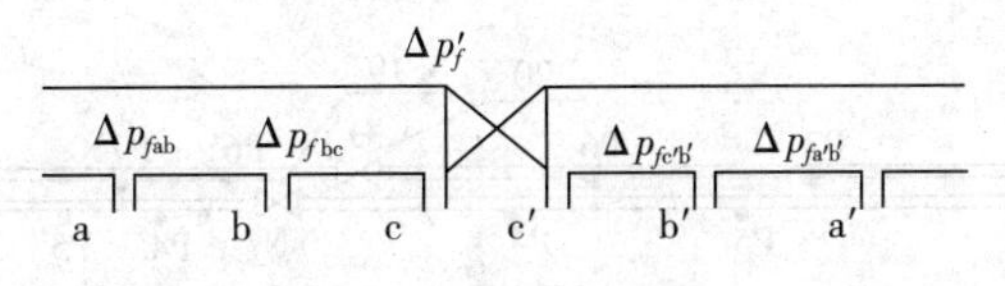

图 2-1　压强降测量图

在 a—a′之间列柏努利方程式：

$$p_a-p_{a'}=2\Delta p_{f\ ab}+2\Delta p_{f\ a'b'}+\Delta p'_f \tag{2-6}$$

在 b—b′之间列柏努利方程式：

$$p_b-p_{b'}=2\Delta p_{f\ bc}+2\Delta p_{f\ b'c'}+\Delta p'_f \tag{2-7}$$

$$=\Delta p_{f\ ab}+\Delta p_{f\ a'b'}+\Delta p'_f$$

联立式(2-6)和(2-7)，则：

$$\Delta p'_f=2(p_b-p_b)-(p_a-p_{a'})$$

我们称 $(p_b-p_{b'})$ 为近点压差，称 $(p_a-p_{a'})$ 为远点压差。用压差传感器来测量。

四、实验装置与流程

1. 本实验真实装置如图 2-2 所示；

2. 光滑管阻力系数流程：A—B—(C—D)—E—F—G—H—J—M—N—P；

3. 粗糙管阻力系数流程：A—B(C—D)—E—F—G—H—K—L—O—P；

4. 流量测量由转子流量计和涡轮流量计；

5. 直管段压强降的测量由压差变送器或倒置U形管直接测取压差值。

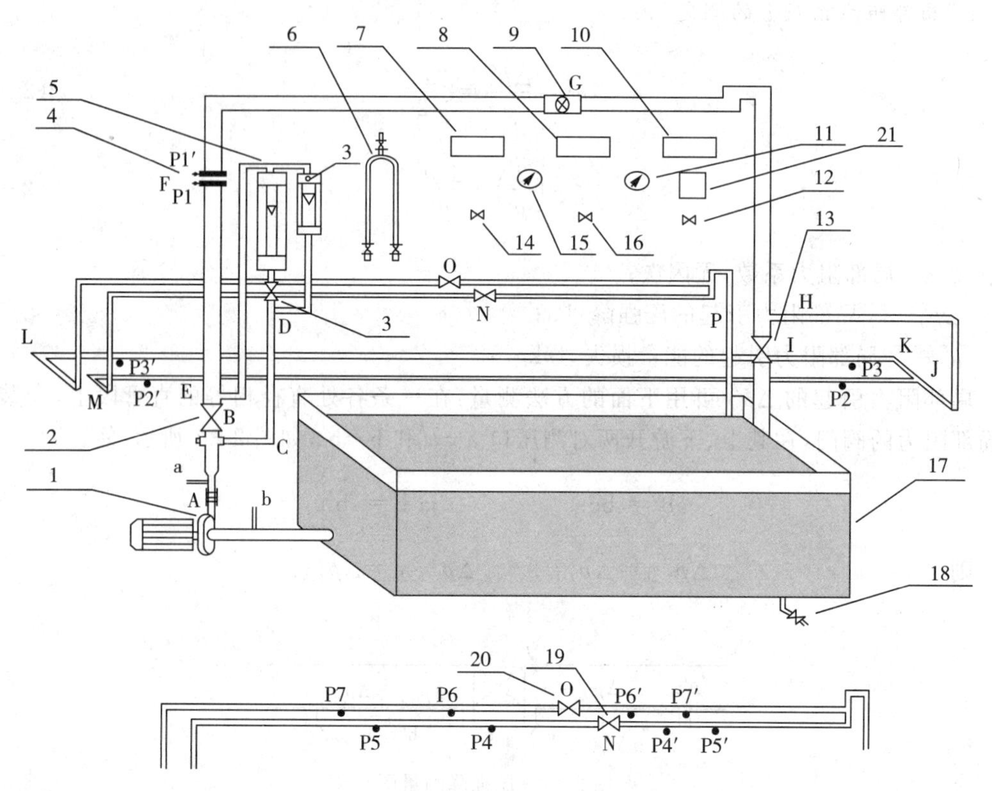

图2-2 真实装置图

1—离心泵；2—大流量调节阀；3—小流量调节阀；4—被标定流量计；5—转子流量计；6—倒U管；7,8,10—数显仪表；9—涡轮流量计；11—真空表；12—流量计平衡阀；13—回流阀；14—光滑管平衡阀；15—压力表；16—粗糙管平衡阀；17—水箱；18—排水阀；19—闸阀；20—截止阀；21—变频器；a—出口压力取压点；b—吸入压力取压点；P1—P1′—流量计压差；P2—P2′—光滑管压差；P3—P3′—粗糙管压差；P4—P4′—闸阀近点压差；P5—P5′—闸阀远点压差；P6—P6′—截止阀近点压差；P7—P7′—截止阀远点压差；J—M—光滑管；K—L—粗糙管

五、实验方法

1. 熟悉实验装置及流程。关闭泵的出口阀，启动离心泵。

2. 打开管道上的出口阀门；再慢慢打开进口阀门，让水流经管道，以排出管道中的气体。

3. 在进口阀全开的条件下，调节出口阀，流量由小到大或反之，记录8～10组不同流量下的数据。先使用倒U形压差计，超过量程时切换至U形压差计。注意流量的变更，应使实验点在λ～Re图上分布比较均匀。

4. 数据取完后，关闭进、出口阀，停止实验。

注意：启动离心泵之前，以及从光滑管阻力测量过渡到其他测量之前，都必须检查所有流量调节阀是否关闭。

六、可变参数设置

1. 可变参数设置

光滑管/粗糙管直管内径(m)	流体物料种类
0.020	纯水
0.025	体积浓度50%的乙二醇水溶液
0.030	质量分数20%的氯化钠水溶液
0.040	

2. 固定设备参数

光滑管取压口间距:1.7m。

粗糙管取压口间距:1.7m。

闸阀内径:0.025m。

截止阀内径:0.025m。

七、实验步骤

1. 光滑管阻力测定实验及闸阀局部阻力实验

(1)到参数设置二界面设置流体阻力实验的边界参数:选择直管内径和选择流体物料种类。点参数记录记录到实验报表中。

注意:参数设置好后在本实验中不可更改。

(2)在实验装置图中打开离心泵电源开关,打开光滑管路中的闸阀。

(3)调节小转子流量计的调节阀,在仪表面板中观察光滑管压差数据稳定后,到直管阻力数据界面中记录光滑管管路数据。

(4)重复步骤3,记录4组以上的数据。

(5)当小转子流量计满开度后,关闭小转子流量计调节阀,调节大转子流量计调节阀开度,在仪表面板中观察光滑管压差数据稳定后,到直管阻力数据界面中记录光滑管管路数据。

(6)重复步骤5,记录10组左右的数据。

(7)在实验报表里的《光滑管数据》查看实验结果数据,可选中某行删除不合理数据,点击实验报告查看数据和光滑管λ-Re曲线。

(8)光滑管阻力实验结束后,将大转子流量计调节阀开大最大开度,在仪表面板中观察闸阀远、近点压差数据稳定后,到局部阻力数据界面中记录闸阀局部阻力数据一组。

(9)到实验装置图中关闭闸阀和大转子流量计调节阀。

2. 粗糙管阻力测定实验及截止阀局部阻力实验

(1)在实验装置图中打开粗糙管截止阀。

(2)调节小转子流量计的调节阀,在仪表面板中观察粗糙管压差数据稳定后,到直管阻力数据界面中记录粗糙管管路数据。

(3)重复步骤2,记录4组以上的数据。

(4)当小转子流量计满开度后,关闭小转子流量计调节阀,调节大转子流量计调节阀开度,在仪表面板中观察粗糙管压差数据稳定后,到直管阻力数据界面中记录粗糙管管路数据。

(5)重复步骤4,记录4～6组左右的数据。

(6)当流量大于1 m^3/h时,选择涡轮流量计测量。即关闭大小流量计调节阀,打开主管路调节阀,再测4组数据。

(7)在实验报表里的《粗糙管数据》中查看实验结果数据,可选中某行删除不合理数据,点击实验报告查看数据和粗糙管λ—Re曲线。

(8)粗糙管阻力实验结束后,关闭主管路调节阀,将大转子流量计调节阀开大最大开度,在仪表面板中观察截止阀远、近点压差数据稳定后,到局部阻力数据界面中记录截止阀局部阻力数据一组。

(9)到实验装置图中关闭截止阀和大转子流量计调节阀,关闭离心泵电源开关。

八、思考题

1. 流体流动时产生摩擦阻力的根本原因是____。

   A. 流动速度大于零　　B. 管边不够光滑　　C. 流体具有粘性

2. 流体在管内流动时,滞流内层的厚度随流速的增加而____。

   A. 变小　　B. 变大　　C. 不变

3. 水在圆形直管中作完全湍流时,当输送量,管长和管子的相对粗糙度不变,仅将其管径缩小一半,则阻力变为原来的____倍。

   A. 16　　B. 32　　C. 不变

4. 相同管径的圆形管道中,分别流动着粘油和清水,若雷诺数Re相等,二者的密度相差不大而粘度相差很大,则油速____水速。

   A. 大于　　B. 小于　　C. 等于

5. 水在一条等直径的垂直管内作稳定连续流动时,其流速____。

   A. 会越流越快　　B. 会越流越慢　　C. 不变

6. 流体流过管件的局部阻力系数与下列哪些条件有关:

   A. 管件的几何形状　　B. 流体的Re数

   C. 流体的流动速度　　D. 管件的材质

7. 在不同条件下测定的直管摩擦阻力系数—雷诺数的数据能否关联在同一条曲线上?

   A. 一定能　　B. 只要温度相同就能

   C. 只有管壁的相对粗糙度相等才能

   D. 必须温度与管壁的相对粗糙度都相等才能

项目三　流量计性能测定仿真实验

一、实验目的

1. 了解几种常用流量计的构造、工作原理和主要特点；
2. 掌握流量计的标定方法；
3. 了解节流式流量计流量系数 C 随雷诺数 Re 的变化规律，流量系数 C 的确定方法；
4. 学习合理选择坐标系的方法。

二、实验内容

1. 了解孔板、1/4 园喷嘴、文丘里及涡轮流量计的构造及工作原理。
2. 测定节流式流量计(孔板或 1/4 园喷嘴或文丘里)的流量标定曲线。
3. 测定节流式流量计的雷诺数 Re 和流量系数 C 的关系。

三、实验原理

流体通过节流式流量计时在流量计上、下游两取压口之间产生压强差，它与流量的关系为：

$$V_S = CA_0\sqrt{\frac{2(P_{上}-P_{下})}{\rho}}$$

式中：V_S——被测流体(水)的体积流量，m^3/s；

C——流量系数，无因次；

A_0——流量计节流孔截面积，m^2；

$P_{上}-P_{下}$——流量计上、下游两取压口之间的压强差，Pa；

ρ——被测流体(水)的密度，kg/m^3。

用涡轮流量计和转子流量计作为标准流量计来测量流量 V_S。每一个流量在压差计上都有一对应的读数，将压差计读数 $\triangle P$ 和流量 V_S 绘制成一条曲线，即流量标定曲线。同时用上式整理数据可进一步得到 C—Re 关系曲线。

四、实验装置与流程

1. 该实验与流体阻力测定、离心泵性能测定实验图一所示的实验装置流程图。
2. 本实验共有八套装置，第 1～6 套流程为：A→B(C→D)→E→F→G→I。
3. 流量测量：以精度 0.5 级的涡轮流量计作为标准流量计，测量被测流量计流量。

五、实验方法

1. 通电预热数字显示仪表，记录流量计差压数字表初始值。
2. 通过导向阀设计流量计标定的流程。
3. 关闭流量调节阀，用变频器启动按钮启动离心泵。

4. 调节流量,在满量程范围内测取 10～12 组流量计标定数据。

5. 实验结束后,关闭流量调节阀,停泵,切断电源。

注意:启动心泵之前,必须检查所有流量调节阀是否关闭。

六、可变参数设置

1. 可变参数设置

流量计种类的选择	孔口内径(β)的选择
标准孔板流量计	0.025 mm(β=0.625)
	0.020 mm(β=0.50)
	0.015 mm(β=0.375)
标准孔口流量计	0.025 mm(β=0.625)
	0.020 mm(β=0.50)
	0.015 mm(β=0.375)
标准喷嘴流量计	0.025 mm(β=0.625)
	0.020 mm(β=0.50)
	0.015 mm(β=0.375)

2. 固定设备参数

主管道直径 40 mm(β = 孔口内径/主管道直径)。

七、实验步骤

1. 到参数设置二界面设置流量计性能测定实验的边界参数:选流量计种类及流量计孔口内径。点参数记录记录到实验报表中。注意:参数设置好后在本实验中不可更改。

2. 打开离心泵电源开关,打开主管路的球阀,稍微打开主管路的调节阀,到仪表面板中观察涡轮流量计读数和被测流量计压差稳定后,到流量计数据界面中记录数据。

3. 调节主管路调节阀开度,重复步骤 2,共记录 10 组数据。

4. 在实验报表里的《流量计校核数据》查看实验结果数据,可选中某行删除不合理数据,点击实验报告查看数据和流量计标定曲线和 Co－Re 曲线。

5. 关闭主管路球阀,主管路调节阀,关闭离心泵电源开关。

项目四　传热(冷水—热水)仿真实验

一、实验目的

1. 通过对冷水—热水简单套管换热器的实验研究,掌握对流传热系数 α 及总传热系数 K_o 的测定方法,加深对其概念和影响因素的理解;

2. 学会应用线性回归分析方法,确定关联式 $Nu=A\mathrm{Re}^m Pr^{0.4}$ 中常数 A、m 的值。

二、实验内容

1. 在套管式换热器中,测定5～6个不同流速下,管内冷水与管间热水之间的总传热系数 K_o;流体与管壁面间对流传热系数 α_o 和 α_i。

2. 将测定值同运用 K_o 与 α_o,α_i 之间关系式计算得出的 α_i 值进行比较;计算得出 Nu_1(实验)和 Nu_2(计算)的值。

3. 对实验数据进行线性回归,求关联式 Nu_1(实验)$=A\mathrm{Re}^m Pr^{0.4}$ 和 Nu_2(计算)$=A\mathrm{Re}^m Pr^{0.4}$ 中常数 A、m 的值。

三、实验原理

1. 总传热系数 K_o 的测定

由总传热速率方程式

$$Q=K_oS_o\Delta t_m;K_o=\frac{Q}{S_o\Delta t_m}$$

式中:Q——传热速率,W;

S_o——换热管的外表面积,m^2;

Δt_m——对数平均温度差,℃;

K_o——基于管外表面积的总传热系数,$W/(m^2\cdot℃)$。

由热量衡算式:

$$Q=W_CC_P(t_2-t_1)$$

式中:W_C——冷流体的质量流量,kg/s;

C_P——冷流体的定压比热,kJ/(kg·℃);

t_1,t_2——分别为冷流体进、出口温度,℃。

$$S_o=\pi d_oL$$

式中:d_o——传热管的外径,m;

L——传热管的有效长度,m。

$$\Delta t_m=\frac{\Delta t_2-\Delta t_1}{\ln\frac{\Delta t_2}{\Delta t_1}}=\frac{(T_1-t_2)-(T_2-t_1)}{\ln\frac{T_1-t_2}{T_2-t_1}}$$

式中：T_1，T_2——分别为热流体进、出口温度，℃。

2. 对流传热系数 α_i，α_o 的测定

对流传热系数 α_i，α_o 可以根据牛顿冷却定律来实验测定：

$$Q=\alpha_i S_i(t_{wm}-t_m)；\qquad \alpha_i=\frac{Q}{S_i(t_{wm}-t_m)}$$

式中：S_i——换热管的内表面积，$S_i=\pi d_i L$，m^2；

t_m——冷流体平均温度，$t_m=\dfrac{t_1+t_2}{2}$，℃；

t_{wm}——换热管内壁表面的平均温度，℃。

同理：

$$\alpha_o=\frac{Q}{S_o(T_m-T_{wm})}$$

式中：T_m——热流体平均温度，$T_m=\dfrac{T_1+T_2}{2}$℃；

T_{wm}——换热管外壁表面的平均温度，℃。

因为传热管为紫铜管，其导热系数很大，加上传热管壁很薄故认为 $T_{wm}\approx t_{wm}$，T_{wm} 用热电偶来测量。

3. 总传热系数计算式

$$K_o=\frac{1}{\dfrac{d_o}{\alpha_i d_i}+\dfrac{bd_o}{\lambda d_m}+\dfrac{1}{\alpha_o}}$$

4. 三个准数

$$Pr=\frac{C_p\mu}{\lambda}；\ Nu=\frac{\alpha d}{\lambda}；\ \mathrm{Re}=\frac{ud\rho}{\mu}$$

冷流体在管内作强制湍流，准数关联式的形式为

$$Nu=A\,\mathrm{Re}^m\,Pr^n$$

取冷流体的定性温度为定值，物性数据 λ、C_p、ρ、μ 可根据冷流体定性温度查得。则普兰特准数 Pr 是常数，则关联式的形式简化为：

$$Nu=A\,\mathrm{Re}^m\,Pr^{0.4}$$

通过实验确定不同流量下的 Re 与 Nu，然后用线性回归方法确定 A 和 m 的值。

四、实验装置与流程

1. 实验流程图及基本结构参数

如图 2－3 所示，实验装置的主体是一根平行的套管换热器，内管为紫铜材质，外管为不锈钢管，两端用不锈钢法兰固定。实验的热流体在电加热釜内加热，其内有 2 根 2.5 kW 螺旋形电加热器，用 220 伏电压加热；经热流体循环泵进入换热器的壳程。冷流体由离心泵抽

出，由流量调节阀调节，经转子流量计进入换热器的管程，达到逆流换热的效果。

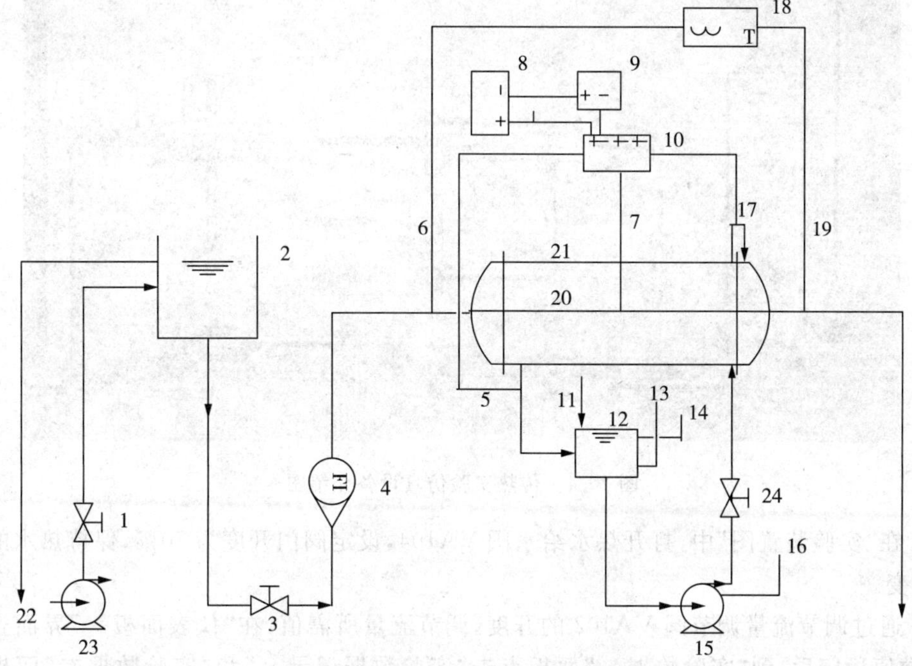

图 2-3　水一水热交换器流程及装备图

1—给水阀；2—高位槽；3—流量调节阀；4—转子流量计；5、7、17—铜-康铜热偶；6、19—热敏电阻温度传感器；8—二次仪表；9—热电偶冷端温度补偿器；10—热电偶接线板；11—加水口；12—电加热釜；13—液位计；14—加热釜电源；15—热水循环泵；16—泵电机电源；18—数字温度计；20—传热管；21—套管；22—高位槽溢流。23—离心泵；24—热水流量调节阀

2. 注意事项

(1)由于采用热电偶测温，所以实验前要检查冰桶中是否有冰水混合物共存。检查热电偶的冷端，是否全部浸没在冰水混合物中。

(2)检查电加热釜中的水位是否在正常范围内。特别是每个实验结束后，进行下一实验之前，如果发现水位过低，应及时补给水量。

(3)调节流量后，应在流量计读数稳定后再读取实验数据。

五、实验步骤

传热实验仿真主要设备介绍图如图 2-4 所示。

1. 到“参数设置”界面设置套管长度、套管外径、套管内径，设置冷水进口温度。点“实验数据设置”记录到实验报表中。(注意：参数设置好后在本实验中不可更改)

2. 在“实验装置图”中，检查电加热釜液位计，若发现水量较少，打开注水阀 VA103，补充水量至 2/3 处。

3. 在“仪表面板一”中，打开电源总开关，启动冷水离心泵电源开关。

4. 在“实验装置图”中，打开冷水给水阀 VA101 至最大；等待高位槽有溢流后，再打开流量调节阀 VA102。

5. 在“仪表面板一”中，启动电加热釜开关，加热电加热釜中的水；启动热水循环泵电源开关。

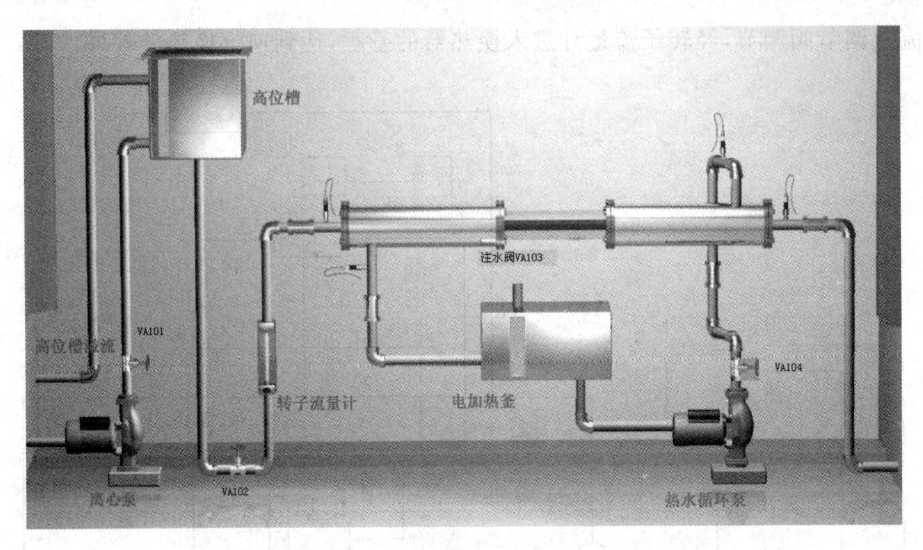

图 2-4 传热实验仿真设备介绍图

6. 在“实验装置图”中，打开热水给水阀 VA104，设定阀门开度为 50%，保持热水的流量固定不变。

7. 通过调节流量调节阀 VA102 的开度，调节流量所需值，在“仪表面板一”界面查看流量，待数值稳定后，到“实验数据一”面板点击“实验数据记录一”和“实验数据二”面板点击“实验数据记录二”按钮，记录实验数据至“实验报表”。

8. 回到“实验装置图”中，调节阀门 VA102 开度由小到大或由大到小，重复步骤 7，记录 6 组实验数据。

注意：

(1)所有错误操作提示以动画灯泡为标志：

(2)若打开电源总开关、冷水离心泵开关，且高位槽液位没有恒定，就打开流量调节阀 VA102 时，出现提示：

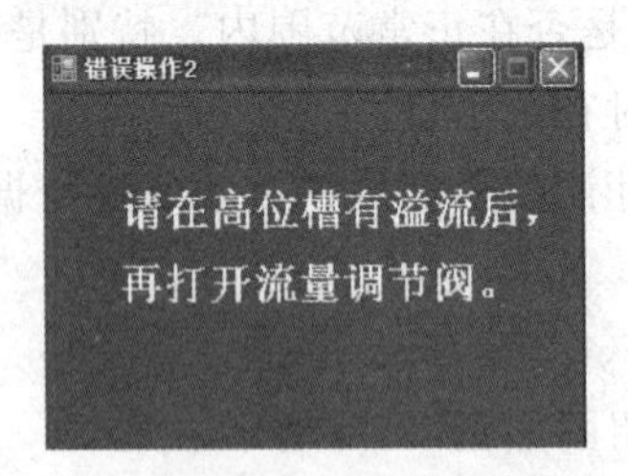

(3)若打开电源总开关、电加热釜开关，未打开注水阀 VA103，但电加热釜液位较低时，出现提示：

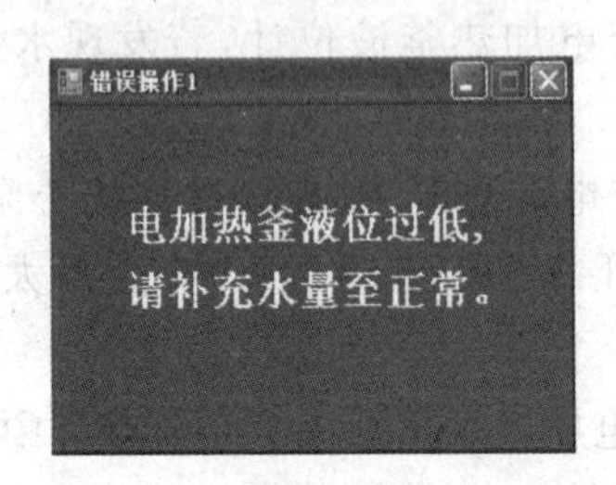

六、实验报告

1. 分析传热实验的原始数据表、数据结果表(换热量、传热系数、各准数以及重要的中间计算结果)、准数关联式的回归过程、结果与具体的回归方差,并以其中一组数据的计算举例。

2. 在同一双对数坐标系中绘制 $Nu_1/Pr^{0.4}\sim Re$ 和 $Nu_2/Pr^{0.4}\sim Re$ 的关系图。

3. 对实验结果进行分析与讨论。

七、思考题

1. 间壁式换热器的传热机理是____。

A. 热传导　　B. 对流给热　　C. 热辐射

2. 本实验传热过程中冷热流体的接触方式是____。

A. 直接接触式传热　　B. 间壁式传热　　C. 蓄热式传热

3. 转子流量计的主要特点是____。

A. 恒截面,恒压差　　B. 变截面,变压差

C. 恒流速,恒压差　　D. 变流速,恒压差

4. 有关转子流量计,下面哪一种说法是错误的____。

A. 转子流量计为变截面的流量计

B. 通过转子流量计的流体压力降与流量无关

C. 只能用于测定液体的流量

D. 当所测流体的密度变化时需要校准

5. 在多层壁中,温度差随热阻的变化是____。

A. 热阻越大温度差越大　　B. 热阻越大温度差越小

C. 温度差不随热阻的变化而变化　　D. 没有规律

6. 影响传热系数的主要因素有____。

A. 流体的物理性质

B. 流体的运动状况:层流、过渡流或湍流

C. 流体对流的状况:自然对流、强制对流

D. 传热表面的形状、位置及大小

7. 在本实验中,换热器中流体流动的方向是____。

A. 并流　　B. 逆流　　C. 错流　　D. 折流

项目五 精馏塔仿真实验

一、实验目的

1. 充分利用计算机采集和控制系统具有的快速、大容量和实时处理的特点，进行精馏过程多实验方案的设计，并进行实验验证，得出实验结论；

2. 学会识别精馏塔内出现的几种操作状态，并分析这些操作状态对塔性能的影响；

3. 学习精馏塔性能参数的测量方法，并掌握其影响因素；

4. 测定精馏过程的动态特性，提高学生对精馏过程的认识。

二、实验原理

在板式精馏塔中，由塔釜产生的蒸汽沿塔板逐板上升与来自塔板下降的回流液，在塔板上实现多次接触，进行传热与传质，使混合液达到一定程度的分离。

回流是精馏操作得以实现的基础。塔顶的回流量与采出量之比，称为回流比。回流比是精馏操作的重要参数之一，其大小影响着精馏操作的分离效果和能耗。

回流比存在两种极限情况：最小回流比和全回流。若塔在最小回流比下操作，要完成分离任务，则需要有无穷多块塔板的精馏塔。当然，这不符合工业实际，所以最小回流比只是一个操作限度。若操作处于全回流时，既无任何产品采出，也无原料加入，塔顶的冷凝液全部返回塔内中，这在生产中无实际意义。但是，由于此时所需理论塔板数最少，又易于达到稳定，故常在工业装置的开停车、排除故障及科学研究时使用。

实际回流比常取最小回流比 1.2～2.0 倍。在精馏操作中，若回流系统出现故障，操作情况会急剧恶化，分离效果也会变坏。

对于二元物系，如已知其气液平衡数据，则根据精馏塔的原料液组成，进料热状况，操作回流比及塔顶馏出液组成，塔底釜液组成可以求出该塔的理论板数 N_T。按照下面公式可以得到总板效率 E_T，其中 N_P 为实际塔板数。

$$E_T=\frac{N_T}{N_P}\times 100\%$$

部分回流时，进料热状况参数的计算式为

$$q=\frac{C_{pm}(t_{BP}-t_F)+r_m}{r_m}$$

式中：t_F——进料温度，℃；

t_{BP}——进料的泡点温度，℃；

C_{pm}——进料液体在平均温度$(t_F+t_P)/2$下的比热，kJ/(kmol·℃)；

r_m——进料液体在其组成和泡点温度下的汽化潜热，kJ/kmol。

$$C_{pm}=C_{p1}M_1x_1+C_{p2}M_2x_2,\ \text{kJ/(kmol·℃)}$$

$$r_m=r_1M_1x_1+r_2M_2x_2,\ \text{kJ/kmol}$$

式中：C_{p1}，C_{p2}——分别为纯组分 1 和组分 2 在平均温度下的比热，kJ/(kg・℃)；

r_1，r_2——分别为纯组分 1 和组分 2 在泡点温度下的汽化潜热，kJ/kg；

M_1，M_2——分别为纯组分 1 和组分 2 的质量，kg/kmol；

x_1，x_2——分别为纯组分 1 和组分 2 在进料中的分率。

三、实验装置与流程

如图 2－5 所示，主体设备位号及名称：

T101——精馏塔

D101——原料液储罐

D102——塔顶产品储罐

D103——塔底产品储罐

E101——预热器

E102——塔釜电加热器

E103——空气冷凝器

P101——进料泵

LV101——塔釜液位控制电磁阀

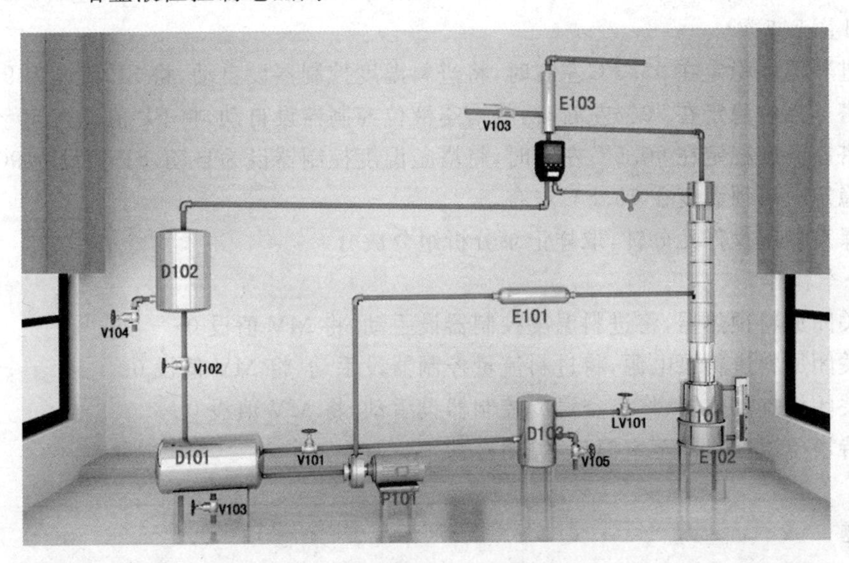

图 2－5　主体设备位号及名称

四、实验步骤

单回路中，MV 代表调节阀门的开度，有时也有用 OP 表示的。

1. 选择参数

在“实验参数”界面，选择精馏段塔板数，选择提馏段塔板数。以下实验步骤以精馏段塔板数为 5，提馏段塔板数为 3，回流比为 4 的情况为例。

2. 精馏塔进料

(1)检查各容器罐内是否为空。

(2)检查各管线阀门是否关闭。

(3)在“实验参数”界面,配置一定浓度的乙醇/正丙醇混合液,即进料配料比。

(4)设定进料罐的一次性进料量,单击“进料”按钮,进料罐开始进料,直到罐内液位达到70%以上。

(5)打开进料泵 P101 的电源开关,启动进料泵。

(6)设定进料泵功率,将进料流量控制器的 MV 值设为 50%,开始进料。

(7)设定预热器功率,将进料温度控制器的 MV 值设为 60%,开始加热。

(8)如果塔釜液位涨过 70%,打开 LV101,将塔釜液位控制器的 MV 值折为 30%左右,控制塔釜液位在 70%~80%之间。

3. 启动再沸器

(1)打开阀门 V103,将塔顶冷凝器内通入冷却水。

(2)设定塔釜加热功率,将塔釜加热控制器的 MV 值设为 50%,使塔缓缓升温。

4. 建立回流

(1)在“回流比控制器”界面,将回流值设为 20,将采出值设为 5,即回流比控制在 4。

(2)将塔釜加热控制器的 MV 值设为 60%,加大蒸出量。

(3)将塔釜液位控制器的 MV 值设为 10%左右,控制塔釜液位在 50%左右。

5. 调整至正常

(1)进料温度稳定在 95.3℃左右时,将进料温度控制器设自动,将 SP 值设为 95.3℃。

(2)塔釜液位稳定在 50%左右时,将塔釜液位控制器设自动,将 SP 值设为 50%。

(3)塔釜温度稳定在 90.5℃左右时,将塔釜温度控制器设为自动,SP 值设为 90.5℃。

(4)稳定时塔顶温度在 75.8℃左右。

(5)保持稳定操作几分钟,取样记录分析组分成分。

6. 停车操作

(1)关闭原料预热器,将进料温度控制器设手动,将 MV 值设 0。

(2)关闭原料进料泵电源,将进料流量控制器设手动,将 MV 值设 0。

(3)关闭塔釜加热器,将塔釜温度控制器设手动,将 MV 值设 0。

(4)待塔釜温度冷却至室温后,关闭冷却水。

五、思考题

1. 精馏段与提馏段的理论板的关系式____。

A. 精馏段比提馏段多　　B. 精馏段比提馏段少

C. 两者相同　　D. 不一定

2. 当采用冷液进料时,进料热状况 q 值____。

A. $q>1$　　B. $q=1$

C. $q=0$　　D. $q<0$

3. 精馏塔塔身伴热的目的在于____。

A. 减小塔身向环境散热的推动力　　B. 防止塔的内回流

C. 加热塔内液体

4. 全回流操作的特点有____。

A. $F=0, D=0, W=0$　　B. 在一定分离要求下 NT 最少

C. 操作线和对角线重合

5. 本实验全回流稳定操作中，温度分布与哪些因素有关？____。

A. 当压力不变时，温度分布仅与组成的分布有关

B. 温度分布仅与塔釜加热量有关系

C. 当压力不变时，温度分布仅与板效率、全塔物料的总组成及塔顶液与釜液量的摩尔量的比值有关

6. 冷料回流对精馏操作的影响为____。

A. X_D 增加，塔顶 T 降低　　B. X_D 增加，塔顶 T 升高

C. X_D 减少，塔顶 T 升高

7. 在正常操作下，影响精馏塔全效率的因素是____。

A. 物系，设备与操作条件　　B. 仅与操作条件有关

C. 加热量增加效率一定增加　　D. 加热量增加效率一定减少

8. 精馏塔的常压操作是怎样实现的？____。

A. 塔顶连通大气　　B. 塔顶冷凝器入口连通大气

C. 塔顶成品接受槽顶部连通大气　　D. 进料口连通大气

9. 塔内上升气速对精馏操作有什么影响？____。

A. 上升气速过大会引起液泛　　B. 上升气速过大会造成过量的液沫夹带

C. 上升气速过大会造成过量的气泡夹带　　D. 上升气速过大会使塔板效率下降

10. 为什么要控制塔釜液面高度？____。

A. 为了防止加热装置被烧坏

B. 为了使精馏塔的操作稳定

C. 为了使釜液在釜内有足够的停留时间

D. 为了使塔釜与其相邻塔板间的足够的分离空间

11. 如果实验采用酒精—水系统塔顶能否达到98%(重量)的乙醇产品？(注:95.57%酒精—水系统的共沸组成)____。

A. 若进料组成小于95.57%，塔不顶可达到98%以上的酒精

B. 若进料组成大于95.57%，塔釜可达到98%以上的酒精

C. 若进料组成小于95.57%，塔顶可达到98%以上的酒精

D. 若进料组成大于95.57%，塔顶不能达到98%以上的酒精

12. 全回流在生产中的意义在于____。

A. 用于开车阶段采用全回流操作

B. 产品质量达不到要求时采用全回流操作

C. 用于测定全塔效率

项目六　填料吸收塔仿真实验

一、实验目的

1. 了解填料吸收塔的结构和流体力学性能；

2. 学习填料吸收塔传质能力和传质效率的测定方法。

二、实验内容

1. 测定填料层压降与操作气速的关系，确定填料塔在某液体喷淋量下的液泛气速。

2. 固定液相流量和入塔混合气氨的浓度，在液泛速度以下取两个相差较大的气相流量，分别测量塔的传质能力(传质单元数和回收率)和传质效率(传质单元高度和体积吸收总系数)。

三、实验原理

1. 填料塔流体力学特性

压强降决定了塔的动力消耗，是塔设计的重要参数。压强降与气液流量有关，不同喷淋量下填料层的压强降 Δp 与气速 u 的关系如图 2-6 所示。

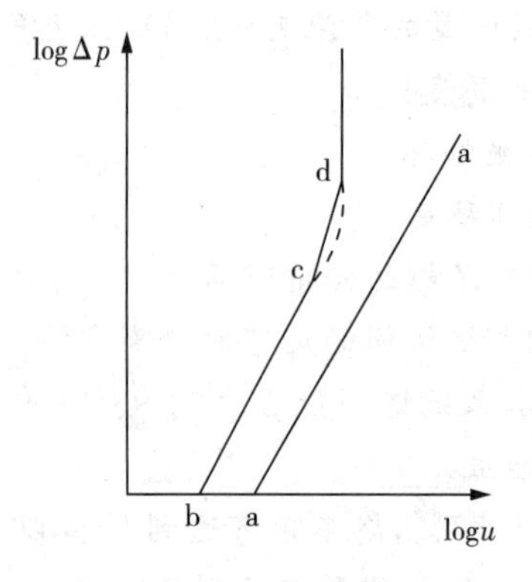

图 2-6　填料层压降与空塔气速关系示意图

在双对数坐标系中，无液体喷淋即喷淋量 $L_0=0$ 时，干填料的 $\triangle p \sim u$ 是一条斜率为 1.8～2 的直线(图中 aa 线)。当有一定的喷淋量时，$\triangle p \sim u$ 的关系变成折线，并存在两个转折点，在低气速下(C 点以前)压降正比于气速的 1.8～2 次幂，但大于同一气速下干填料的压降(图中 bc 段)。气速增加，出现载点(图中 c 点)，持液量开始增大，$\triangle p \sim u$ 向上弯曲，斜率变大，(图中 cd 段)。到液泛点(图中 d 点)后，在几乎不变的气速下，压降急剧上升。这两个转折点将 $\triangle p \sim u$ 分为三个区段：恒持液量区、载液区与泛液区。

2. 传质性能

吸收系数是决定吸收过程速率高低的重要参数，实验测定是获取吸收系数的根本途径。对于相同的物系及一定的设备(填料类型与尺寸)，吸收系数将随着操作条件及气液接触状况的不同而变化。

本实验是用水吸收空气一氨混合气体中的氨，混合气体中氨的浓度很低，吸收所得的溶液浓度也不高，可认为气一液平衡关系服从亨利定律，方程式 $Y^*=mX$，又因是常压操作，相平衡常数 m 值仅是温度的函数。故可用对数平均浓度差法计算填料层传质平均推动力，相应的传质速率方程式为：

$$G_A=K_{Ya}V_p\Delta Y_m$$

所以

$$K_{Ya}=G_A/(V_p\cdot\Delta Y_m)$$

其中

$$\Delta Y_m=\frac{(Y_1-Y_{e1})-(Y_2-Y_{e2})}{\ln\dfrac{Y_1-Y_{e1}}{Y_2-Y_{e2}}}$$

式中：G_A——单位时间内氨的吸收量，kmol/h；

K_{Ya}——总体积传质系数，kmol/m^3·h；

V_p——填料层体积，m^3；

$\triangle Y_m$——气相对数平均浓度差；

Y_1——气体进塔时的摩尔比；

Y_{e1}——与出塔液体相平衡的气相摩尔比；

Y_2——气体出塔时的摩尔比；

Y_{e2}——与进塔液体相平衡的气相摩尔比。

3. 计算公式

(1)亨利系数

$$E=7.92857\times10^{-4}t^2+7.511905\times10^{-2}t+0.3254167$$

(2)总体积传质系数 K_{Ya}、气相总传质单元高度 H_{OG}

$$K_{Ya}=G_A/(V_p\cdot\Delta Y_m)$$

1)标准状态下的空气流量 V_0：

$$V_0=V_1\times\frac{T_0}{P_0}\sqrt{\frac{P_1P_2}{T_1T_2}}$$

式中：V_0——标准状态下的空气流量，m^3/h；

V_1——空气转子流量计示值，m^3/h；

T_0、P_0——标准状态下的空气的温度和压强，kPa；

T_1、P_1——标定状态下的空气的温度和压强，kPa；

T_2、P_2——使用状态下的空气的温度和压强，kPa。

2)标准状态下的氨气流量 V'_0：

$$V'_0=V'_1\times\frac{T_0}{P_0}\sqrt{\frac{\rho_{01}P_1P_2}{\rho_{02}T_1T_2}}$$

式中：V'_0——标准状态下的氨气流量，m^3/h；

$V_1{}'$——氨气转子流量计示值，m^3/h；

ρ_{01}——标准状态下氨气的密度，1.293kg/m^3；

ρ_{02}——标定状态下氨气的密度，0.781kg/m^3。

如果氨气中纯氨为98%，则纯氨在标准状态下的流量 V_0'' 为：

$$V_0''=0.98V_0'$$

3）惰性气体的摩尔流量 G：

$$G=V_0/22.4$$

4）单位时间氨的吸收量 G_A：

$$G_A=G\ (Y_1-Y_2)$$

5）进气浓度 Y_1：

$$Y_1=\frac{n_1}{n_2}$$

6）尾气浓度 Y_2：

$$Y_2=\frac{C_sV_s}{V\times\frac{T_0}{T}/22.4}$$

式中：Y_2——尾气浓度；

C_s——加入分析盒中的硫酸浓度，mol/L；

V_s——加入分析盒中的硫酸溶液体积，ml；

V——湿式气体流量计所测得的空气体积，ml；

T_0——标准状态下的空气温度，K；

T——空气流经湿式气体流量计时的温度，K。

7）对数平均浓度差 ΔY_m

$$\Delta Y_m=\frac{(Y-Y_e)_1-(Y-Y_e)_2}{\ln\frac{(Y-Y_e)_1}{(Y-Y_e)_2}}$$

$$Y_{e2}=0$$

$$Y_{e1}=mX_1$$

$$P=\text{大气压}+\text{塔顶表压}+(\text{填料层压差})/2$$

$$m=E/P$$

$$X_1=G_A/L_S$$

式中：E——亨利常数

Ls——单位时间喷淋水量，kmol/h；

P——系统总压强，Pa。

8）气相总传质单元高度：

$$H_{OG}=G'/K_{Ya}$$

式中：G'——混合体气通过塔截面的摩尔流速，kmol/h。

9)吸收率

$$\varphi_A=\frac{Y_1-Y_2}{Y_1}\times 100\%$$

四、实验装置与流程

填料塔设备参数：

基本数据：塔径 ϕ0.10 m，填料层高 0.49 m；

填料参数：10×10×1.5 mm 瓷拉西环，a_1——440 m^{-1}，ε——0.7，a_1/ε^3——1280 m^{-1}（干）；

湿填料因子：1500 m^{-1}；

尾气分析所用硫酸体积：10 ml，浓度：0.003155 mol/L。

吸收实验设备流程图如图 2-7 所示。空气由漩涡气泵供给，氨气由氨气瓶供给，通过风机旁路阀 VA103 调节空气流量，孔板压差计测量空气压差降，氨气和空气混合后一起进入填料塔。水经调节阀进入填料塔。

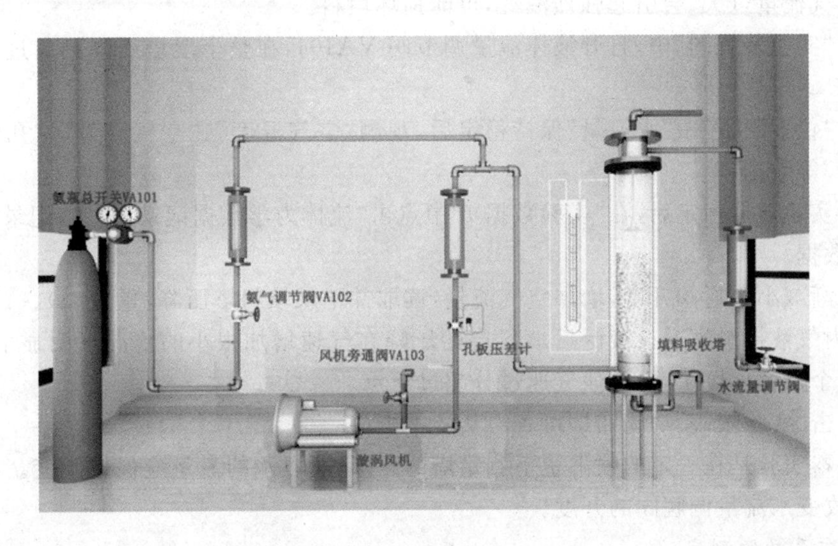

图 2-7　吸收实验设备流程图

经填料塔吸收，水吸收混合气中的大量氨气从塔底排出，空气和剩余少量氨气从塔顶作为尾气排出。为测量填料层压强降，装有表压计。

利用酸碱中和分析尾气中氨的含量。在吸收瓶中装入 10 ml 硫酸，浓度为 0.003155 mol/L，并滴入 1～2 滴甲基橙作为指示剂；当指示剂由红色变为黄色时，记录湿式流量计的体积数。

五、实验步骤

1. 参数设置

(1)点击“参数设置”功能钮，进入参数设置页面。

(2)点击“填料塔径”和“填料高度”中的绿色数字，既可以改变塔径和塔高设置。

(3)点击“填料类型”，旁边图片会相应的显示填料类型。

(4)点击“填料参数记录”按钮记录填料参数。

(5)参数设置完成后即可进行实验操作,默认情况下,填料类型为:

填料塔径 0.10 m;填料高度 0.49 m;填料类型 10×10×1.5 陶瓷拉西环。

2. 测量干塔压降数据

(1)在"实验装置图"中打开风机旁路阀 VA103,开度为 100。

(2)在"仪表面板"中,启动漩涡气泵电源开关,提供空气供给。

(3)在"仪表面板"中,观察"空气温度"、"空气流量"、"孔板压差"、"填料压降"等数据。

(4)待实验数据稳定后,在"实验数据 1"中点击"流体力学数据记录"按钮,记录当前状态下的实验数据。

(5)在"实验装置图"中逐渐减小风机旁路阀 VA103 开度,增大空气流量。

(6)重复(3)、(4)步骤,至少测量 6 组数据。

(7)点击"实验报表"功能钮即可查看实验报告。

3. 测量湿塔压降数据

(1)干塔压降测量完毕后,增加阀门 VA103 开度至 100,减少空气流量。因为在湿塔状态下,若空气流量过大,会引起强烈液泛,可能损坏填料。

(2)在"实验装置图"中,打开液体流量调节阀 VA104,在整个湿塔压降测量过程中液体流量不变。

(3)待"仪表面板"中"水流量"保持稳定后,观测"空气温度"、"空气流量"、"孔板压差"、"填料压降"等数据。

(4)待实验数据稳定后,在"实验数据 1"中点击"流体力学数据记录"按钮,记录当前状态下的实验数据。

(5)逐渐减小旁通阀开度,增加空气流量,读取并记录填料塔压降,重复(3)、(4)步骤,同时注意塔内气液接触情况。液泛后填料层的压降在气速增加很小的情况下明显上升,此时再取 1～2 个点就可以了,不要使气速过分超过泛点。

(6)点击"实验报表"功能钮即可查看实验报告。

注意:本实验是在一定的喷淋量下测量塔的压降,所以水的流量应保持不变。在实验过程中不要改变水流量调解阀的开度。

4. 传质系数的测定

建议实验条件:

水流量:100 L/h;空气流量:16.6 M^3/h;氨气流量:0.35 M^3/h

实验建议条件不一定非要采用,但要注意气量和水量不要太大,氨气浓度不要过高,否则一起数据严重偏离。

(1)在"实验装置图"中,打开漩涡风机旁路阀 VA103,开度为 60 左右。

(2)在"仪表面板"中,打开漩涡风机开关。

(3)在"实验装置图"中,打开液体流量调节阀 VA104,开度为 100,在整个湿塔压降测量过程中液体流量不变。

(4)在"实验装置图"中,打开氨瓶总开关。

(5)在"实验装置图"中,打开氨气流量调节阀 VA102,开度为 25 左右,读取氨气温度、流量。

(6)在"实验装置图"中点击"去尾气分析图"按钮,进入尾气分析实验装置图,打开考克开关，当吸收盒内的指示剂变色，关闭考克，记录湿式流量计转过的体积和气体的温度。

(7)在“实验数据 2”中点击“传质性能记录”按钮记录传质实验数据。

注意：开启氨瓶总阀前，要先关闭氨自动减压阀和氨流量调解阀，开启时开度不宜过大；

做传质实验时，水流量不能超过规定范围，否则尾气的氨浓度极低，给尾气分析带来麻烦。

六、实验报告

1. 将实验数据整理在数据表中，并用其中一组数据写出计算过程。
2. 将 $\Delta p \sim u$ 的关系在双对数坐标上绘制出来，确定载点和泛点。

七、思考题

1. 下列关于体积传质系数与液泛程度的关系正确的是____。

   A. 液泛越厉害，Kya 越小　　B. 液泛越厉害，Kya 越大

   C. Kya 随液泛程度先增加后减少　　D. Kya 随液泛程度无变化

2. 关于亨利定律与拉乌尔定律计算应用正确的是____。

   A. 吸收计算应用亨利定律　　B. 吸收计算应用拉乌尔定律

   C. 精馏计算应用亨利定律　　D. 精馏计算应用拉乌尔定律

3. 关于填料塔压降 Δp 与气速 u 和喷淋量 l 的关系正确的是____。

   A. u 越大，Δp 越大　　B. u 越大，Δp 越小

   C. l 越大，Δp 越大　　D. l 越大，Δp 越小

4. 下列诸命题正确的是？____。

   A. 喷淋密度是指通过填料层的液体量

   B. 喷淋密度是指单位时间通过填料层的液体量

   C. 喷淋密度是指单位时间通过单位面积填料层的液体体积

5. 干填料及湿填料压降—气速曲线的特征是____。

   A. 对干填料 u 增大 $\triangle P/Z$ 增大

   B. 对湿填料 u 增大 $\triangle P/Z$ 增大

   C. 载点以后泛点以前 u 增大 $\triangle P/Z$ 不变

   D. 泛点以后 u 增大 $\triangle P/Z$ 增大

6. 测定压降—气速曲线的意义在于____。

   A. 确定填料塔的直径　　B. 确定填料塔的高度

   C. 确定填料层高度　　D. 选择适当的风机

7. 测定传质系数 Kya 的意义在于____。

   A. 确定填料塔的直径　　B. 计算填料塔的高度

   C. 确定填料层高度　　D. 选择适当的风机

8. 为测取压降—气速曲线需测下列哪组数据？____。

   A. 测流速、压降和大气压

   B. 测水流量、空气流量、水温和空气温度

   C. 测塔压降、空气转子流量计读数、空气温度、空气压力和大气压

9. 传质单元数的物理意义为____。

A. 反映了物系分离的难易程度

B. 它仅反映设备效能的好坏(高低)

C. 它反映相平衡关系和进出口浓度状况

10. H_{OG}的物理意义为____。

A. 反映了物系分离的难易程度

B. 它仅反映设备效能的好坏(高低)

C. 它反映相平衡关系和进出口浓度状况

11. 温度和压力对吸收的影响为____。

A. T 增大 P 减小,Y_2增大 X_1减小

B. T 减小 P 增大,Y_2减小 X_1增大

C. T 减小 P 增大,Y_2增大 X_1减小

D. T 增大 P 减小,Y_2增大 X_1增大

12. 气体流速U增大对Kya影响为____。

A. U 增大,Kya 增大　　B. U 增大,Kya 不变

C. U 增大,Kya 减少

项目七　干燥速率曲线测定仿真实验

一、实验目的

1. 掌握干燥曲线和干燥速率曲线的测定方法；

2. 学习物料含水量的测定方法；

3. 加深对物料临界含水量 X_c 的概念及其影响因素的理解；

4. 学习恒速干燥阶段物料与空气之间对流传热系数的测定方法。

二、实验内容

1. 每组在某固定的空气流量和某固定的空气温度下测量一种物料干燥曲线、干燥速率曲线和临界含水量。

2. 测定恒速干燥阶段物料与空气之间对流传热系数线。

三、实验原理

当湿物料与干燥介质相接触时，物料表面的水分开始气化，并向周围介质传递。根据干燥过程中不同期间的特点，干燥过程可分为两个阶段。

第一个阶段为恒速干燥阶段。在过程开始时，由于整个物料的湿含量较大，其内部的水分能迅速地达到物料表面。因此，干燥速率为物料表面上水分的气化速率所控制，故此阶段亦称为表面气化控制阶段。在此阶段，干燥介质传给物料的热量全部用于水分的气化，物料表面的温度维持恒定(等于热空气湿球温度)，物料表面处的水蒸气分压也维持恒定，故干燥速率恒定不变。

第二个阶段为降速干燥阶段，当物料被干燥达到临界湿含量后，便进入降速干燥阶段。此时，物料中所含水分较少，水分自物料内部向表面传递的速率低于物料表面水分的气化速率，干燥速率为水分在物料内部的传递速率所控制。故此阶段亦称为内部迁移控制阶段。随着物料湿含量逐渐减少，物料内部水分的迁移速率也逐渐减少，故干燥速率不断下降。

恒速段的干燥速率和临界含水量的影响因素主要有：固体物料的种类和性质；固体物料层的厚度或颗粒大小；空气的温度、湿度和流速；空气与固体物料间的相对运动方式。

恒速段的干燥速率和临界含水量是干燥过程研究和干燥器设计的重要数据。本实验在恒定干燥条件下对帆布物料进行干燥，测定干燥曲线和干燥速率曲线，目的是掌握恒速段干燥速率和临界含水量的测定方法及其影响因素。

1. 干燥速率的测定

$$U=\frac{\mathrm{d}W'}{S\mathrm{d}\tau}\approx\frac{\Delta W'}{S\Delta\tau}$$

式中：U——干燥速率，kg /(m^2 · h)；

S——干燥面积，m^2(实验室现场提供)；

$\Delta\tau$ ——时间间隔，h；

$\Delta W'$——$\Delta\tau$ 时间间隔内干燥气化的水分量，kg。

2. 物料干基含水量

$$X=\frac{G'-Gc'}{Gc'}$$

式中：X——物料干基含水量，kg，水/kg 绝干物料；

G'——固体湿物料的量，kg；

Gc'——绝干物料量，kg。

3. 恒速干燥阶段，物料表面与空气之间对流传热系数的测定

$$Uc=\frac{dW'}{Sd\tau}=\frac{dQ'}{r_{tw}Sd\tau}=\frac{\alpha(t-t_w)}{r_{tw}}$$

$$\alpha=\frac{Uc\cdot r_{tw}}{t-t_w}$$

式中：α——恒速干燥阶段物料表面与空气之间的对流传热系数，W/($m^2\cdot$℃)；

Uc——恒速干燥阶段的干燥速率，kg/($m^2\cdot$s)；

t_w——干燥器内空气的湿球温度，℃；

t——干燥器内空气的干球温度，℃；

r_{tw}——t_w℃下水的汽化热，J/ kg。

4. 干燥器内空气实际体积流量的计算

由节流式流量计的流量公式和理想气体的状态方程式可推导出：

$$V_t=V_{t_0}\times\frac{273+t}{273+t_0}$$

式中：V_t——干燥器内空气实际流量，m^3/ s；

t_0——流量计处空气的温度，℃；

V_{t_0}——常压下 t_0℃时空气的流量，m^3/ s；

t——干燥器内空气的温度，℃。

$$V_{t_0}=C_0\times A_0\times\sqrt{\frac{2\times\Delta P}{\rho}}$$

$$A_0=\frac{\pi}{4}d_0^2$$

式中：C_0——流量计流量系数，$C_0=0.67$；

A_0——节流孔开孔面积，m^2；

d_0——节流孔开孔直径，第 1－4 套 $d_0=0.0500$ m，第 5－8 套 $d_0=0.0450$ m；

ΔP——节流孔上下游两侧压力差，Pa；

ρ——孔板流量计处 t_0 时空气的密度，kg/m^3。

四、实验装置与流程

1. 仿真工艺图

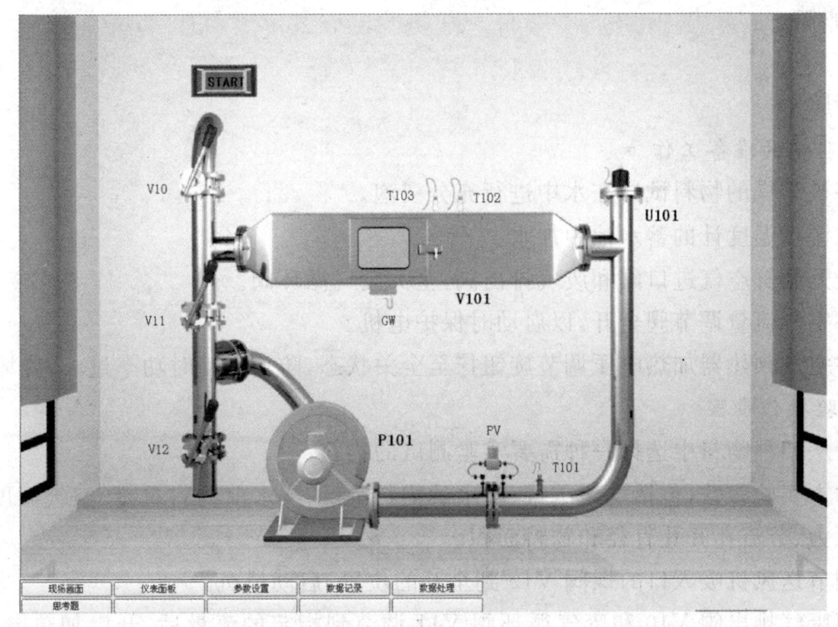

图 2-8　仿真工艺图

2. 主体设备

位号	名称	用途	类型
P101	风机	提供空气流量	非变频动力装置
U101	电加热器	给空气加热	电导加热设备
V101	洞道干燥器	干燥室	通风设备

3. 测量仪表

	仪表	位号	单位
温度	空气进口温度计	T101	℃
	干球温度计	T102	℃
	湿球温度计	T103	℃
压降	孔板流量计压降	PV	kPa
温度	物料重量传感器	GW	g

4. 实验说明

空气通过阀门 V12 由风机提供动力，一定流量的空气通过电加热后进入洞道干燥室，干燥里面的湿物料,物料重量的变化通过重量传感器传递到仪表显示。携带水分的空气由阀门 V10 排出。旁路阀 V11 用来调节进口空气的湿度和流量。本实验有四种物料可供选择,同一种物料下,改变空气流量和温度可以做不同的并行验证实验,检验空气流量和温度对干燥效果的影响。

五、实验步骤

1. 实验前的准备工作

(1)将被干燥的物料试样在水中进行充分浸泡。

(2)向湿球温度计的蓄水池中加水。

(3)全开新鲜空气进口阀和废气排出阀,全关废气循环阀。

(4)将空气流量调节阀全开,以启动时保护电机。

(5)将空气预热器加热电压调节旋钮拧至全关状态,防止启动时功率过大,烧坏加热器。

2. 实验操作步骤

(1)请从四种物料中选择一种需要实验测试的物料。

(2)输入实验参数,包括支架重量、浸水后物料重量、浸水前物料重量、空气温度、环境湿度、大气压力、节流孔开孔直径和物料面积。

(3)调节送风机吸入口的蝶阀 V12 到全开的位置,启动风机。

(4)用废气排出阀 V10 和废气循环阀 V11 调节到指定的流量后,开启加热电源。在智能仪表中设定干球温度,仪表自动调节到指定的温度。

(5)在空气温度、流量稳定的条件下,用重量传感器测定支架的重量并记录下来。

(6)在稳定的条件下,记录干燥时间每隔 2 分钟干燥物料减轻的重量,直至干燥物料的重量不再明显减轻为止。

(7)变空气流量或温度,重复上述实验。

(8)改变物料,重新进行上述实验。

(9)关闭加热电源,待干球温度降至常温后关闭风机电源和总电源。

(10)实验完毕,一切复原。

3. 注意事项

(1)重量传感器的量程为(0 克～200 克),精度较高。

(2)干燥器内必须有空气流过才能开启加热,防止干烧损坏加热器,出现事故。

(3)干燥物料要充分浸湿,但不能有水滴自由滴下,否则将影响实验数据的正确性,请注意输入物料初始重量的范围。

(4)实验开始后不要改变智能仪表的设置。

六、实验报告

1. 根据实验结果绘制出干燥曲线、干燥速率曲线,并得出恒定干燥速率、临界含水量、平衡含水量。

2. 计算出恒速干燥阶段物料与空气之间对流传热系数。

3. 试分析空气流量或温度对恒定干燥速率、临界含水量的影响。

七、思考题

1. 空气湿度一定时，相对湿度 φ 与温度 T 的关系是____。

   A. T 越大，φ 越大　　B. T 越大，φ 越小　　C. T 与 φ 无关

2. 临界含水量与平衡含水量的关系是____。

   A. 临界含水量＞平衡含水量

   B. 临界含水量＝平衡含水量

   C. 临界含水量＜平衡含水量

3. 下列关于干燥速率 u 的说法正确的是____。

   A. 温度越高，u 越大　　B. 气速越大，u 越大　　C. 干燥面积越大，u 越小

4. 干燥速率是____。

   A. 被干燥物料中液体的蒸发量随时间的变化率

   B. 被干燥物料单位表面积液体的蒸发量随时间的变化率

   C. 被干燥物料单位表面积液体的蒸发量随温度的变化率

   D. 当推动力为单位湿度差时，单位表面积上单位时间内液体的蒸发量

5. 若干燥室不向外界环境散热时，通过干燥室的空气将经历什么变化过程？____。

   A. 等温过程　　B. 绝热增湿过程

   C. 近似的等焓过程　　D. 等湿过程

6. 本实验中如果湿球温度计指示温度升高了，可能的原因有____。

   A. 湿球温度计的棉纱球缺水

   B. 湿球温度计的棉纱被水淹没

   C. 入口空气的焓值增大了，而干球温度未变

   D. 入口空气的焓值未变，而干球温度升高了

7. 本实验装置采用部分干燥介质(空气)循环使用的方法是为了____。

   A. 在保证一定传质推动力的前提下节约热能

   B. 提高传质推动力

   C. 提高干燥速率

8. 本实验中空气加热器出入口相对湿度之比等于什么？____。

   A. 入口温度:出口温度

   B. 出口温度:入口温度

   C. 入口温度下水的饱和和蒸气压:出口温度下水的饱和蒸气压

   D. 出口温度下水的饱和和蒸气压:入口温度下水的饱和蒸气压

9. 物料在一定干燥条件下的临界干基含水率为____。

   A. 干燥速率为零时的干基含水率

   B. 干燥速率曲线上由恒速转为降速的那一点上的干基含水率

   C. 干燥速率曲线上由降速转为恒速的那一点上的干基含水率

   D. 恒速干燥线上任一点所对应的干基含水率

10. 等式 $(t-t_w)a/r=k(H_w-H)$ 在什么条件下成立？____。

    A. 恒速干燥条件下

B. 物料表面温度等于空气的湿球温度时

C. 物料表面温度接近空气的绝热饱和和温度时

D. 降速干燥条件下

11. 下列条件中哪些有利于干燥过程进行？____。

A. 提高空气温度　　B. 降低空气湿度

C. 提高空气流速　　D. 降低入口空气相对湿度

12. 若本实验中干燥室不向外界散热，则入口和出口处空气的湿球温度的关系是____。

A. 入口湿球球温度＞出口湿球温度

B. 入口湿球球温度＜出口湿球温度

C. 入口湿球球温度＝出口湿球温度

项目八　萃取塔仿真实验

一、实验目的

1. 了解脉冲填料萃取塔的结构；

2. 掌握填料萃取塔的性能测定方法和萃取塔传质效率的强化方法。

二、实验原理

1. 填料萃取塔是石油炼制、化学工业和环境保护部分广泛应用的一种萃取设备，具有结构简单、便于安装和制造等特点。塔内填料的作用可以使分散相液滴不断破碎和聚合，以使液滴表面不断更新，还可以减少连续相的轴相混合。本实验采用连续通入压缩空气向填料塔内提供外加能量，增加液体滞动，强化传质。在普通填料萃取塔内，两相依靠密度差而逆相流动，相对密度较小，界面湍动程度低，限制了传质速率的进一步提高。为了防止分散相液滴过多聚结，增加塔内流动的湍动，可采用连续通入或断续通入压缩空气（脉冲方式）向填料塔提供外加能量，增加液体湍动。当然湍动太厉害，会导致液液两相乳化，难以分离。

2. 萃取塔的分离效率可以用传质单元高度 H_{OE} 来表示，影响脉冲填料萃取塔分离效率的因素主要有：填料的种类、轻重两相的流量以及脉冲强度等。对一定的实验设备，在两相流量固定条件下，脉冲强度增加，传制单元高度降低，塔的分离能力增加。

3. 本实验以水为萃取剂，从煤油中萃取苯甲酸，苯甲酸在煤油中的浓度约为 0.2%（质量）。水相为萃取相（用字母 E 表示，在本实验中又称连续相、重相），煤油相为萃余相（用字母 R 表示，在本实验中又称分散相）。在萃取过程中苯甲酸部分地从萃余相转移至萃取相。萃取相及萃余相的进出口浓度由容量分析法测定之。考虑水与煤油是完全不互溶的，且苯甲酸在两相中的浓度都很低，可认为在萃取过程中两相液体的体积流量不发生变化。

（1）按萃取相计算的传质单元数 N_{OE} 计算公式为：

$$N_{OE}=\int_{Y_{Et}}^{Y_{Eb}}\frac{dY_{E}}{(Y_{E}^{*}-Y_{E})}$$

式中：Y_{Et}——苯甲酸在进入塔顶的萃取相中的质量比组成，kg 苯甲酸/kg 水；

（本实验中 $Y_{Et}=0$）

Y_{Eb}——苯甲酸在离开塔底萃取相中的质量比组成，kg 苯甲酸/kg 水；

Y_{E}——苯甲酸在塔内某一高度处萃取相中的质量比组成，kg 苯甲酸/kg 水；

Y_{E}^{*}——与苯甲酸在塔内某一高度处萃余相组成 X_R 成平衡的萃取相中的质量比组成，kg 苯甲酸/kg 水。

用 Y_E—X_R 图上的分配曲线（平衡曲线）与操作线可求得 $\frac{1}{(Y_{E}^{*}-Y_{E})}-Y_{E}$ 关系。再进行图解积分或用辛普森积分可求得 N_{OE}。

（2）按萃取相计算的传质单元高度 H_{OE}

$$H_{OE}=\frac{H}{N_{OE}}$$

式中：H——萃取塔的有效高度，m；

H_{OE}——按萃取相计算的传质单元高度，m。

(3)按萃取相计算的体积总传质系数

$$K_{YE}a=\frac{S}{H_{OE}\cdot\Omega}$$

式中：S——萃取相中纯溶剂的流量，kg 水/h；

Ω——萃取塔截面积，m^2；

$K_{YE}a$——按萃取相计算的体积总传质系数，$\dfrac{\text{kg 苯甲酸}}{(m^3\cdot h\cdot\dfrac{\text{kg 苯甲酸}}{\text{kg 水}})}$。

三、实验装置与流程

1. 萃取塔实验流程图

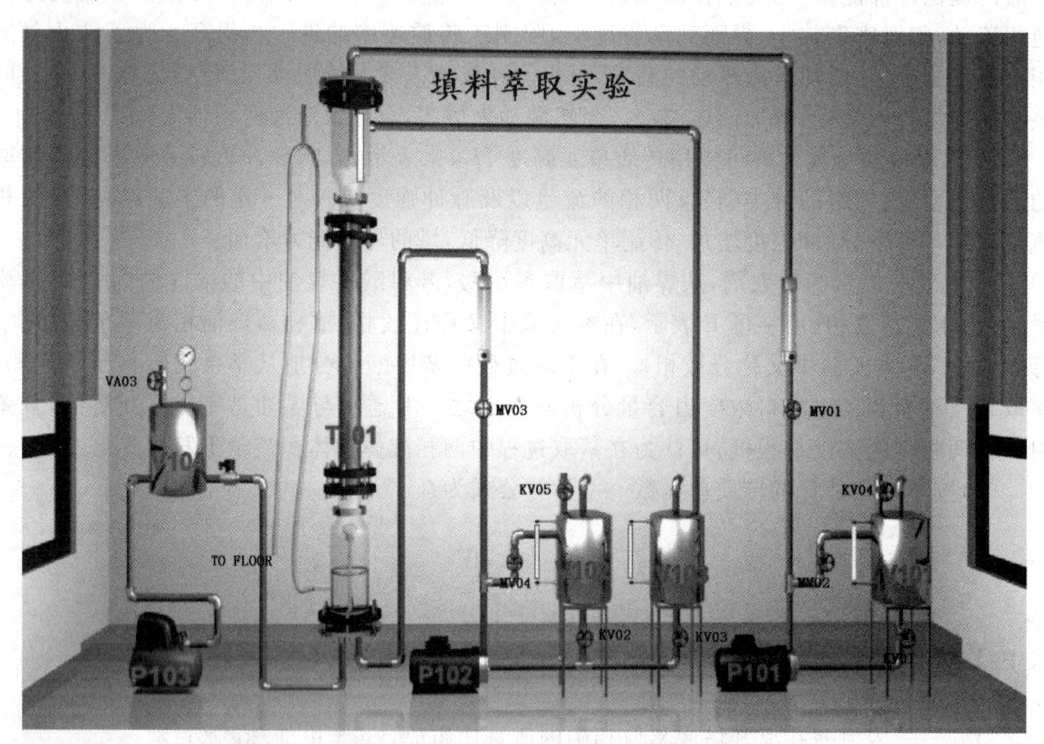

图 2-9 萃取塔实验流程图

2. 主体设备位号及名称

T101——萃取塔	V101——重相原料罐
V102——轻相原料罐	V103——轻相产品罐
V104——压缩空气缓冲罐	P101——重相泵(水泵)
P102——轻相泵(煤油泵)	P103——空气压缩机
KV01——V101 罐底出料阀	KV02——V102 罐底出料阀
KV03——V103 罐底出料阀	KV04——水加料阀

KV05——煤油加料阀

3. 智能仪表的界面以及使用

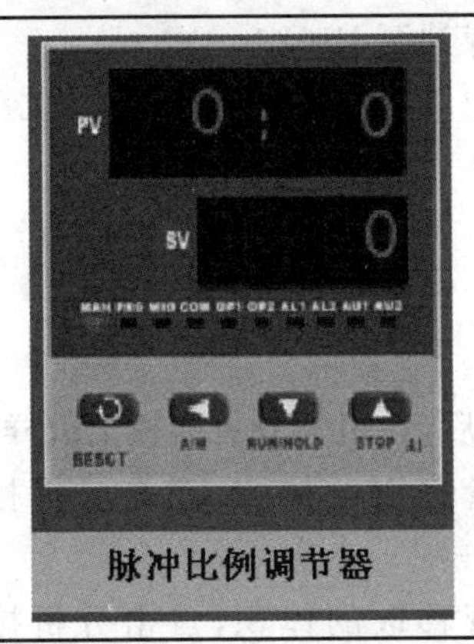脉冲比例调节器	——设定键，点击可进入修改状态，用其余三键修改，再点击返回正常显示。 ——移位键，在修改状态下，可以设定当前修改的值是通气频率还是断气频率，当前修改值变闪烁状态。 ——减数键，在参数状态下，每点一下，可将当前修改的数值减 1，改变范围 0～10。 ——加数键，在参数状态下，每点一下，可将当前修改的数值加 1，改变范围 0～10。

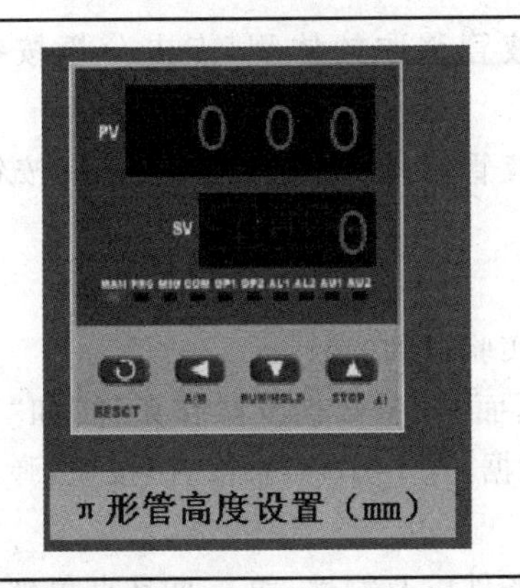π 形管高度设置（mm）	——设定键，点击可进入修改状态，用其余三键修改，再点击返回正常显示。 ——移位键，在修改状态下，可以设定当前修改的值是个位、十位还是百位，当前修改值变闪烁状态。 ——减数键，在参数状态下，每点一下，可将当前修改的数值减 1，改变范围 0～9。 ——加数键，在参数状态下，每点一下，可将当前修改的数值加 1，改变范围 0～9。

注意：Π 形管高度范围为 150 mm～300 mm 之间，若智能仪表设定值低于下限，则系统按下限(150 mm)计算；若智能仪表设定值高于上限，则系统按上限(300 mm)计算。

四、实验步骤

1. 引重相入萃取塔

(1)在“仪表面板”中，打开总电源开关。

在“实验装置图”中，打开重相加料阀 KV04 加料，待重相液位涨到 75%～90%之间，关闭 KV04。

(2)在“实验装置图”中，打开罐 V101 底阀 KV01。

(3)在“仪表面板”中，打开水泵的电源开关，启动水泵 P101。

(4)在“实验装置图”中，全开水流量调节阀 MV01，以最大流量将重相打入萃取塔。

(5)在“实验装置图”中，当塔内水面快涨到重相入口与轻相出口间的中点时，将水流量调节到指定值 6 L/h(即将 MV01 的开度调节到 20～25 之间)。

(6)在“仪表面板”中，缓慢改变 π 形管的位置，使塔内液位稳定在轻相出口以下的位置。

2. 引轻相入萃取塔

(1)在“实验装置图”中，打开轻相进料阀 KV05 加料，待轻相液位涨到 75%～90%之间，关闭 KV05。

(2)在“实验装置图”中，打开罐 V102 底阀 KV02。

(3)在“仪表面板”中，打开煤油泵的电源开关，启动煤油泵 P102。

(4)在“实验装置图”中，打开煤油流量调节阀 MV02，将煤油流量调节到 9 L/h，(即将 MV02 开度交接至 25～30 之间)。

3. 调整至平衡后取样分析

(1)打开压缩机电源开关

(2)在脉冲频率调节器上设定脉冲频率

(3)待重相轻相流量稳定、萃取塔上罐界面液位稳定后，在组分分析面板上取样分析。

(4)在“组分分析”中，在塔顶重相栏里选择移液管移取的体积，点击分析按钮分析 NaOH 的消耗体积和重相进料中的苯甲酸组成。

(5)在“组分分析”中，在塔底轻相栏里选择移液管移取的体积，点击分析按钮分析 NaOH 的消耗体积和轻相进料中的苯甲酸组成。

(6)在“组分分析”中，在塔底重相栏里选择移液管移取的体积，点击分析按钮分析 NaOH 的消耗体积和萃取相中的苯甲酸组成。

(7)在“组分分析”中，在塔顶轻相栏里选择移液管移取的体积，点击分析按钮分析 NaOH 的消耗体积和萃余相中的苯甲酸组成。

4. 生成实验报告并查看

(1)在“实验数据”中，点击“记录数据”按钮，记录实验得到的数据。

(2)点击软件下方的“实验报表”按钮，在弹出的页面“设备数据及操作条件”和“苯甲酸含量”中查看实验数据；选中要生成操作曲线的那行数据，点下方“实验报告”按钮，弹出实验报告。

(3)弹出的实验报告中，第一页是设备数据、操作条件以及物性；第二页是直角坐标系下的平衡线和操作线相图；第三页是实验结果数据表，可查看相应的传质单元数，传质单元高度和体积总传质系数。

五、思考题

1. 萃取操作所依据的原理是____不同。

A. 沸点　　B. 熔点　　C. 吸附力　　D. 溶解度

2. 萃取操作后的富溶剂相，称为____。

A. 萃取物　　B. 萃余物　　C. 滤液　　D. 上萃物

3. 油脂工业上，最常来提取大豆油，花生油等的萃取装置为____。

A. 篮式萃取塔　　B. 喷雾萃取塔　　C. 孔板萃取塔　　D. 填充萃取塔

4. 萃取液与萃余液的比重差愈大，则萃取效果____。

A. 愈好　　B. 愈差　　C. 不影响　　D. 不一定

5. 将植物种子的籽油提取，最经济的方法是____。

A. 蒸馏　　B. 萃取　　C. 压榨　　D. 干燥

6. 萃取操作的分配系数之影响为____。

A. 分配系数愈大，愈节省溶剂

B. 分配系数愈大，愈耗费溶剂

C. 分配系数愈大，两液体的分离愈容易

D. 分配系数愈小，两液体愈容易混合接触

7. 选择萃取剂将碘水中的碘萃取出来，这中萃取剂应具备的性质是____。

A. 溶于水，且必须易与碘发生化学反应

B. 不溶于水，且比水更容易使碘溶解

C. 不溶于水，且必须比水密度大

D. 不溶于水，且必须比水密度小

8. 在萃取分离达到平衡时溶质在两相中的浓度比称为____。

A. 浓度比　B. 萃取率　C. 分配系数　D. 分配比

9. 有4种萃取剂，对溶质A和稀释剂B表现出下列特征，则最合适的萃取剂应选择____。

A. 同时大量溶解A和B　B. 对A和B的溶解都很小

C. 对A和B的溶解都很小　D. 大量溶解B少量溶解A

10. 对于同样的萃取相含量，单级萃取所需的溶剂量____。

A. 比较小　B. 比较大　C. 不确定　D. 相等

11. 将具有热敏性的液体混合物加以分离常采用____方法。

A. 蒸馏　B. 蒸发　C. 萃取　D. 吸收

12. 萃取操作温度一般选____。

A. 常温　B. 高温　C. 低温　D. 不限制

单元三 乙醛氧化制醋酸生产操作仿真实训

项目一 乙醛氧化制醋酸工艺(氧化工段)仿真实训

一、实训目的

1. 熟悉乙醛氧化制醋酸工艺(氧化工段)的主要设备和工艺技术指标;
2. 掌握乙醛氧化制醋酸工艺(氧化工段)生产方法及工艺路线;
3. 掌握乙醛氧化制醋酸工艺(氧化工段)岗位操作方法及其常见故障处理方法。

二、生产方法及工艺路线

1. 生产方法及反应机理

乙醛首先与空气或氧气氧化成过氧醋酸,而过氧醋酸很不稳定,在醋酸锰的催化下发生分解,同时使另一分子的乙醛氧化,生成二分子乙酸。氧化反应是放热反应。

$CH_3CHO+O_2 \rightarrow CH_3COOOH$

$CH_3COOOH + CH_3CHO \rightarrow 2CH_3COOH$

总的化学反应方程式为:

$CH_3CHO + 1/2O_2 \rightarrow CH_3COOH + 292.0kJ/mol$

在氧化塔内,还有一系列的氧化反应,主要副产物有甲酸、甲酯、二氧化碳、水、醋酸甲酯等。

$CH_3COOOH \rightarrow CH_3OH+CO_2$

$CH_3OH+CO_2 \rightarrow HCOOH+ H_2O$

$CH_3COOOH + CH_3COOH \rightarrow CH_3COOCH_3+ CO_2+ H_2O$

$CH_3OH + CH_3COOH \rightarrow CH_3COOCH_3+ H_2O$

$CH_3OH \rightarrow CH_4+CO$

$CH_3CH_2OH + CH_3COOH \rightarrow CH_3COOC_2H_5+ H_2O$

$CH_3CH_2OH + HCOOH \rightarrow HCOOC_2H_5+ H_2O$

$3CH_3CHO+3O_2 \rightarrow HCOOH + 2CH_3COOH + CO_2+ H_2O$

$4CH_3CHO +5O_2 \rightarrow 4CO_2+ 4H_2O$

$3CH_3CHO + O_2 \rightarrow CH_3CH(OCOCH_3)_2+ H_2O$

$2CH_3COOH \rightarrow CH_3COCH_3+ CO_2+ H_2O$

$CH_3COOH \rightarrow CH_4+ CO_2$

乙醛氧化制醋酸的反应机理一般认为可以用自由基的链接反应机理来进行解释,常温下乙醛就可以自动地以很慢的速度吸收空气中的氧而被氧化生成过氧醋酸。

$$CH_3CHO+O_2 \longrightarrow H_3C-C(=O)-O-OH$$

过氧醋酸以很慢的速度分解生成自由基。

$$CH_3COOOH \longrightarrow H_3C-C(=O)-O^{\cdot}$$

自由基CH_3COO^*引发下列的链锁反应：

$$H_3C-C(=O)-O^{\cdot} + CH_3CHO \longrightarrow CH_3CO^+ + CH_3COOH$$

$$CH_3CO^+ + O_2 \longrightarrow H_3C-C(=O)-O-O^+$$

$$H_3C-C(=O)-O-O^+ + CH_3CHO \longrightarrow H_3C-\overset{O}{\overset{\|}{C^+}} + CH_3COOOH$$

$$H_3C-C(=O)-O-OH + CH_3CHO \longrightarrow 2CH_3COOH$$

自由基引发一系列的反应生成醋酸。但过氧醋酸是一个极不安定的化合物，积累到一定程度就会分解而引起爆炸。因此，该反应必须在催化剂存在下才能顺利进行。催化剂的作用是将乙醛氧化时生成的过氧醋酸及时分解成醋酸，而防止过氧醋酸的积累、分解和爆炸。

2. 工艺流程简述

(1)装置流程简述

本反应装置系统采用双塔串联氧化流程，主要装置有第一氧化塔 T101、第二氧化塔 T102、尾气洗涤塔 T103、氧化液中间贮罐 V102、碱液贮罐 V105。其中 T101 是外冷式反应塔，反应液由循环泵从塔底抽出，进入换热器中以水带走反应热，降温后的反应液再由反应器的中上部返回塔内；T102 是内冷式反应塔，它是在反应塔内安装多层冷却盘管，管内以循环水冷却。

乙醛和氧气首先在全返混型的反应器一第一氧化塔 T101 中反应(催化剂溶液直接进入 T101 内)，然后到第二氧化塔 T102 中，通过向 T102 中加氧气，进一步进行氧化反应(不再加催化剂)。第一氧化塔 T101 的反应热由外冷却器 E102A/B 移走，第二氧化塔 T102 的反应热由内冷却器移除，反应系统生成的粗醋酸送往蒸馏回收系统，制取醋酸成品。

蒸馏采用先脱高沸物，后脱低沸物的流程。

粗醋酸经氧化液蒸发器 E201 脱除催化剂，在脱高沸塔 T201 中脱除高沸物，然后在脱低沸塔 T202 中脱除低沸物，再经过成品蒸发器 E206 脱除铁等金属离子，得到产品醋酸。

从低沸塔 T202 顶出来的低沸物去脱水塔 T203 回收醋酸，含量 99%的醋酸又返回精馏系统，塔 T203 中部抽出副产物混酸，T203 塔顶出料去甲酯塔 T204。甲酯塔塔顶产出甲酯，塔釜排出废水去中和池处理。

(2)氧化系统流程简述

乙醛和氧气按配比流量进入第一氧化塔(T101),氧气分两个入口入塔,上口和下口通氧量比约为1∶2,氮气通入塔顶气相部分,以稀释气相中氧和乙醛。

乙醛与催化剂全部进入第一氧化塔,第二氧化塔不再补充。氧化反应的反应热由氧化液冷却器(E102A/B)移去,氧化液从塔下部用循环泵(P101A/B)抽出,经过冷却器(E102A/B)循环回塔中,循环比(循环量:出料量)约(110～140)∶1。冷却器出口氧化液温度为60℃,塔中最高温度为75℃～78℃,塔顶气相压力0.2 MPa(表),出第一氧化塔的氧化液中醋酸浓度在92%～95%,从塔上部溢流去第二氧化塔(T102)。

第二氧化塔为内冷式,塔底部补充氧气,塔顶也加入保安氮气,塔顶压力0.1 MPa(表),塔中最高温度约85℃,出第二氧化塔的氧化液中醋酸含量为97%～98%。

第一氧化塔和第二氧化塔的液位显示设在塔上部,显示塔上部的部分液位(全塔高90%以上的液位)。

出氧化塔的氧化液一般直接去蒸馏系统,也可以放到氧化液中间贮罐(V102)暂存。中间贮罐的作用是:正常操作情况下做氧化液缓冲罐,停车或事故时存氧化液,醋酸成品不合格需要重新蒸馏时,由成品泵(P402)送来中间贮存,然后用泵(P102)送蒸馏系统回炼。

两台氧化塔的尾气分别经循环水冷却的冷却器(E101)中冷却,凝液主要是醋酸,带少量乙醛,回到塔顶,尾气最后经过尾气洗涤塔(T103)吸收残余乙醛和醋酸后放空,洗涤塔采用下部为新鲜工艺水,上部为碱液,分别用泵(P103、P104)循环。洗涤液温度常温,洗涤液含醋酸达到一定浓度后(70%～80%),送往精馏系统回收醋酸,碱洗段定期排放至中和池。

三、工艺技术指标

1. 控制指标

序号	名称	仪表信号	单位	控制指标	备注
1	T101压力	PIC109A/B	MPa	0.19±0.01	
2	T102压力	PIC112A/B	MPa	0.1±0.02	
3	T101底温度	TI103A	℃	77±1	
4	T101中温度	TI103B	℃	73±2	
5	T101上部液相温度	TI103C	℃	68±3	
6	T101气相温度	TI103E	℃	与上部液相温差大于13℃	
7	E102出口温度	TIC104A/B	℃	60±2	
8	T102底温度	TI106A	℃	83±2	
9	T102温度	TI106B	℃	85～70	
10	T102温度	TI106C	℃	85～70	
11	T102温度	TI106D	℃	85～70	
12	T102温度	TI106E	℃	85～70	
13	T102温度	TI106F	℃	85～70	

（续表）

序号	名称	仪表信号	单位	控制指标	备注
14	T102 温度	TI106G	℃	85～70	
15	T102 气相温度	TI106H	℃	与上部液相温差大于 15℃	
16	T101 液位	LIC101	%	35±15	
17	T102 液位	LIC102	%	35±15	
18	T101 加氮量	FIC101	m^3/h	150±50	
19	T102 加氮量	FIC105	m^3/h	75±25	

2. 分析项目

序号	名称	位号	单位	控制指标	备注
1	T101 出料含醋酸	AIAS102	%	92～95	
2	T101 出料含醛	AIAS103	%	<4	
3	T102 出料含醋酸	AIAS104	%	>97	
4	T102 出料含醛	AIAS107	%	<0.3	
5	T101 尾气含氧	AIAS101A、B、C	%	<5	
6	T102 尾气含氧	AIAS105	%	<5	
7	T103 中含醋酸	AIAS106	%	<80	

四、岗位操作法

1. 冷态开车/装置开工

(1)开工应具备的条件

1)检修过的设备和新增的管线，必须经过吹扫、气密、试压、置换合格。(若是氧气系统，还要脱酯处理)

2)电气、仪表、计算机、联锁、报警系统全部调试完毕，调校合格，准确好用。

3)机电、仪表、计算机、化验分析具备开工条件，值班人员在岗。

4)备有足够的开工用原料和催化剂。

(2)引公用工程

(3)N_2吹扫、置换气密

(4)系统水运试车

(5)酸洗反应系统

1)首先将尾气吸收塔 T103 的放空阀 V45 打开；从罐区 V402(开阀 V57)将酸送入 V102 中，而后由泵 P102 向第一氧化塔 T101 进酸，T101 见液位(约为 2%)后停泵 P102，停止进酸。“快速灌液”说明，向 T101 灌乙酸时，选择“快速灌液”按钮，在 LIC101 有液位显示之前，灌液速度加速 10 倍，有液位显示之后，速度变为正常；对 T102 灌酸时类似。使用“快速灌液”只是为了节省操作时间，但并不符合工艺操作原则，由于是局部加速，有可能会造成液体总量不守衡，为保证正常操作，将“快速灌液”按钮设为一次有效性，即：只能对该按钮进行一次操作，操作后，按钮消失；如果一直不对该按钮操作，则在循环建立后，该按钮也消失。该加速过程只对“酸洗”和“建立循环”有效。

2)开氧化液循环泵 P101，循环清洗 T101。

3)用 N_2 将 T101 中的酸经塔底压送至第二氧化塔 T102，T102 见液位后关来料阀停止进酸。

4)将 T101 和 T102 中的酸全部退料到 V102 中，供精馏开车。

5)重新由 V102 向 T101 进酸，T101 液位达 30%后向 T102 进料，精馏系统正常出料，建立全系统酸运大循环。

(6)全系统大循环和精馏系统闭路循环

1)氧化系统酸洗合格后，要进行全系统大循环：

V402 → T101 → T102 → E201 → T201

T202 → T203 → V209（→ E201）

T202 ↓ E206 → V204 → V402

2)在氧化塔配制氧化液和开车时，精馏系统需闭路循环。脱水塔 T203 全回流操作，成品醋酸泵 P204 向成品醋酸储罐 V402 出料，P402 将 V402 中的酸送到氧化液中间罐 V102，由氧化液输送泵 P102 送往氧化液蒸发器 E201 构成下列循环：(属另一工段)

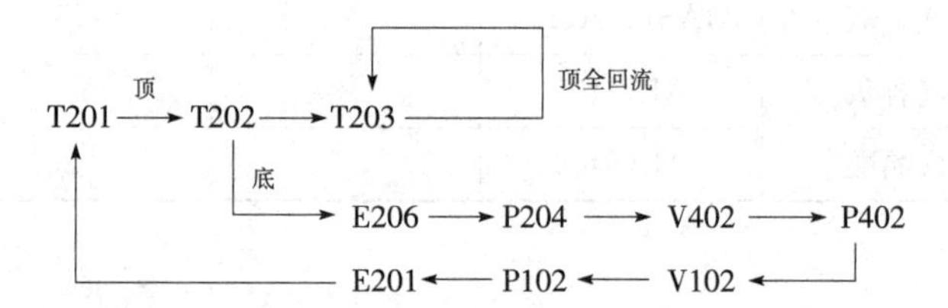

等待氧化开车正常后逐渐向外出料。

(7)第一氧化塔配制氧化液

向 T101 中加醋酸，见液位后(LIC101 约为 30%)，停止向 T101 进酸。向其中加入少量醛和催化剂，同时打开泵 P101A/B 打循环，开 E102A 通蒸汽为氧化液循环液通蒸汽加热，循环流量保持在 700000 kg/h(通氧前)，氧化液温度保持在 70℃～76℃，直到使浓度符合要求(醛含量约为 7.5%)。

(8)第一氧化塔投氧开车

1)开车前联锁投入自动。

2)投氧前氧化液温度保持在 70℃～76℃，氧化液循环量 FIC104 控制在 700000 kg/h。

3)控制 FIC101 N_2 流量为 120 kg/h。

4)按如下方式通氧：

① 用 FIC110 小投氧阀进行初始投氧，氧量小于 100 m^3/h 开始投。

首先特别注意两个参数的变化：LIC101 液位上涨情况；尾气含氧量 AIAS101 三块表是否上升。

其次，随时注意塔底液相温度、尾气温度和塔顶压力等工艺参数的变化。

如果液位上涨停止然后下降，同时尾气含氧稳定，说明初始引发较理想，逐渐提高投氧量。

② 当FIC－110小调节阀投氧量达到320 m³/h时，启动FIC－114调节阀，在FIC－114增大投氧量的同时减小FIC－110小调节阀投氧量直到关闭。

③ FIC－114投氧量达到1000 m³/h后，可开启FIC－113上部通氧，FIC－113与FIC－114的投氧比为1∶2。

原则要求：投氧在0 m³/h～400 m³/h之内，投氧要慢。如果吸收状态好，要多次小量增加氧量。400 m³/h～1000 m³/h之内，如果反应状态好要加大投氧幅度，特别注意尾气的变化及时加大N_2量。

④ T101塔液位过高时要及时向T102塔出一下料。当投氧到400 m³/h时，将循环量逐渐加大到850000 kg/h；当投氧到1000 m³/h时，将循环量加大到1000 m³/h。循环量要根据投氧量和反应状态的好坏逐渐加大。同时根据投氧量和酸的浓度适当调节醛和催化剂的投料量。

5)调节方式：

①将T101塔顶保安N_2开到120 m³/h，氧化液循环量FIC104调节为500000 kg/h～700000 kg/h，塔顶PIC109A/B控制为正常值0.2 MPa。将氧化液冷却器(E102A/B)中的一台E102A改为投用状态，调节阀TIC104B备用。关闭E102A的冷却水，通入蒸汽给氧化液加热，使氧化液温度稳定在70℃～76℃。调节T101塔液位为25%±5%，关闭出料调节阀LIC101，按投氧方式以最小量投氧，同时观察液位、气液相温度及塔顶、尾气中含氧量变化情况。当液位升高至60%以上时需向T102塔出料降低一下液位。当尾气含氧量上升时要加大FIC101氮气量，若继续上升氧含量达到5%(v)打开FIC103旁路氮气，并停止提氧。若液位下降一定量后处于稳定，尾气含氧量下降为正常值后，氮气调回120 m³/h，含氧仍小于5%并有回降趋势，液相温度上升快，气相温度上升慢，有稳定趋势，此时小量增加通氧量，同时观察各项指标。若正常，继续适当增加通氧量，直至正常。

待液相温度上升至84℃时，关闭E102A加热蒸汽。

当投氧量达到1000 m³/h以上时，且反应状态稳定或液相温度达到90℃时，关闭蒸汽，开始投冷却水。开TIC104A，注意开水速度应缓慢，注意观察气液相温度的变化趋势，当温度稳定后再提投氧量。投水要根据塔内温度勤调，不可忽大忽小。在投氧量增加的同时，要对氧化液循环量做适当调节。

② 投氧正常后，取T101氧化液进行分析，调整各项参数，稳定一段时间后，根据投氧量按比例投醛，投催化剂。液位控制为(35±5)%向T102出料。

③在投氧后，来不及反应或吸收不好，液位升高不下降或尾气含氧增高到5%时，关小氧气，增大氮气量后，液位继续上升至80%或含氧继续上升至8%，联锁停车，继续加大氮气量，关闭氧气调节阀。取样分析氧化液成分，确认无问题时，再次投氧开车。

(9)第二氧化塔投氧

1)待T－102塔见液位后，向塔底冷却器内通蒸汽保持氧化液温度在80℃，控制液位(35±5)%，并向蒸馏系统出料。取T－102塔氧化液分析。

2)T－102塔顶压力PIC112控制在0.1 MPa，塔顶氮气FIC－105保持在90 m³/h。由T102塔底部进氧口，以最小的通氧量投氧，注意尾气含氧量。在各项指标不超标的情况下，通氧量逐渐加大到正常值。当氧化液温度升高时，表示反应在进行。停蒸汽开冷却水TIC－105、TIC－106、TIC－108、TIC－109，使操作逐步稳定。

(10)吸收塔投用

1)打开 V49,向塔中加工艺水湿塔;接着开阀 V50,向 V105 中备工艺水。

2)开阀 V48,向 V103 中备料(碱液)。

3)在氧化塔投氧前开 P103A/B 向 T103 中投用工艺水。

4)投氧后开 P104A/B 向 T103 中投用吸收碱液。

5)如工艺水中醋酸含量达到 80%时,开阀 V51 向精馏系统排放工艺水。

(11)氧化塔出料

当氧化液符合要求时,开 LIC102 和阀 V44 向氧化液蒸发器 E201 出料。用 LIC102 控制出料量。

2. 正常停车

氧化系统停车:

1)将 FIC102 切至手动,关闭 FIC-102,停醛。

2)将 FIC114 逐步将进氧量下调至 1000 m^3/H。注意观察反应状况,当第一氧化塔 T101 中醛的含量降至 0.1 以下时,立即关闭 FIC114、FICSQ106,关闭 T101、T102 进氧阀。

3)开启 T101、T102 塔底排,逐步退料到 V-102 罐中,送精馏处理。停 P101 泵,将氧化系统退空。

3. 紧急停车

(1)事故停车

主要是指装置在运行过程中出现的仪表和设备上的故障而引起的被迫停车。采取的措施如下:

1)首先关掉 FICSQ102、FIC112、FIC301 三个进物料阀。然后关闭进氧进醛线上的塔壁阀。

2)根据事故的起因控制进氮量的多少,以保证尾气中含氧小于 5%(V)。

3)逐步关小冷却水直到塔内温度降为 60℃,关闭冷却水 TIC104A/B。

4)第二氧化塔关冷却水由下而上逐个关掉并保温 60℃。

(2)紧急停车

生产过程中,如遇突发的停电、停仪表风、停循环水、停蒸汽等而不能正常生产时,应做紧急停车处理。

1)紧急停电

仪表供电可通过蓄电池逆变获得,供电时间 30 分钟;所有机泵不能自动供电。

① 氧化系统:正常来说,紧急停电 P101 泵自动联锁停车。马上关闭进氧进醛塔壁阀;及时检查尾气含氧及进氧进醛阀门是否自动连锁关闭。

② 精馏系统:此时所有机泵停运。首先减小各塔的加热蒸汽量;再关闭各机泵出口阀,关闭各塔进出物料阀;并视情况对物料做具体处理。

③ 罐区系统:氧化系统紧急停车后,应首先关闭乙醛球罐底出料阀及时将两球罐保压;成品进料及时切换至不合格成品罐 V403。

2)紧急停循环水

停水后立即做紧急停车处理。停循环水时 PI508 压力在 0.25 MPa 连锁动作(目前未投用)。FICSQ102、FIC112、FIC301 三电磁阀自动关闭。

① 氧化系统：停车步骤同事故停车。注意氧化塔温度不能超得太高，加大氧化液循环量。

② 精馏系统：先停各塔加热蒸汽，同时向塔内充氮，保持塔内正压；待各塔温度下降时，停回流泵，关闭各进出物料阀。

3）紧急停蒸汽

同事故停车。

4）紧急停仪表风

所有气动薄膜调节阀将无法正常启动，应做紧急停车处理。

① 氧化系统：应按紧急停车按钮，手动电磁阀关闭 FIC102、FIC103、FIC106 三个进醛进氧阀。然后关闭醛氧线塔壁阀，塔压力及流量等的控制要通过现场手动副线进行调整控制。

其他步骤同事故停车。

② 精馏系统：所有蒸汽流量及塔罐液位的控制要通过现场手动进行操作。停车步骤同“正常停车”。

4. 岗位操作法

(1)第一氧化塔

塔顶压力 0.18 MPa～0.2 MPa(表)，由 PIC109A/B 控制；循环比(循环量与出料量之比)为 110～140 之间，由循环泵进出口跨线截止阀控制，由 FIC104 控制，液位(35±15)%，由 LIC101 控制；进醛量满负荷为 9.86 吨乙醛/小时，由 FICSQ102 控制，根据经验最低投料负荷为 66%，一般不许低于 60%负荷，投氧不许低于 1500 m^3/h；满负荷进氧量设计为 2871 m^3/h 由 FI108 来计量。进氧，进醛配比为氧：醛＝0.35～0.4(WT)，根据分析氧化液中含醛量，对氧配比进行调节。氧化液中含醛量一般控制为$(3\sim4)\times10^{-2}$(WT)；上下进氧口进氧的配比约为 1:2；塔顶气相温度控制与上部液相温差大于 13℃，主要由充氮量控制；塔顶气相中的含氧量$<5\times10^{-2}$($<5\%$)，主要由充氮量控制；塔顶充氮量根据经验一般不小于 80 m^3/h，由 FIC101 调节阀控制；循环液(氧化液)出口温度 TI103F 为(60±2)℃，由 TIC104 控制 E102 的冷却水量来控制；塔底液相温度 TI103A 为(77±1)℃，由氧化液循环量和循环液温度来控制。

(2)第二氧化塔(T102)

塔顶压力为 0.1±0.02 MPa，由 PIC112A/B 控制；液位(35±15)%，由 LIC102 控制；进氧量：0～160 m^3/h，由 FICSQ106 控制。根据氧化液含醛来调节；氧化液含醛为 0.3×10^{-2} 以下；塔顶尾气含氧量$<5\%$，主要由充氮量来控制；塔顶气相温度 TI106H 控制与上部液相温差大于 15℃，主要由氮气量来控制；塔中液相温度主要由各节换热器的冷却水量来控制；塔顶 N_2 流量根据经验一般不小于 60 m^3/h 为好，由 FIC105 控制。

(3)洗涤液罐

V103 液位控制 0%～80%，含酸大于$(70\sim80)\times10^{-2}$就送往蒸馏系统处理。送完后，加盐水至液位 35%。

5. 联锁停车

开启 INTERLOCK，当 T101、T102 的氧含量高于 8%或液位高于 80%，V6、V7 关闭，联锁停车。

取消联锁的方法：若联锁条件没消除(T101、T102 的氧含量高于 8%或液位高于 80%)，点击“INTERLOCK”按钮，使之处于弹起状态，然后点击“RESET”按钮即可；若联锁条件已消除（T101、T102 的氧含量低于 8%且液位低于 80%），直接点击“RESET”按钮即可。

五、仿真界面

1. 流程图总图

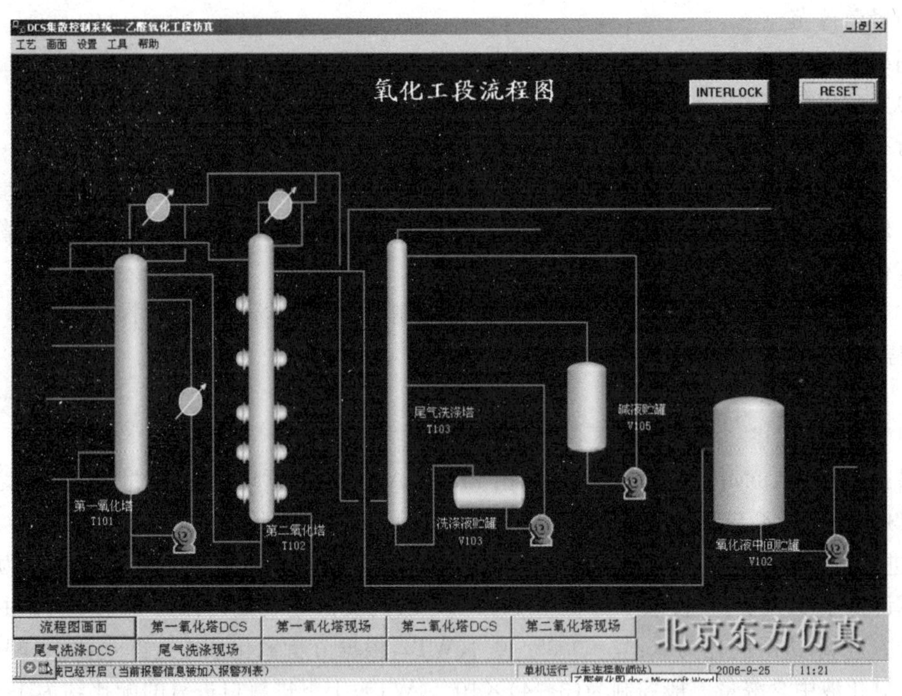

2. 第一氧化塔 DCS

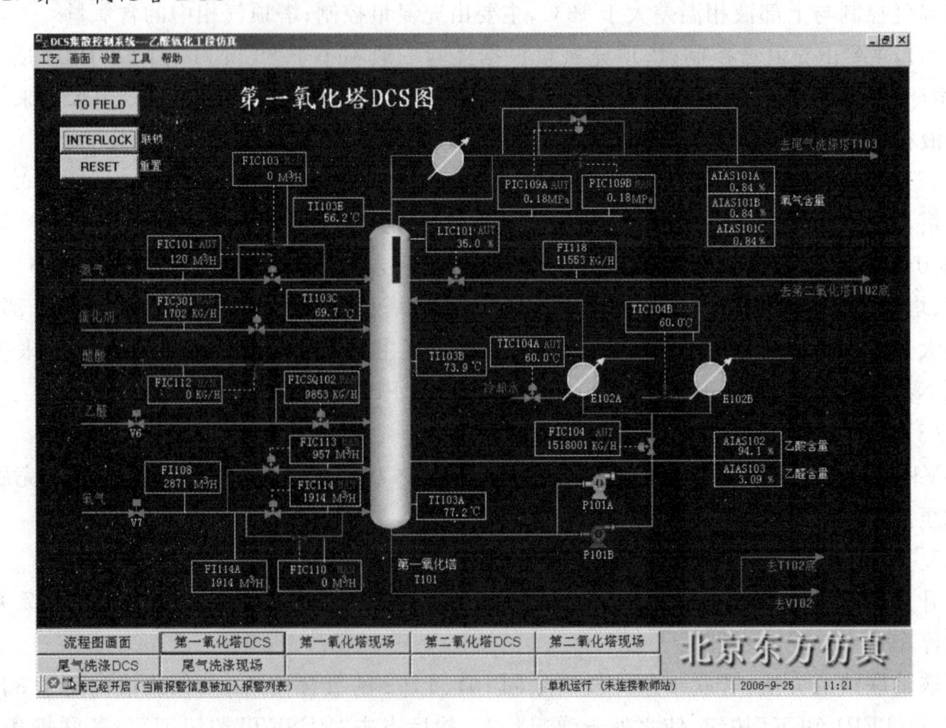

3. 第一氧化塔现场图

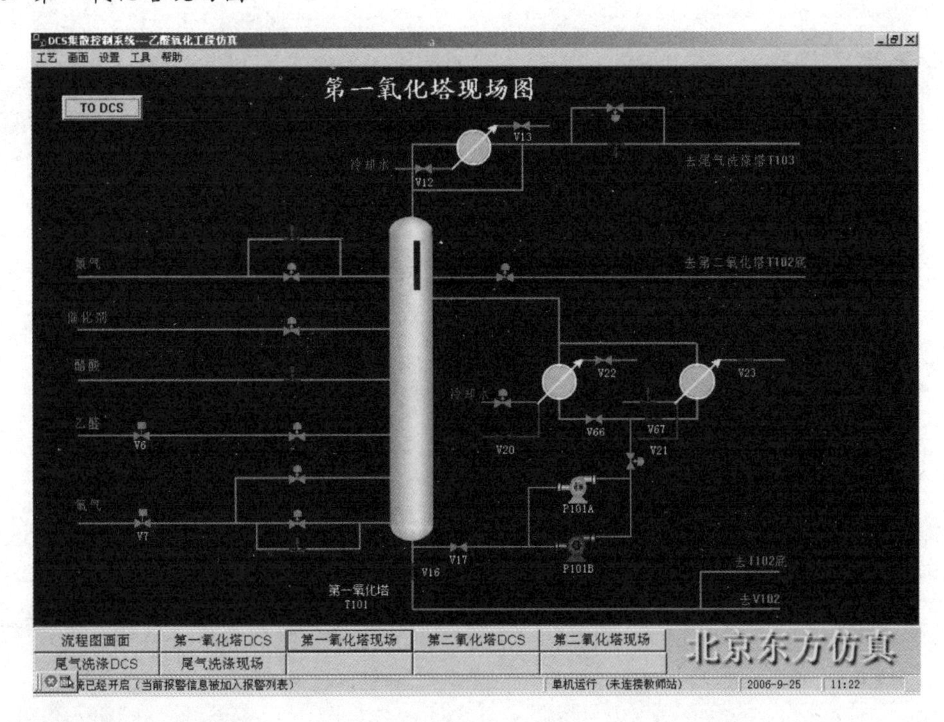

4. 第二氧化塔 DCS

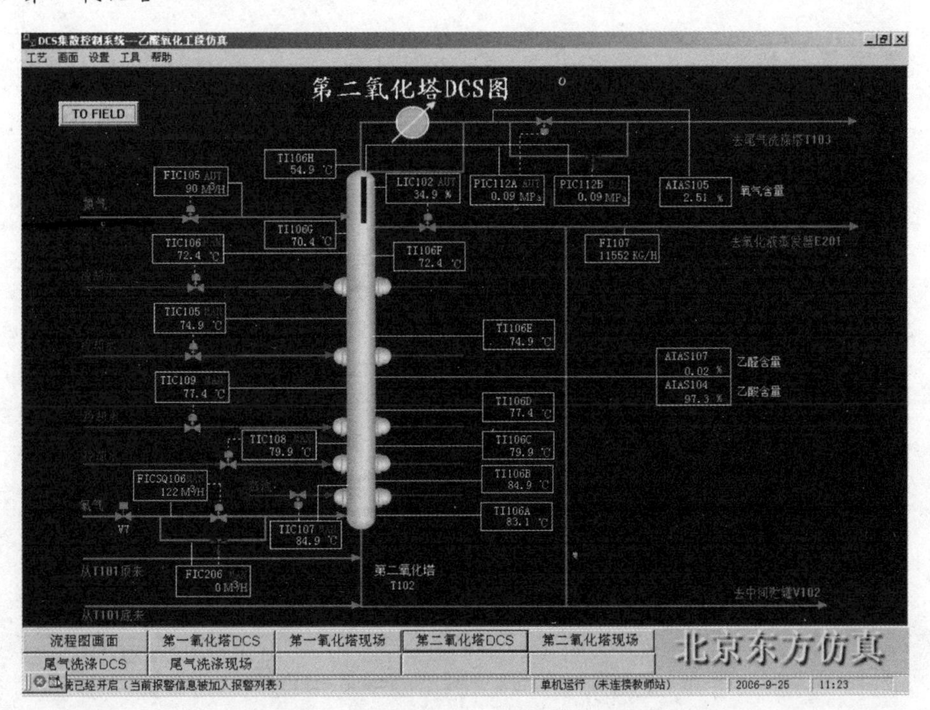

5. 第二氧化塔现场图

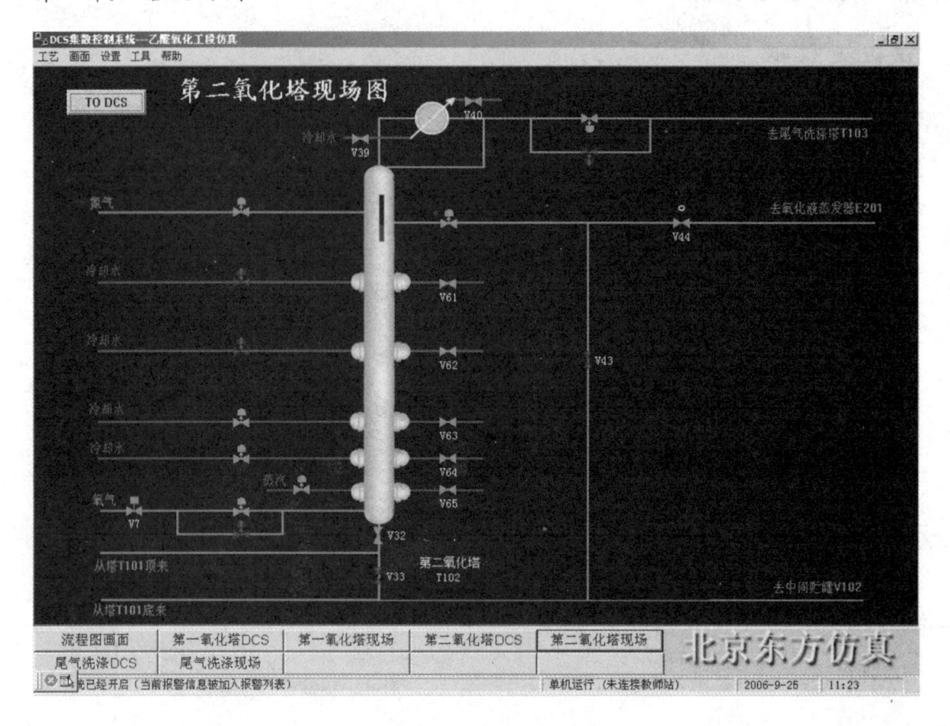

6. 尾气洗涤 DCS

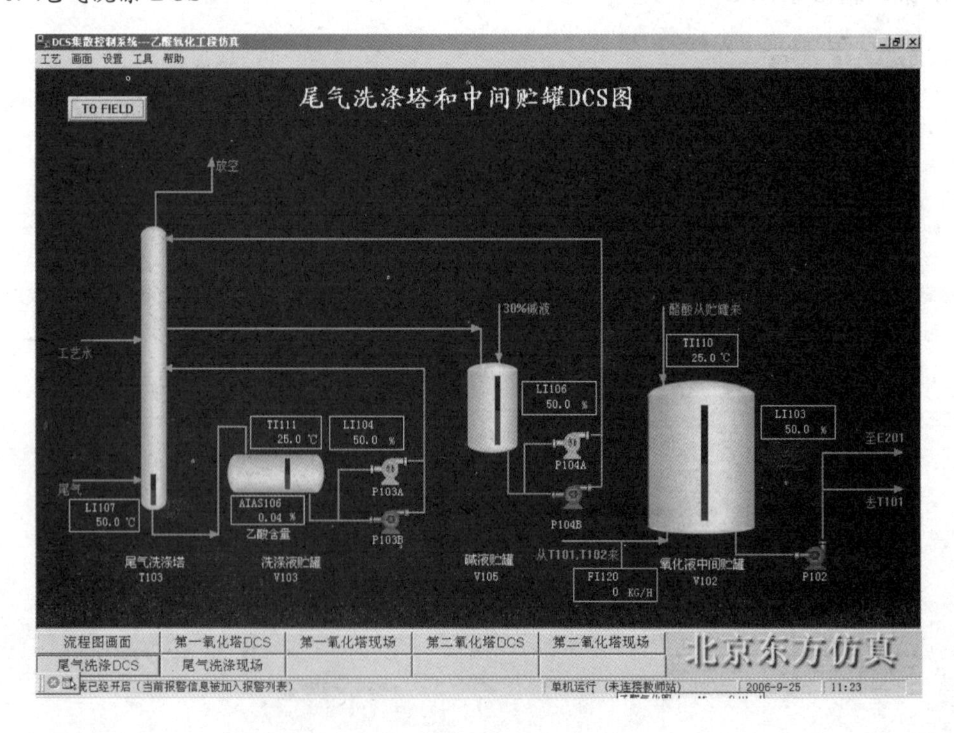

7. 尾气洗涤现场图

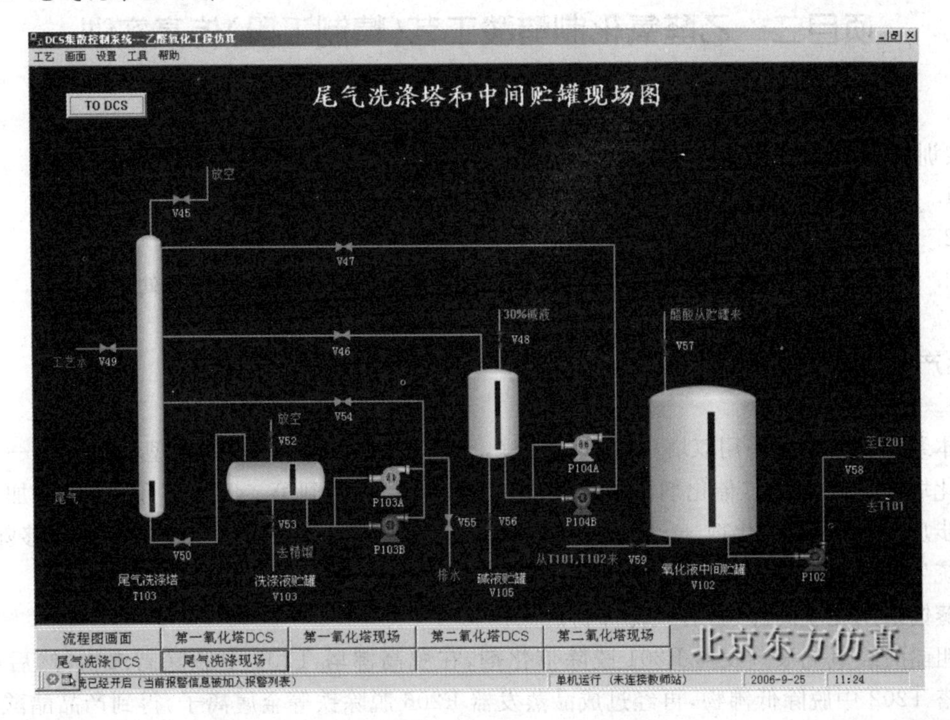

六、思考题

1. 简述乙醛氧化制醋酸工艺(氧化工段)的反应机理。
2. 乙醛氧化制醋酸工艺(氧化工段)有哪些主要设备?
3. 简述乙醛氧化制醋酸工艺(氧化工段)生产方法、工艺路线和工艺技术指标。
4. 简述乙醛氧化制醋酸工艺(氧化工段)岗位操作方法。
5. 乙醛氧化制醋酸工艺(氧化工段)有哪些常见故障发生? 如何处理?

项目二　乙醛氧化制醋酸工艺(精制工段)仿真实训

一、实训目的

1. 熟悉乙醛氧化制醋酸工艺(精制工段)的主要设备和工艺技术指标;
2. 掌握乙醛氧化制醋酸工艺(精制工段)生产方法及工艺路线;
3. 掌握乙醛氧化制醋酸工艺(精制工段)岗位操作方法及其常见故障处理方法。

二、生产方法及工艺路线

1. 装置流程简述

本装置反应系统采用双塔串联氧化流程,乙醛和氧气首先在全返混型的反应器——第一氧化塔T101中反应(催化剂溶液直接进入T101内)然后到第二氧化塔T102中再加氧气进一步反应,不再加催化剂。一塔反应热由外冷却器移走,二塔反应热由内冷却器移除,反应系统生成的粗醋酸进入蒸馏回收系统,制取成品醋酸。

蒸馏采用先脱高沸物,后脱低沸物的流程。

粗醋酸经氧化液蒸发器E201脱除催化剂,在脱高沸塔T201中脱除高沸物,然后在脱低沸塔T202中脱除低沸物,再经过成品蒸发器E206脱除铁等金属离子,得到产品醋酸。

从低沸塔T202顶出来的低沸物去脱水塔T203回收醋酸,含量99%的醋酸又返回精馏系统,塔T203中部抽出副产物混酸,T203塔顶出料去甲酯塔T204。甲酯塔塔顶产出甲酯,塔釜排出废水去中和池处理。

2. 精馏(精制)系统流程简述

从氧化塔来的氧化液进入氧化液蒸发器(E201),醋酸等以气相去高沸塔(T201),蒸发温度120℃~130℃。蒸发器上部装有四块大孔筛板,用回收醋酸喷淋,减少蒸发气体中夹带催化剂和胶状聚合物等,以免堵塞管道和蒸馏塔塔板。醋酸锰和多聚物等不挥发物质留在蒸发器底部,定期排人高沸物贮罐(V202),目前一部分去催化剂系统循环使用。

高沸塔常压蒸馏,塔釜液为含醋酸90×10^{-2}以上的高沸物混合物,排入高沸物贮罐,去回收塔(T205)。塔顶蒸出醋酸和全部低沸点组分(乙醛,酯类、水,甲酸等)。回流比为1∶1,醋酸和低沸物去低沸塔(T202)分离。

低沸塔也常压蒸馏,回流比15∶1,塔顶蒸出低沸物和部分醋酸,含酸约70%~80%,去脱水塔(T203)。

低沸塔釜的醋酸已经分离了高沸物和低沸物,为避免铁离子和其他杂质影响质量。在成品蒸发器(E206)中再进行一次蒸发,经冷却后成为成品,送进成品贮罐(V402)。

脱水塔同样常压蒸馏,回流比20∶1,塔顶蒸出水和酸、醛、酯类,其中含酸$<5\times10^{-2}$,去甲酯回收塔(T204)回收甲酯。塔中部甲酸的浓集区侧线抽出甲酸、醋酸和水的混合酸,由侧线液泵(P206)送至混酸贮罐(V405)。塔釜为回收酸,进入回收贮罐(V209)。

脱水塔顶蒸出的水和酸、醛、酯进入甲酯塔回收甲酯,甲酯塔常压蒸馏,回流比8.4∶1。塔顶蒸出含86.2×10^{-2}(WT)的醋酸甲酯,由P207泵送往甲酯罐(V404)塔底。含酸废水放入中和池,然后去污水处理场。正常情况下进一回收罐,装桶外送。

含大量酸的高沸物由高沸物输送泵(P202)送至高沸物回收塔(T205)回收醋酸,常压操作,回流比1∶1。回收醋酸由泵(P211)送至脱高沸塔T201,部分回流到(T205),塔釜留下的残渣排人高沸物贮罐(V406)装桶外销。

三、工艺参数运行指标

1. 工艺参数运行指标

序号	名　称	仪表信号	单位	控制指标	备　注
1	V101 氧气压力	PIC106	MPa	0.6±0.05	
2	V502 氮气压力	PIC515	MPa	0.50±0.05	
3	T101 压力	PIC109A/B	MPa	0.19±0.01	
4	T102 压力	PIC112A/B	MPa	0.1±0.02	
5	T101 底温度	TR103－1	℃	77±1	
6	T101 中温度	TR103－2	℃	73±2	
7	T101 上部液相温度	TR103－3	℃	68±3	
8	T101 气相温度	TR103－5	℃		与上部液相温差大于13℃
9	E102 出口温度	TIC104A/B	℃	60±2	
10	T102 底温度	TR106－1	℃	83±2	
11	T102 各点温度	TR106－1－7	℃	85～70	2≥1>3>4>5>6>7
12	T102 气相温度	TR106－8	℃		与上部液相温差大于15℃
13	T101、T102 尾气含氧		10^{-2}	<5	(V)
14	T101、T102 出料过氧酸		10^{-2}	<0.4	(WT)
15	T101 出料含醋酸		10^{-2}	92.0－95.0	(WT)
16	T101 出料含醛		10^{-2}	2.0～4.0	(WT)
17	氧化液含锰		10^{-2}	0.10～0.20	(WT)
18	T102 出料含醋酸		10^{-2}	>97	(WT)
19	T102 出料含醛		10^{-2}	<0.3	(WT)
20	T102 出料含甲酸		10^{-2}	<0.3	(WT)
21	T101 液位	LIC101	%	40±10	现为35±15
22	T102 液位	LIC102	%	35±15	
23	T101 加氮量	FIC101	Nm^3/h	150±50	
24	T102 加氮量	FIC105	Nm^3/h	75±25	

（续表）

序号	名　称	仪表信号	单位	控制指标	备　注
25	原料配比			$1Nm^3O_2$:3.5～4kgCH_3CHO	
26	界区内蒸汽压力	PIC503	MPa	0.55±0.05	
27	E201压力	PI202	MPa	0.05±0.01	
28	E206出口压力		MPa	0±0.01	
29	E201温度	TR201	℃	122±3	
30	T201顶温度	TR201－4	℃	115±3	
31	T201底温度	TR201－6	℃	131±3	
32	T202顶温度	TR204－1	℃	109±2	
33	T202底温度	TR204－3	℃	131±2	
34	T203顶温度	TR207－4	℃	82±2	（目前）
35	T203侧线温度	TR207－4	℃	100±2	（目前）
36	T203底温度	TR207－3	℃	130±2	（目前）
37	T204顶温度	TR211－1	℃	63±5	
38	T204底温度	TR211－3	℃	105±5	
39	T205顶温度	TR211－4	℃	120±2	
40	T205底温度	TR211－6	℃	135±5	
41	T202釜出料含酸		10^{-2}	＞99.5	（WT）
42	T203顶出料含酸		10^{-2}	＜8.0	（WT）
43	T204顶出料含酯		10^{-2}	＞70.0	（WT）
44	各塔，中间罐的液位		10^{-2}	30～70	
45	V401AA/B压力	PI401A/B	MPa	0.4±0.02	
46	V401A/B液位	II401A/B	10^{-2}	50±25	
47	V402温度	TI402A－E	℃	35±15	
48	V402液位	LI402A－E	10^{-2}	10～80	
49	V401A/B温度	TI401A/B	℃	＜35	

2. 分析项目

序号	名称	单位	控制指标	备注
1	P209回收醋酸	%	＞98.5	
2	T203侧采含醋酸	%	50～70	
3	T204顶采出料含乙醛	%	12.75	
4	T204顶采出料含醋酸甲酯	%	86.21	
5	成品醋酸P204出口含醋酸	%	＞99.5	

四、岗位操作法

1. 冷态开车

(1)引公用工程

(2)N_2吹扫、置换气密

(3)系统水运试车

(4)酸洗反应系统

(5)精馏系统开车

1)进酸前各台换热器均投入循环水；

2)开各塔加热蒸汽，预热到45℃开始由V102向氧化液蒸发器E201进酸，当E201液位达30%时，开大加热蒸汽，出料到高沸塔T201；

3)当T201液位达30%时，开大加热蒸汽，当高沸塔凝液罐V201液位达30%时启动高沸塔回流泵P201建立回流，稳定各控制参数并向低沸塔T202出料；

4)当T202液位达30%时，开大加热蒸汽，当低沸塔凝液罐V203液位达30%时启动低沸物回流泵P203建立回流，并适当向脱水塔T203出料；

5)当T202塔各操作指标稳定后，向成品醋酸蒸发器E206出料，开大加热蒸汽，当醋酸储罐V204液位达30%时启动成品醋酸泵P204建立E206喷淋，产品合格后向罐区出料；

6)当T203液位达30%后，开大加热蒸汽，当脱水塔凝液罐V205液位达30%时启动脱水塔回流泵P205全回流操作，关闭侧线采出及出料。塔顶要在(82±2)℃时向外出料。侧线在(110±2)℃时取样分析出料。

(6)全系统大循环和精馏系统闭路循环

1)氧化系统酸洗合格后，要进行全系统大循环：

V402 ⟶ T101 ⟶ T102 ⟶ E201 ⟶ T201

T202 ⟶ T203 ⟶ V209 (→ E201)

T202 ↓

E206 ⟶ V204 ⟶ V402

2)在氧化塔配制氧化液和开车时，精馏系统需闭路循环。脱水塔T203全回流操作，成品醋酸泵P204向成品醋酸储罐V402出料，P402将V402中的酸送到氧化液中间罐V102，由氧化液输送泵P102送往氧化液蒸发器E201构成下列循环：

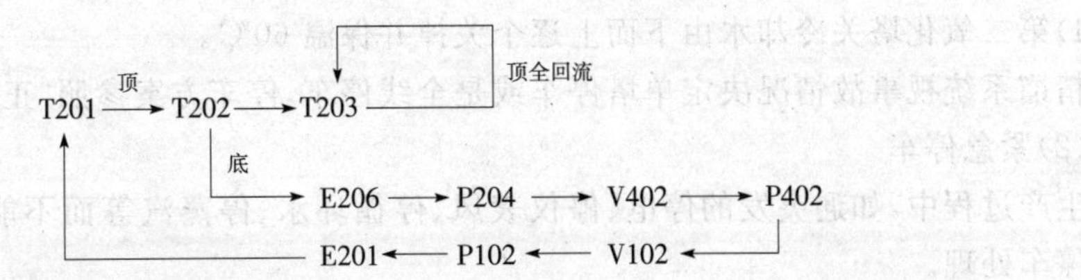

等待氧化开车正常后逐渐向外出料。

(7)第一氧化塔投氧开车

(8)第二氧化塔投氧

(9)系统正常运行

2. 正常停车

(1)氧化系统停车

(2)精馏系统停车

将氧化液全部吃净后,精馏系统开始停车。

1)当E201液位降至20%时,关闭E201蒸汽。当T201液位降至20%以下,关闭T201蒸汽,关T201回流,将V201内物料全部打入T202后停P201泵,将V202、E201、T201内物料由P202泵全部送往T205内,再排向V406罐。关闭T201底排。

2)待物料蒸干后,停T202加热蒸汽,关闭LIC205及T202回流,停E206喷淋FIC214。将V203内物料全部打入T203塔后,停P203泵。

3)将E206蒸干后,停其加热蒸汽,将V204内成品酸全部打入V402后停P204泵,并关闭全部阀门。

4)停T203加热蒸汽,关其回流,将V205内物料全部打入T204塔后,停P205泵,将V－206内混酸全部打入V405后停P206。T203塔内物料由再沸器倒淋装桶。

5)停T204加热蒸汽,关其回流,将V207内物料全部打入V404后停P－207泵。T204塔内废水排向废水罐。

6)停T205加热蒸汽,将V209内物料由P209泵打入T205,然后全部排向V406罐。

7)蒸馏系统的物料全部退出后,进行水蒸馏。

(3)催化剂系统停车

(4)罐区系统停车

(5)水运清洗

(6)停部分公用工程:循环水、蒸汽

(7)氮气吹扫

3. 紧急停车

(1)事故停车

主要是指装置在运行过程中出现的仪表和设备上的故障而引起的被迫停车。采取的措施如下:

1)首先关掉FIC102、FIC103、FIC106三个进物料电磁阀。然后关闭进氧进醛线上的塔壁阀。

2)根据事故的起因控制进氮量的多少,以保证尾气中含氧小于5×10^{-2}(V)。

3)逐步关小冷却水直到塔内温度降为60℃,关闭冷却水TIC104A/B。

4)第二氧化塔关冷却水由下而上逐个关掉并保温60℃。

精馏系统视事故情况决定单塔停车或是全线停车,停车方案参照"正常停车"。

(2)紧急停车

生产过程中,如遇突发的停电、停仪表风、停循环水、停蒸汽等而不能正常生产时,应做紧急停车处理。

1)紧急停电

仪表供电可通过蓄电池逆变获得,供电时间30分钟;所有机泵不能自动供电。

① 氧化系统:正常来说,紧急停电P101泵自动联锁停车。马上关闭进氧进醛塔壁阀;及时检查尾气含氧及进氧进醛阀门是否自动连锁关闭。

② 精馏系统：此时所有机泵停运。首先减小各塔的加热蒸汽量；关闭各机泵出口阀，关闭各塔进出物料阀；视情况对物料做具体处理。

③ 罐区系统：氧化系统紧急停车后，应首先关闭乙醛球罐底出料阀及时将两球罐保压；成品进料及时切换至不合格成品罐 V403。

2)紧急停循环水

停水后立即做紧急停车处理。停循环水时 PI508 压力在 0.25 MPa 连锁动作(目前未投用)。FIC102、FIC103、FIC106 三电磁阀自动关闭。

① 氧化系统：停车步骤同事故停车。注意氧化塔温度不能超得太高，加大氧化液循环量。

② 精馏系统：先停各塔加热蒸汽，同时向塔内充氮，保持塔内正压；待各塔温度下降时，停回流泵，关闭各进出物料阀。

3)紧急停蒸汽

同事故停车。

4)紧急停仪表风

所有气动薄膜调节阀将无法正常启动，应做紧急停车处理。

① 氧化系统：应按紧急停车按钮，手动电磁阀关闭 FIC－102、FIC－103、FIC－106 三个进醛进氧阀。然后关闭醛氧线塔壁阀，塔压力及流量等的控制要通过现场手动副线进行调整控制。

其他步骤同事故停车。

② 精馏系统：所有蒸汽流量及塔罐液位的控制要通过现场手动进行操作。停车步骤同"正常停车"。

4. 工艺控制理论

产品质量与操作参数的关系：

(1)氧化系统

1)氧化液含锰控制在 0.10～0.20 $\times 10^{-2}$(WT)。

2)T102 塔氧化液含醛＜0.3 $\times 10^{-2}$(WT)。

氧化液含醛过高易造成产品氧化值降低或不合格。

(2)精馏系统：

1)T201 塔底温度：(131±3)℃。

底温过高会使成品氧化值降低或色度不合格。

2)T202 塔顶温度：(109±2)℃。

顶温度过低会使成品纯度降低。

3)E206 底排量连续：10 kg/h。

不排会使成品中的金属离子含量高和色度不合格。

4)T203 塔侧线采出温度(110±2)℃，采出量 105 kg/h。

如不正常采出则会使成品中的甲酸含量升高。

(3)转化率和收率

1)转化率：催化剂活性较好，T101 塔中产生的副产物较少，产品的转化率较高。

2)收率：T205 塔底排高沸量少，含酸较低。

T203塔顶出料含酸较少<8%，侧线混酸采出较少均会使产品收率提高。

5. 精馏岗位操作法

(1)开、停车操作：

见开车步骤及停车步骤。

(2)正常操作：

1)E201蒸发器

① 釜液(循环锰)，连续排出约0.6t/h，去V306(排出量与加到氧化塔的量相同)。

② 釜液每周抽一次，由P202泵抽出2.5吨，送T205塔回收处理。

③ 釜液位控制为55%～75%由FRC202调节蒸汽加入量来控制。

④ 喷淋量控制为950 kg/h，由FRC201调节阀来控制。

⑤ 蒸发器温度控制为(122±3)℃，E201液位LIC201与蒸汽FRC202是串级调节。

2)T201高沸塔

① 釜温控制为(131±3)℃，由FRC203，调节加入蒸汽量，排放釜料量等来实现。

② 釜液位控制为35%～65%，由FRC203调节加入蒸汽量来控制。

③ 塔顶温度控制为(115±3)℃，由FRC204调节回流量来控制。回流比一般为1∶1。

④ V202液位控制为20%～80%。

⑤ V201液位控制为35%～70%。T201塔顶出料由LIC203控制，指示FI205观察。V201罐中的回流液温度由TIC202来控制，一般为70℃。

⑥ T201塔顶温度控制与回流FRC204是串级调节。底液位LIC202与加热蒸汽FRC203是串级调节。

⑦ T201底排影响成品中的氧化值和色度。

3)T202低沸塔

① 釜温控制为(131±2)℃，由FRC206调节加热蒸汽量等来控制。

② 顶温控制为(109±2)℃，由FRC207调节回流量来控制。回流比一般为15∶1。

③ 釜液位控制为35%～70%，由FRC206调节加热蒸汽量，LIC205调节底出料量等来控制。

④ V203罐中的回流液温度由TIC205控制，一般为70℃，T202顶出料由LIC206控制，指示F1208观察。

⑤ T202塔顶温度控制与回流FRC207是串级调节。底温度控制与加热蒸汽FRC206是串级调节。

⑥ T202塔的顶温度影响着成品的纯度和甲酸含量。

4)E206成品蒸发器

① 釜液位控制为20%～60%，由FRC209调节加热蒸汽和LIC205调节进料量来控制。

② 喷淋量控制为960 kg/h，由FRC214控制。

③ V204液位控制35%～70%，由LIC207调节出料量等来控制。

④ E206底排有一小跨线连续排醋酸的重金属化合物至208罐中，V208罐液位由LIC214出料控制。E206底排影响着成品的色度及重金属含量。

5)T203脱水塔

① 釜液位控制为35%～70%，由FRC210调节加入蒸汽量和LIC208调节出料量等来

实现。

② 釜温控制为(130±2)℃，由 FRC210 调节加热蒸汽量等来实现。

③ 侧线采出根据温度(108±2)℃及分析结果来决定采出量。

④ 顶温控制为(81±2)℃，由 FRC211 调节出料量等来实现，回流比为 20∶1。

⑤ V205 液位控制 35%～70%；V206 液位控制 30%～70%。

⑥ T203 塔顶回流由 LIC210 来控制，指示 FI216 观察，T203 塔的底温度及侧线混酸的采出量直接影响着成品中的甲酸含量。

6)T204 甲酯塔

① 釜液位控制为 40%～70%，由 FRC212 调节加入蒸汽量和 LIC211 调节底排量等来调节。

② 釜温控制为(105±5)℃，由 FRC212 调节加入蒸汽量等来控制。

③ 顶温控制为(63±5)℃，由 FRC213 调节回流量等来控制。回流比为 8.4∶1。

④ V207 液位控制为 35%～70%。

⑤ 出料由 LIC212 控制，送向罐区 V404 罐中。

⑥ T204 塔底排废水进入废水收集罐进行处理。

7)T205 高沸物回收塔

① 釜液位控制为 40%～70%，由调节加热蒸汽 FRC217 和底出料控制。

② 釜温控制为(135±5)℃，由调节加热蒸汽和底出料等来控制。

③ 顶温控制为(120±2)C，由 FRC215 调节回流量等来控制。回流比为 1∶1。

④ V209 液位 LIC214 控制为 35%～70%，它与 FIC201 是串级调节。

⑤ T205 底排高沸物排向罐区 V406 罐中。

五、事故处理

序号	现　　象	原　　因	处 理 方 法
1	P204 成品取样 KMn_2O_4时间＜5	1. T202 塔顶出料量少 2. T202 塔盘脱落 3. 氧化液含醛高 4. 分析样不准	1. 调节 T202 塔顶出料量 2. 请示领导停车检查维修 3. 通知班长，降低氧化液含醛量，调整操作 4. 通知调度检查做样
2	P204 成品取样带颜色	1. T201 塔底温度高排量少或回流量过少或液位高 2. T201 液位超高造成鳖压影响 T201 塔操作平稳 3. E206 液位超高底排量少，喷淋量少	1. 调节 T201 底排量及回流量，检查降低塔釜液位 2. 减少 E201 进料，向 V202 中加料，降低 E201 液位，调整操作直到正常 3. 检查降低 E206 液位，调整底排量和喷淋量

（续表）

序号	现　　象	原　　因	处　理　方　法
3	T201 塔顶压力逐渐升高，反应液出料及温度正常，E201 塔出料不畅	T201 塔放空调节阀失控或损坏	1. 将 T201 塔出料手控调节阀旁路降压 2. 控制进料 3. 控制温度 4. 采取其他措施
4	T201 塔内温度波动大，其他方面都正常	冷却水阀调节失灵	1. 手动调节冷却水阀调节 2. 通知仪表检查 3. 控制蒸气阀 4. 控制进料
5	T201 塔液面波动较大，无法自控	蒸气加热自动调节失灵	1. 手动控制调节阀 2. 手动控制冷却水阀 3. 控制回流量

六、仿真界面

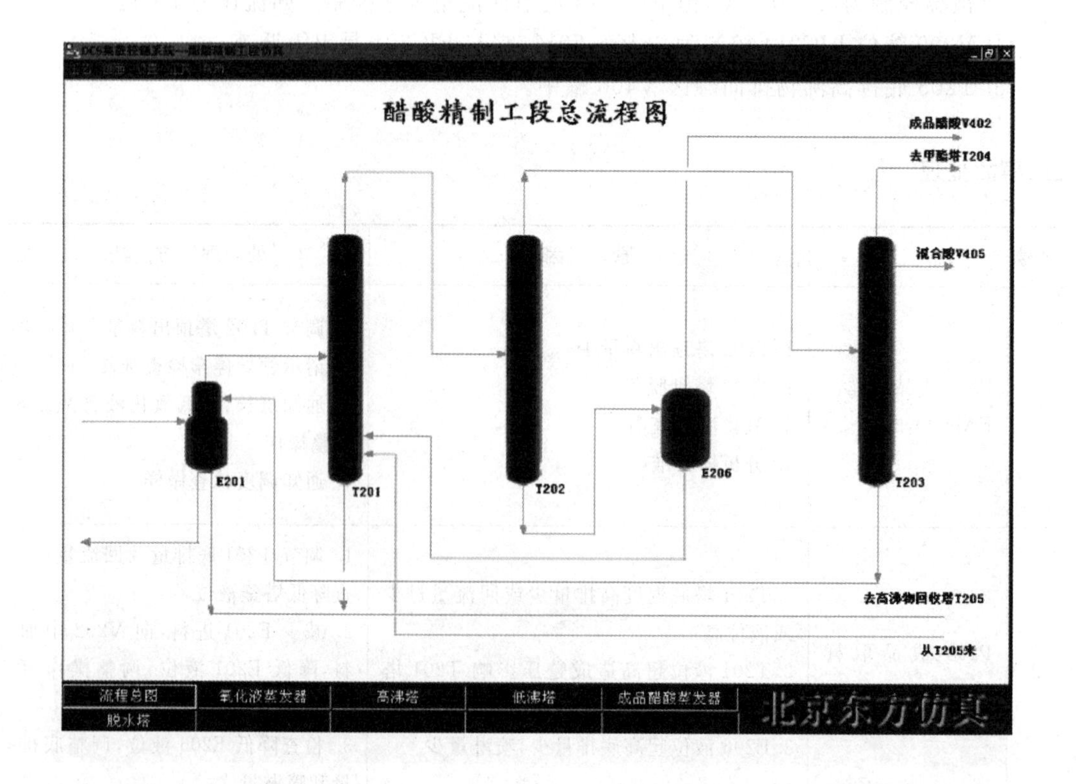

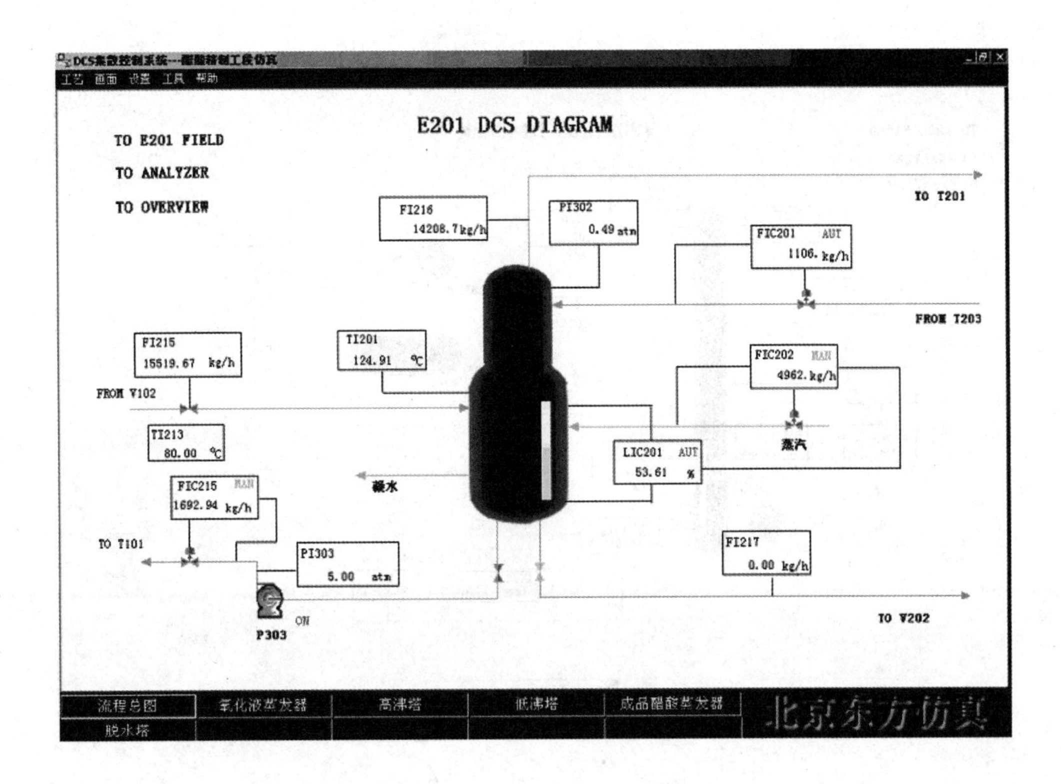
工艺 画面 设置 工具 帮助
E201 DCS DIAGRAM
TO E201 FIELD
TO ANALYZER
TO OVERVIEW
FI216 14208.7kg/h
PI302 0.49 atm
FIC201 AUT 1106. kg/h
TO T201
FROM T203
FI215 15519.67 kg/h
TI201 124.91 ℃
FIC202 MAN 4962. kg/h
FROM V102
TI213 80.00 ℃
LIC201 AUT 53.61 %
蒸汽
凝水
FIC215 MAN 1692.94 kg/h
TO T101
PI303 5.00 atm
FI217 0.00 kg/h
ON
P303
TO V202
流程总图
氧化液蒸发器
高沸塔
低沸塔
成品醋酸蒸发器
脱水塔
北京东方仿真

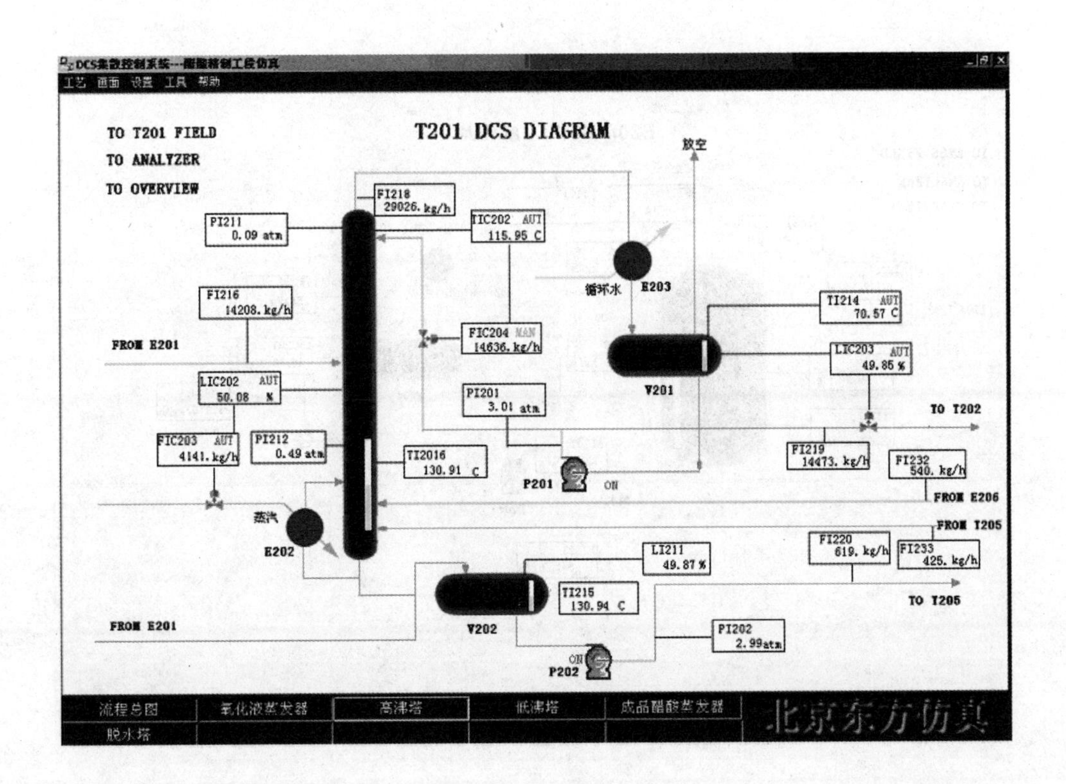
工艺 画面 设置 工具 帮助
T201 DCS DIAGRAM
TO T201 FIELD
TO ANALYZER
TO OVERVIEW
放空
FI218 29026. kg/h
PI211 0.09 atm
TIC202 AUT 115.95 C
循环水
E203
FI216 14208. kg/h
TI214 AUT 70.57 C
FIC204 MAN 14636. kg/h
FROM E201
LIC203 AUT 49.85 %
V201
LIC202 AUT 50.08 %
PI201 3.01 atm
TO T202
FIC203 AUT 4141. kg/h
PI212 0.49 atm
TI2016 130.91 C
FI219 14473. kg/h
FI232 540. kg/h
P201
ON
FROM E206
蒸汽
FROM T205
E202
LI211 49.87 %
FI220 619. kg/h
FI233 425. kg/h
TI215 130.94 C
TO T205
V202
FROM E201
PI202 2.99atm
ON
P202
流程总图
氧化液蒸发器
高沸塔
低沸塔
成品醋酸蒸发器
脱水塔
北京东方仿真

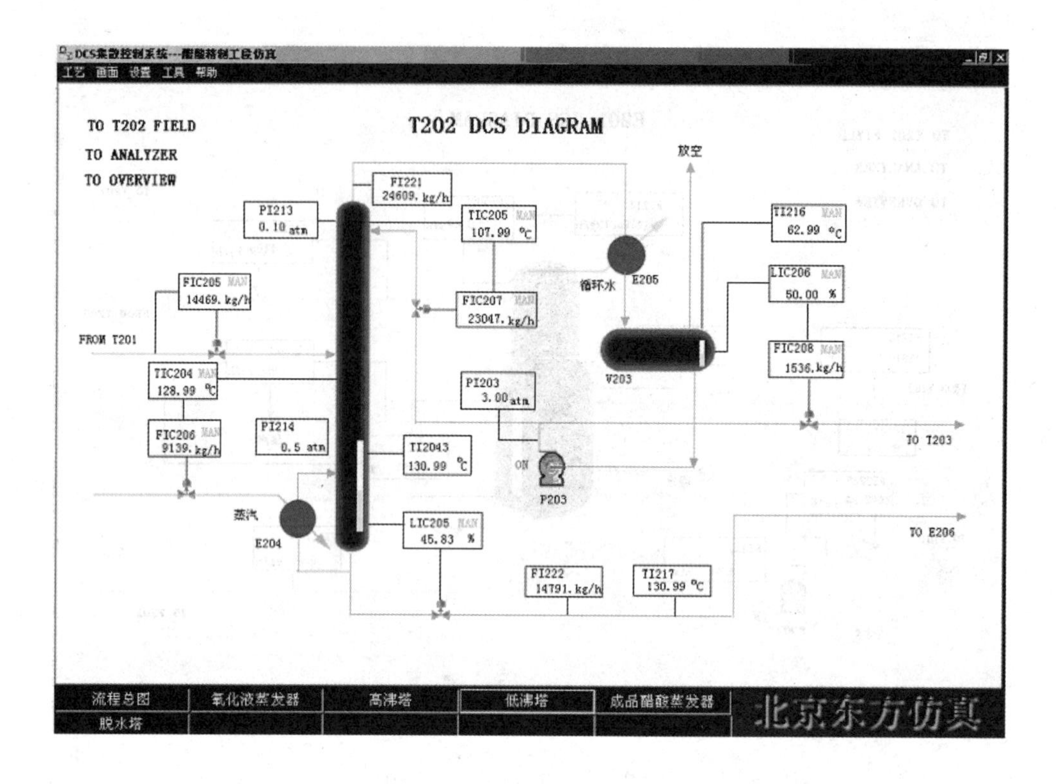
DCS集散控制系统---醋酸精制工段仿真
工艺 画面 设置 工具 帮助
T202 DCS DIAGRAM
TO T202 FIELD
TO ANALYZER
TO OVERVIEW
放空
FI221 24609. kg/h
PI213 0.10 atm
TIC205 MAN 107.99 ℃
TI216 MAN 62.99 ℃
E205
循环水
LIC206 MAN 50.00 %
FIC205 MAN 14469. kg/h
FIC207 MAN 23047. kg/h
FROM T201
V203
FIC208 MAN 1536. kg/h
TIC204 MAN 128.99 ℃
PI203 3.00 atm
FIC206 MAN 9139. kg/h
PI214 0.5 atm
TI2043 130.99 ℃
TO T203
ON
P203
蒸汽
E204
LIC205 MAN 45.83 %
TO E206
FI222 14791. kg/h
TI217 130.99 ℃
流程总图
氧化液蒸发器
高沸塔
低沸塔
成品醋酸蒸发器
脱水塔
北京东方仿真

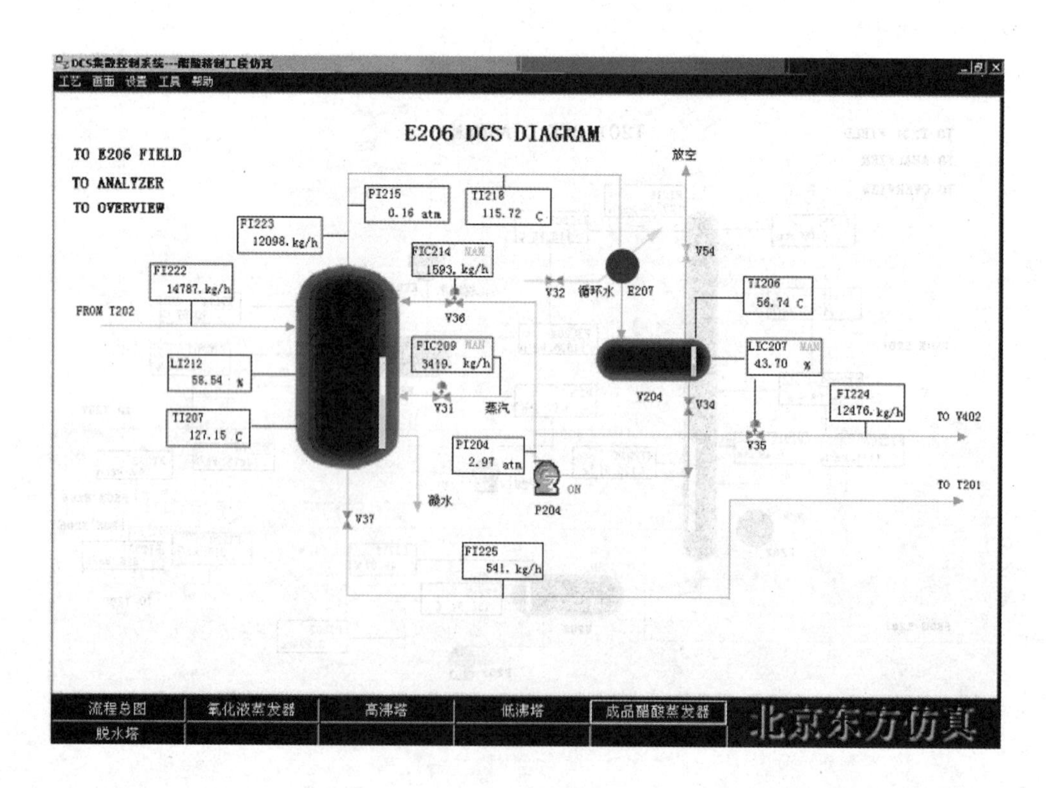
DCS集散控制系统---醋酸精制工段仿真
工艺 画面 设置 工具 帮助
E206 DCS DIAGRAM
TO E206 FIELD
TO ANALYZER
TO OVERVIEW
放空
PI215 0.16 atm
TI218 115.72 C
FI223 12098. kg/h
FIC214 MAN 1593. kg/h
V54
FI222 14787. kg/h
V32
循环水
E207
V36
TI206 56.74 C
FROM T202
FIC209 MAN 3419. kg/h
LIC207 MAN 43.70 %
LI212 58.54 %
V204
V31
蒸汽
V34
FI224 12476. kg/h
TO V402
TI207 127.15 C
PI204 2.97 atm
V35
ON
P204
TO T201
凝水
V37
FI225 541. kg/h
流程总图
氧化液蒸发器
高沸塔
低沸塔
成品醋酸蒸发器
脱水塔
北京东方仿真

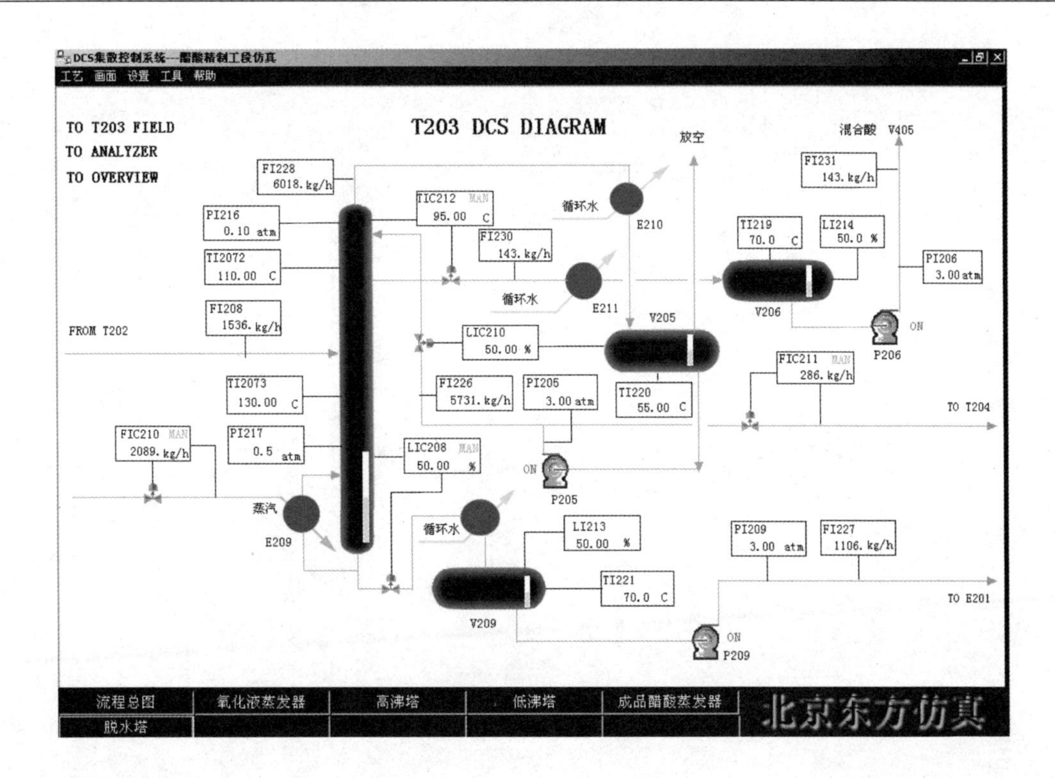

七、思考题

1. 乙醛氧化制醋酸工艺(精制工段)有哪些主要设备?
2. 简述乙醛氧化制醋酸工艺(精制工段)的工艺路线和工艺技术指标。
3. 简述乙醛氧化制醋酸工艺(精制工段)岗位操作方法。
4. 乙醛氧化制醋酸工艺(精制工段)有哪些常见故障发生? 如何处理?

参 考 文 献

[1] 陈群．化工仿真操作实训[M]. 第一版．北京：化学工业出版社，2008.

[2] 李薇，王宏．化工单元仿真与单元操作实训[M]. 第一版．北京：中国石化出版社，2011.

[3] 朱伟．化工装置仿真操作[M]. 第一版．北京：化学工业出版社，2009.

[4] 张宏丽，刘兵，闫志谦．化工单元操作[M]. 第二版．北京：化学工业出版社，2011.